21世纪高等学校计算机规划教材
21st Century University Planned Textbooks of Computer Science

Visual FoxPro 6.0 程序设计教程

A Coursebook on Visual FoxPro 6.0 Programming

杨慧珠 李德强 仝虎 编著

高校系列

人民邮电出版社

北京

图书在版编目（CIP）数据

Visual FoxPro 6.0程序设计教程 / 杨慧珠, 李德强, 仝虎编著. -- 北京：人民邮电出版社, 2013.9（2015.1 重印）
21世纪高等学校计算机规划教材
ISBN 978-7-115-32799-4

Ⅰ. ①V… Ⅱ. ①杨… ②李… ③仝… Ⅲ. ①关系数据库系统－程序设计－高等学校－教材 Ⅳ. ①TP311.138

中国版本图书馆CIP数据核字(2013)第183276号

内 容 提 要

本书以全国计算机等级考试二级 VFP 的考试大纲为标准，针对高校非计算机专业学生教学的实际情况进行编写。书中以 Visual FoxPro 6.0 的使用为主要内容，介绍了关系数据库管理系统的基础理论及其应用系统的开发技术。全书共分为 13 章，内容主要包括数据库系统概述、Visual FoxPro 6.0 的基础知识、表的创建及基本操作、数据库的建立及操作、索引与排序、结构化查询语言 SQL、查询与视图、程序设计基础、面向对象程序设计、表单设计、报表设计、菜单设计、应用系统的开发与编译发布、学生成绩管理系统实例等。每一章后面均提供相应的习题供读者练习。

本书可作为高等学校非计算机专业 Visual FoxPro 6.0 程序设计课程的教材，同时也适合计算机初学者学习参考。

◆ 编　著　杨慧珠　李德强　仝　虎
　责任编辑　武恩玉
　责任印制　彭志环　杨林杰

◆ 人民邮电出版社出版发行　北京市丰台区成寿寺路 11 号
　邮编　100164　电子邮件　315@ptpress.com.cn
　网址　http://www.ptpress.com.cn
　大厂聚鑫印刷有限责任公司印刷

◆ 开本：787×1092　1/16
　印张：17
　字数：447 千字
　　　　2013 年 9 月第 1 版
　　　　2015 年 1 月河北第 4 次印刷

定价：36.00 元

读者服务热线：(010)81055256　印装质量热线：(010)81055316
反盗版热线：(010)81055315

前　言

  Visual FoxPro 6.0 程序设计课程是普通高等院校非计算机专业的计算机公共课程，同时也是计算机等级考试的课程之一。随着计算机应用技术的发展，相关专业与数据库和程序设计的关联性也越来越强，数据库和程序设计相关知识的应用越来越广泛。对于初学者来讲，从应用系统过渡到自己动手开发系统具有一定的难度，往往不适应数据库系统开发的基本思想，对于具体的设计任务感觉无从下手。特别在部分应用型本科院校课程授课学时不足的情况下，教学中在保证教学进度的同时，对于各知识点的综合应用及系统训练稍显不足。为了进一步提高"数据库管理系统"这门课的教学质量，提高学生计算机等级考试的通过率，利用我们正在进行校精品课程建设的契机，组织具有丰富教学经验的相关教师，合力编写了这本《Visual FoxPro 6.0 程序设计教程》。

  Visual FoxPro 是微软公司开发的优秀数据库管理系统软件，它一改 FoxPro 面向过程的程序设计方式，采用面向对象的方式，成为小型数据库管理系统的杰出代表。Visual FoxPro 6.0 是目前教学中使用最广泛的版本，本书正是围绕着 Visual FoxPro 6.0 版本的使用展开的。Visual FoxPro 软件是可视化很强的面向对象程序设计语言，虽然它仍然支持命令操作和面向过程的编程，但是对于一般用户来说，仅使用可视化操作就能够满足需要了。针对这样的特点，本书从实际应用的角度出发，主要介绍怎样用系统提供的可视化工具来实现各种操作，采用"实例教学"法将教学和实用技术相结合，理论联系实际，由浅入深，循序渐进，以实例讲解相关内容，使学生在学习过程中边学边用，学以致用。

  本书共分为 13 章，内容主要包括数据库系统的相关概念、数据基础知识、数据库的建立及操作、索引与排序、结构化查询语言 SQL、查询与视图、程序设计基础、面向对象程序设计、表单设计、报表设计、菜单设计等内容。最后本书以"学生成绩管理系统"为例，详细给出了设计的步骤，包括需求分析、总体设计、详细设计、软件实现等，通过这一案例的学习，使学生初步掌握开发应用程序的基本方法、步骤和原理。

  与本书配套的还有实践教材《Visual FoxPro 6.0 程序设计实验指导及习题汇编》。该书通过 16 个上机实验，进一步提高学生的实际操作能力，加强对所学理论知识的理解与掌握。

  本书的第 1 章、第 5 章、第 8 章、第 9 章、第 10 章、第 11 章由杨慧珠编写，第 2 章、第 3 章、第 4 章、第 6 章、第 7 章由李德强编写，第 12 章、第 13 章由全虎编写，并由杨慧珠负责全书的统稿工作。由于作者的水平和能力有限，书中难免存在不足之处，敬请广大读者指正。

  本书是数据库管理系统课程相关教师长期教学实践经验的总结。在此对那些给予大力支持和付出心血劳动的以及提出改进意见的教师表示衷心的感谢。同时也恳请广大使用者在学习过程中指出不妥之处并提出修改建议。

编　者

2013 年 6 月

目 录

第1章　Visual FoxPro 数据库基础知识 1

- 1.1　计算机数据管理技术的发展 1
  - 1.1.1　数据、信息与数据处理 1
  - 1.1.2　数据管理技术的发展 1
- 1.2　数据库系统 3
  - 1.2.1　数据库相关概念 3
  - 1.2.2　数据库系统的组成 4
  - 1.2.3　数据库系统的特点 4
  - 1.2.4　数据库系统的体系结构 5
- 1.3　数据模型 6
  - 1.3.1　实体的描述 6
  - 1.3.2　实体间联系及联系的类型 6
  - 1.3.3　数据模型 7
- 1.4　关系数据库 9
  - 1.4.1　关系模型 9
  - 1.4.2　关系运算 11
  - 1.4.3　完整性控制 13
- 1.5　Visual FoxPro 6.0 系统概述 14
  - 1.5.1　Visual FoxPro 6.0 的启动与退出 14
  - 1.5.2　Visual FoxPro 6.0 系统窗口 15
  - 1.5.3　Visual FoxPro 6.0 的工作方式 17
  - 1.5.4　Visual FoxPro 6.0 的命令结构 18
  - 1.5.5　Visual FoxPro 6.0 的系统配置 18
- 1.6　项目管理器 21
  - 1.6.1　创建项目 21
  - 1.6.2　使用项目管理器 23
  - 1.6.3　定制项目管理器 25
- 本章小结 27
- 习题一 27

第2章　Visual FoxPro 6.0 数据基础 30

- 2.1　数据类型 30
- 2.2　常量与变量 32
  - 2.2.1　常量 32
  - 2.2.2　变量 32
  - 2.2.3　数组变量 35
  - 2.2.4　系统变量 36
- 2.3　表达式 36
- 2.4　常用函数 39
  - 2.4.1　数值运算函数 40
  - 2.4.2　字符处理函数 41
  - 2.4.3　日期时间函数 43
  - 2.4.4　转换函数 43
  - 2.4.5　测试函数 44
- 本章小结 46
- 习题二 46

第3章　Visual FoxPro 数据库及操作 49

- 3.1　Visual FoxPro 数据库及其建立 49
  - 3.1.1　Visual FoxPro 数据库基本概念 49
  - 3.1.2　数据库的创建 49
  - 3.1.3　数据库的使用 50
- 3.2　创建数据库表 52
  - 3.2.1　表结构的设计 52
  - 3.2.2　修改表结构 54
  - 3.2.3　复制表结构 55
- 3.3　表的基本操作 55
  - 3.3.1　表数据的输入 55
  - 3.3.2　打开与关闭表 56
  - 3.3.3　浏览表记录 56
  - 3.3.4　增加记录 58
  - 3.3.5　删除记录 59
  - 3.3.6　修改记录 60
  - 3.3.7　显示记录 60
  - 3.3.8　定位记录 61
- 本章小结 62
- 习题三 63

第4章　索引、排序与多表操作 65

- 4.1　排序 65
- 4.2　索引 66
  - 4.2.1　索引的概念 66

4.2.2 索引的分类 ... 67
4.2.3 索引的建立 ... 68
4.2.4 索引的使用 ... 69
4.2.5 索引查询 ... 71
4.3 数据完整性 ... 73
4.4 多表操作 ... 74
4.4.1 工作区的概念 ... 75
4.4.2 使用不同工作区中的表 ... 76
4.4.3 建立表间的临时联系 ... 77
4.5 自由表 ... 77
4.5.1 数据库表与自由表 ... 77
4.5.2 将自由表添加到数据库 ... 78
4.5.3 从数据库中移出表 ... 78
本章小结 ... 78
习题四 ... 79

第 5 章　结构化查询语言 SQL ... 82

5.1 SQL 简介 ... 82
5.2 数据查询 ... 83
　5.2.1 简单查询 ... 84
　5.2.2 简单连接查询 ... 86
　5.2.3 嵌套查询 ... 86
　5.2.4 特殊运算符 ... 87
　5.2.5 空值查询 ... 88
　5.2.6 简单的计算查询 ... 89
　5.2.7 分组与计算查询 ... 89
　5.2.8 排序 ... 90
　5.2.9 超链接查询 ... 92
　5.2.10 使用量词和谓词的查询 ... 94
　5.2.11 集合的并运算 ... 94
　5.2.12 查询结果的输出 ... 95
5.3 数据操作 ... 96
　5.3.1 插入数据 ... 96
　5.3.2 更新数据 ... 97
　5.3.3 删除数据 ... 97
5.4 数据定义 ... 97
　5.4.1 表的定义 ... 97
　5.4.2 表的修改 ... 100
　5.4.3 表的删除 ... 101
本章小结 ... 101
习题五 ... 101

第 6 章　查询与视图 ... 108

6.1 查询 ... 108

6.2 视图 ... 112
本章小结 ... 114
习题六 ... 114

第 7 章　程序设计基础 ... 116

7.1 Visual FoxPro 的工作方式 ... 116
7.2 程序及程序文件 ... 117
7.3 程序中常用的命令 ... 118
　7.3.1 简单的输入命令 ... 118
　7.3.2 简单的输出命令 ... 120
　7.3.3 其他命令 ... 120
7.4 程序的基本结构 ... 121
　7.4.1 顺序结构 ... 121
　7.4.2 选择结构 ... 121
　7.4.3 循环结构 ... 124
7.5 过程及过程调用 ... 128
　7.5.1 过程简介 ... 128
　7.5.2 过程类型 ... 129
　7.5.3 过程的嵌套调用 ... 132
7.6 自定义函数 ... 132
7.7 过程调用中的参数传递 ... 133
7.8 内存变量的作用域 ... 135
本章小结 ... 140
习题七 ... 140

第 8 章　面向对象程序设计 ... 144

8.1 面向对象程序设计的概念 ... 144
　8.1.1 对象 ... 144
　8.1.2 类 ... 145
8.2 Visual FoxPro 中的类 ... 145
　8.2.1 基类 ... 145
　8.2.2 容器与控件 ... 146
　8.2.3 属性、事件与方法 ... 147
8.3 Visual FoxPro 中对象的操作 ... 149
　8.3.1 创建对象 ... 149
　8.3.2 对象的引用 ... 149
本章小结 ... 150
习题八 ... 150

第 9 章　表单设计与应用 ... 152

9.1 创建与运行表单 ... 152
　9.1.1 建立表单 ... 152
　9.1.2 运行表单 ... 155
9.2 表单设计器 ... 156

9.2.1	表单设计环境	156
9.2.2	控件操作与布局	158
9.2.3	数据环境	160
9.3	表单的属性和方法	161
9.3.1	表单常用属性	161
9.3.2	表单常用事件与方法	162
9.3.3	添加新的属性和方法	164
9.4	基本型控件	166
9.4.1	标签控件	166
9.4.2	命令按钮控件	167
9.4.3	文本框控件	167
9.4.4	编辑框控件	170
9.4.5	复选框控件	171
9.4.6	列表框控件	172
9.4.7	组合框控件	173
9.5	容器型控件	174
9.5.1	命令按钮组控件	174
9.5.2	选项组控件	176
9.5.3	表格控件	178
9.5.4	页框控件	182

本章小结 184
习题九 184

第 10 章 报表的设计与应用 188

10.1	报表概述	188
10.1.1	报表布局	188
10.1.2	创建报表的方法	189
10.2	创建简单报表	189
10.2.1	报表向导	189
10.2.2	快速生成报表	191
10.3	使用报表设计器设计报表	192
10.3.1	启动报表设计器	193
10.3.2	报表设计器环境介绍	193
10.3.3	设计报表	195
10.4	数据分组和多栏报表	204
10.4.1	设计分组报表	204
10.4.2	设计多栏报表	210
10.4.3	输出报表	212

本章小结 213
习题十 213

第 11 章 菜单的设计与应用 215

11.1	Visual FoxPro 系统菜单	215
11.1.1	菜单结构	215
11.1.2	系统菜单	216
11.2	下拉式菜单设计	218
11.2.1	菜单设计的基本过程	218
11.2.2	定义菜单	219
11.2.3	为顶层表单添加菜单	225
11.3	快捷菜单设计	227

本章小结 229
习题十一 229

第 12 章 应用系统的开发、编译与发布 232

12.1	应用系统开发过程	232
12.1.1	可行性分析	232
12.1.2	需求分析	232
12.1.3	系统设计	233
12.1.4	系统编码	233
12.1.5	软件测试	234
12.1.6	运行维护	234
12.2	应用系统的编译与发布	235
12.2.1	应用程序的编译	235
12.2.2	应用软件的发布	236

本章小结 238
习题十二 239

第 13 章 学生成绩管理系统实例 240

13.1	需求分析与功能模块划分	240
13.1.1	系统总体目标	240
13.1.2	数据需求	240
13.1.3	功能需求	240
13.2	数据库设计	241
13.2.1	数据库	241
13.2.2	数据库表	241
13.2.3	编制数据库及表	242
13.3	应用程序设计	244
13.3.1	总体设计	244
13.3.2	模块设计与编码	245
13.3.3	编译打包	259

本章小结 261

附录 262

参考文献 265

第 1 章
Visual FoxPro 数据库基础知识

1946 年计算机发明后不久，人们就遇到了管理大量数据的问题，由此诞生了数据库技术。数据库技术产生于 20 世纪 60 年代末，数据库技术是现代信息科学与技术的重要组成部分，是计算机数据处理与信息管理系统的核心。本章主要介绍数据库、数据库系统、数据库管理系统、数据库模型等基本概念以及它们之间的相互关系，着重介绍关系模型、关系、元组、属性、域等基本概念以及关系数据库和关系运算在 Visual FoxPro 中的体现。

1.1 计算机数据管理技术的发展

1.1.1 数据、信息与数据处理

1. 数据与信息

数据（Data）是指存储在某一媒体上能够识别的物理符号。数据的概念包括两个方面：数据内容与数据形式。数据内容是指所描述的客观事物的具体特性，数据形式是指数据内容存储在媒体上的具体形式。数据的表现形式主要有数字、文字、声音、图形和图像等。例如某人的出生日期可以表示为 1994 年 9 月 11 日，也可以表示为 "09/11/1994"，其含义并没有改变。

信息（Information）是指经过加工处理后，能影响人类行为，并具有特定形式的有用数据。

数据与信息是两个相互联系又相互区别的概念。数据是信息的具体表现形式，信息是数据意义的表现。

2. 数据处理

数据处理就是将数据转换为信息的过程。数据处理实质上就是利用计算机对各种类型的数据进行处理，包括对数据的采集、整理、存储、分类、排序、检索、维护、加工、统计和传输等一系列操作过程。

从数据处理的角度来看，信息能被加工成特定形式的数据，这种数据形式对于数据接收者来说是有意义的。处理数据的目的就是为了获得信息，通过分析和筛选信息可以产生决策。例如，财政、金融、证券、审计、人力资源等都离不开数据处理。

在计算机中，一般使用计算机外存储器来存储数据，通过计算机软件来管理数据，通过应用程序来对数据进行加工处理。

1.1.2 数据管理技术的发展

计算机在数据管理方面经历了由低级到高级的发展过程。它随着计算机硬件技术、软件技术

和计算机应用范围的发展而不断发展。多年来，数据管理经历了人工管理、文件系统、数据库系统、分布式数据库系统及面向对象数据库系统等几个阶段。

1. 人工管理阶段

20世纪50年代中期以前，计算机主要用于科学计算。对于当时的计算机，从硬件方面来看，无磁盘等直接存储介质；从软件方面来看，无操作系统和数据库管理系统。数据由计算或处理它的程序自行携带。数据和应用程序之间的关系如图1.1所示。

这一时期数据管理的特点如下。

（1）数据不能被长期保存。任务完成后，数据随着应用程序从内存一起释放。

（2）数据不能共享。数据是面向应用的，一组数据只能对应一个程序，一个程序中的数据无法被其他程序利用，使得程序与程序之间存在大量的重复数据，这称为数据冗余。

（3）数据不独立。数据是对应某一应用程序的，数据由应用程序自行管理。应用程序中不仅要规定数据的逻辑结构，还要阐明数据在存储器上的存储地址。当数据改变时，应用程序也要随之改变。

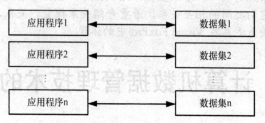

图1.1　人工管理阶段数据与程序的关系

2. 文件系统阶段

20世纪50年代末至60年代中后期，计算机开始大量地用于处理管理系统中的数据。硬件方面有了磁盘、磁鼓等直接存储设备，软件方面出现了高级语言和操作系统。操作系统中的文件系统是专门管理外存储器中数据的管理软件。文件系统阶段数据和应用程序之间的关系如图1.2所示。

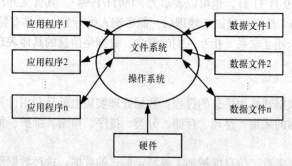

图1.2　文件系统阶段程序和数据的关系

这一时期数据管理的特点如下。

（1）数据可长期保存。数据以数据文件的形式长期保存在外存储器上，可以被多次存取。

（2）程序与数据有了一定的独立性。程序与数据分开存储，有了程序文件与数据文件的区别，应用程序按文件名就可访问数据文件，不必关心数据在存储器上的位置、输入/输出方式等。

（3）数据的独立性低。由于应用程序对数据的访问基于特定的结构和存取方法，当数据的逻辑结构发生改变时，必须修改相应的应用程序。

（4）数据的共享性差，存在数据冗余及数据的不一致等问题。文件系统中的数据文件是为了满足特定业务领域或某部门的专门需要而设计的。大多数情况下，一个应用程序对应一个数据文件，当不同的应用程序处理的数据包含相同的数据项时，通常会建立各自的数据文件，从而产生大量的数据冗余。当一个数据文件的数据项被更新，而其他数据文件中相同的数据项没有被更新时，将造成数据的不一致。

3. 数据库系统阶段

20世纪60年代后期开始，需要计算机管理的数据量急剧增长，并且对数据共享的需求日益增强，文件系统的数据管理方法已无法适应开发应用系统的需要。为了实现计算机对数据的统一管理，达到数据共享的目的，出现了数据库技术。

数据库技术的主要目的是有效地管理和存取大量的数据资源，包括提高数据的共享性，使多个用户能够同时访问数据库中的数据；减小数据的冗余度，以提高数据的一致性和完整性；提供应用程序与数据的独立性，从而减少应用程序的开发和维护代价。

为数据库的建立、使用和维护而配置的软件称为数据库管理系统（DataBase Management System，DBMS）。在计算机软件体系中，数据库管理系统建立在操作系统之上，程序员可以用它来设计数据库（DataBase，DB）。数据库系统中数据和应用程序之间的关系如图1.3所示。

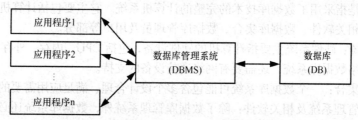

图1.3　数据库系统中数据与应用程序的关系

1.2　数据库系统

1.2.1　数据库相关概念

1. 数据库

数据库是指以一定的组织方式存储在计算机存储设备上，与应用程序彼此独立、能为多个用户共享、结构化的相关数据的集合。数据库的概念包含了两个方面，即描述事物的数据本身及相关事物之间的联系。

数据库以文件的形式存储在外存中，用户通过数据库管理系统来统一管理和控制数据。

2. 数据库管理系统

为数据库的建立、使用和维护而配置的软件称为数据库管理系统，它处理数据库数据的定义、存取、管理、控制等，应用程序对数据库的操作是在数据库管理系统的支持和控制下进行的，数据库管理系统是数据库系统的核心。

数据库管理系统的主要功能如下。

（1）数据定义功能：用于定义数据对象，描述数据库、数据表的结构等。

（2）数据操纵功能：用于实现对数据库的基本操作，如数据的插入、修改、删除、查询等。

（3）控制和管理功能：实现对数据库的控制和管理，包括并发控制、安全性检查、完整性检查、对数据库的内部维护等功能。

目前，广泛使用的大型数据库管理系统有 Oracle、Sybase、DB2 等，小型数据库管理系统有 SQL Sever、Visual FoxPro、Access 等。Visual FoxPro（VFP）是一种基于关系模型的数据库管理系统。

3. 数据库系统

数据库系统（DataBase System，DBS）是指采用了数据库技术的完整的计算机系统，它主要包括计算机的硬件系统、数据库管理系统及相关软件、数据库集合、数据库管理员及用户等部分，它为有组织地、动态地存储大量相关数据，进行数据处理和信息资源共享提供了便利手段。

4. 数据库应用系统

数据库应用系统（DataBase Application System，DBAS）是指数据库开发人员利用数据库系统资源开发出来的、面向某一类实际应用的应用软件系统，例如以数据库为基础的人事管理系统、图书管理系统、教学管理系统、财务管理系统等。

1.2.2 数据库系统的组成

数据库系统是指采用了数据库技术的完整的计算机系统。它主要包括计算机的硬件系统、数据库管理系统及相关软件、数据库集合、数据库管理员及用户等部分。

（1）硬件系统：硬件系统主要指计算机的硬件设备，包括 CPU、内存、外存、输入/输出设备等。此外对于网络数据库系统，还需要有网络通信设备的支持。

（2）数据库集合：一个数据库系统可能包含多个设计合理、满足应用需要的数据库。

（3）数据库管理系统及相关软件：除了数据库管理系统外，数据库系统还必须有相关软件的支持，包括操作系统、应用程序和开发工具。目前，基于客户/服务器（C/S）结构的常用开发工具有 Delphi、Visual Basic、PowerBuilder，基于浏览器/Web 服务器/数据库服务器（B/W/S）结构的常用开发工具有 ASP、JSP、PHP 等。Visual FoxPro 本身也可作为开发工具。

（4）数据库管理员（DataBase Administrator，DBA）：数据库管理员是数据库系统的主要维护者，其主要任务是对使用中的数据库进行整体维护，以保证数据库系统的正常运行。

（5）用户：包含普通用户和一般程序员。

1.2.3 数据库系统的特点

数据库系统的主要特点是实现了数据结构化、数据共享、数据独立性和统一的数据控制功能，具体描述如下。

（1）数据结构化。数据库中的数据是有结构的，这种结构由数据库管理系统所支持的数据模型表现出来。数据库系统不仅可以表示事物内部各数据项之间的联系，而且可以表示事物与事物之间的联系，从而反映出现实世界事物之间的联系。因此，任何数据库管理系统都支持一种抽象的数据模型。

（2）实现数据共享，减少数据冗余。数据共享是指多个用户可以同时存取数据库数据而互不影响。数据库系统从整体角度看待和描述数据，数据不再面向某个应用，而是面向整个系统，因此数据可以被多个用户、多个应用共享使用。数据共享可以大大减少数据冗余，节约存储空间，数据共享还能够避免数据之间的不相容性与不一致性。

（3）具有较高的数据独立性。数据独立是指数据与应用程序之间彼此独立，它们之间不存在相互依赖的关系，应用程序不必随数据存储结构的改变而改变。在数据库系统中，数据库管理系统提供映像功能,实现了应用程序与数据总体逻辑结构、物理存储结构之间较高的独立性。用户只以简单的逻辑结构来操作数据,无须考虑数据在存储器上的物理位置与结构。

(4)实现了统一的数据控制功能。数据库系统提供了各种控制功能,保证了数据的并发控制、安全性、完整性及可恢复性。数据库作为多个用户和应用程序的共享资源,允许多个用户同时访问。并发控制可以防止多用户访问数据时而产生的数据不一致性。安全性可以防止非法用户存取数据。完整性可以保证数据的正确性和有效性。可恢复性是系统出现故障时,将数据恢复到最近某个时刻的正确状态。

1.2.4 数据库系统的体系结构

数据库系统主要有以下几种体系结构。

1. 单用户

单用户数据库系统是一种最简单的数据库系统。整个数据库系统包括应用程序、DBMS 和数据库,它们都在一台计算机上,一个用户独占使用数据,不同计算机不能共享数据。单用户数据库系统通常适用于用户少,数据量不多的情况。

2. 主从式结构

主从式结构是指一个主机带多个终端的结构,如图 1.4 所示。数据库系统都集中存放在主机上,终端只作为主机的输入/输出设备,多个用户可通过终端存取主机的数据。由于所有处理任务由主机来完成,当终端用户的数据增加到一定程度后,主机的任务会过于繁重,响应缓慢,从而使性能大幅度下降。目前,只有个别大型机构使用这种架构。

3. 客户/服务器结构

客户/服务器结构是目前最流行的数据库体系结构。网络上的服务器结点存放数据并执行 DBMS 功能,客户机安装 DBMS 应用开发工具和应用程序。客户端的用户请求被传送到服务器,服务器进行处理后,只将结果(而不是整个数据)返回给用户,从而显著减少了网络上的数据传输量,提高了系统的性能、吞吐量和负载能力。

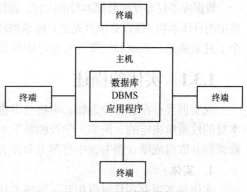

图 1.4 主从式数据库结构

C/S 数据库系统分为集中式 C/S 结构和分布式 C/S 结构。集中式 C/S 结构如图 1.5 所示。所有数据存放在一台数据库服务器中。分布式 C/S 结构如图 1.6 所示,它有多台数据库服务器,数据被分散在不同的服务器上,适用于业务上相互关联而地理上分散的数据库。

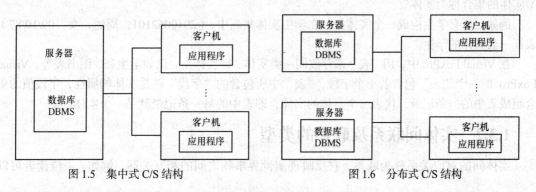

图 1.5 集中式 C/S 结构　　　　　　　　图 1.6 分布式 C/S 结构

4. 浏览器/Web 服务器/数据库服务器结构（B/W/S）

B/W/S 结构在 Internet 中得到了广泛的应用。B/W/S 结构如图 1.7 所示，客户端仅安装浏览器软件，用户通过 URL 向 Web 服务器发出请求，Web 服务器运行脚本程序，向数据库服务器发出数据请求。数据库服务器执行处理后，将结果返回给 Web 服务器，Web 服务器根据结果产生网页文件，客户端接收到网页文件后，在浏览器中显示出来。

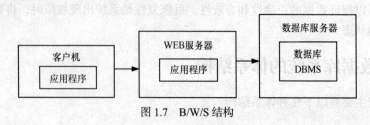

图 1.7　B/W/S 结构

1.3　数据模型

数据库不仅要反映数据本身的内容，而且要反映数据之间的联系。计算机不可能直接处理现实世界中的具体事物，所以必须事先把具体事物转换成计算机能够处理的数据。在数据库中用数据模型这个工具来抽象、表示和处理现实世界中的数据和信息。可以说，数据模型就是现实世界的模拟。

1.3.1　实体的描述

现实世界存在着各种事物，事物与事物之间存在着联系。这种联系是客观存在的，是由事物本身的性质所决定的。例如，学校的教学系统中有教师、学生、课程，教师为学生授课，学生选修课程并取得成绩；图书馆中有图书和读者，读者借阅图书等。

1. 实体

实体是客观存在且可以相互区别的事物。实体可以是实际的事物，如图书、读者，也可以是抽象的事件，如订货、借阅等活动。

2. 实体的属性

描述实体的特性称为属性。例如，学生实体可以用学号、姓名、性别、出生日期等多个属性来描述。图书实体用总编号、分类号、书名、作者、单价等多个属性来描述。

3. 实体型和实体集

属性值的集合表示一个具体的实体，而属性的集合表示一种实体的类型，称为实体型。同类型实体的集合称为实体集。

例如，所有学生构成一个实体集，在学生实体集当中，（2010062101，周丽，女，09/10/87）表征一名具体的学生。

在 Visual FoxPro 中，用"表"来存放同一类实体，即实体集，例如学生表、图书表等。Visual FoxPro 的一个"表"包含若干个字段，"表"中所包含的"字段"就是实体的属性，字段值的集合组成表中的一条记录，代表一个具体的实体，即表中的每一条记录就是一个实体。

1.3.2　实体间联系及联系的类型

实体间的对应关系称为联系，它反映现实世界事物之间的相互关联。例如，一位读者可以借阅多本图书，同一本书可先后被多名读者借阅。实体间的联系就是指实体集与实体集之间的联系。

实体间联系的种类是指一个实体集中可能出现的每一个实体与另一个实体集中多少个具体实体存在联系。实体之间的联系有以下三种类型。

1. 一对一联系（1:1）

实体集 A 中的每个实体仅与实体集 B 中的一个实体联系，反之亦然。

例如，公司和总经理两个实体集，每个公司只有一个总经理，一个总经理只能在一个公司任职，则公司和总经理之间为一对一的联系。

在 Visual FoxPro 中，一对一的联系表现为主表中的每一条记录只与相关表中的一条记录相关联。例如，某单位劳资部门的职工表和财务部门的工资表之间就存在一对一的联系。

2. 一对多联系（1:m）

对于实体集 A 中的每个实体，实体集 B 都有多个实体与之对应。反之，对于实体集 B 中的每个实体，实体集 A 中只有一个实体与之对应。

例如，部门与职工两个实体集，每个部门有多名职工，而一名职工只能属于一个部门，则部门与职工之间为一对多联系。

在 Visual FoxPro 中，一对多的联系表现为主表中的每一条记录只与相关表中的多条记录相关联。即表 A 的一个记录在表 B 中可以有多个记录与之对应，但表 B 中的一个记录在表 A 中最多只能有一个记录与之对应。

一对多联系是最普遍的联系。也可以把一对一的联系看作一对多联系的特殊情况。

3. 多对多联系（$m:n$）

对于实体集 A 中的每个实体，实体集 B 都有多个实体与之对应。反之，对于实体集 B 中的每个实体，实体集 A 中也有多个实体与之对应。

例如，学生和课程两个实体集，每个学生可以选修多门课程。反之，每一门课程可以被多名学生选修，则学生和课程之间为多对多的联系。图书和读者两个实体集也是多对多的联系，每个读者可以借阅多本图书，而一本图书也可以相继被多名读者借阅。

实际应用中，通常将一个多对多联系转换成两个一对多联系。

在 Visual FoxPro 中，多对多的联系表现为一个表中的多个记录在相关表中同样有多个记录与之对应。即表 A 的一个记录在表 B 中可以有多个记录与之对应，但表 B 中的一个记录在表 A 中也可以对应多条记录。

1.3.3 数据模型

为了反映事物本身及事物与事物之间的各种联系，数据库中的数据必须有一定的结构，这种结构用数据模型来表示。数据库管理系统不仅管理数据本身，而且要使用数据模型来表示出数据之间的联系。

任何一个数据库管理系统都是基于某种数据模型的。数据库管理系统所支持的数据模型分为三种：层次模型、网状模型、关系模型。20 世纪 70 年代至 80 年代初期，广泛使用的是基于层次、网状数据模型的数据库管理系统。现在关系模型是使用最普遍的数据模型，目前流行的数据库管理系统 Oracle、Sybase、SQL Server、Visual FoxPro 等都是关系数据库管理系统。

1. 层次模型

用树形结构表示实体及其之间联系的模型称为层次数据模型。这样的树由结点和连线组成，结点表示实体集，连线表示两实体之间的联系，树形结构只能表示一对多联系。通常将表示"一"

的实体放在上方，称为父结点；而表示"多"的实体放在下方，称为子结点。树的最高位置只有一个结点，称为根结点。根结点以外的其他结点都有一个父结点与之相连，同时可能有一个或多个子结点与它相连。没有子结点的结点称为叶，它处于分支的末端。图 1.8 所示为一个层次模型的示例。

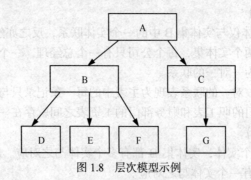

图 1.8　层次模型示例

支持层次数据模型的 DBMS 称为层次数据库管理系统，在这种系统中建立的数据库是层次数据库。层次模型可方便地表示一对一联系和一对多联系，但不能用它直接表示多对多联系。

2. 网状模型

用网状结构表示实体及其之间联系的模型称为网状模型。网中的每一个结点代表一个实体集。网状模型是一种比层次模型更普遍的结构，它突破了层次模型的两个限制：允许多个结点没有父结点，允许结点有多于一个的父结点。图 1.9 所示为网状模型示例。

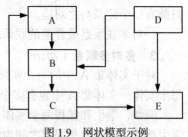

图 1.9　网状模型示例

支持网状数据模型的 DBMS 称为网状数据库管理系统，在这种系统中建立的数据库称为网状数据库。网状结构可以直接表示多对多联系，这也是网状模型的主要优点。

3. 关系模型

用二维表结构来表示实体以及实体之间联系的模型称为关系模型。在关系模型中，操作的对象和结果都是二维表，一张二维表就是一个关系。由于浏览和设计二维表十分方便，因此二维表的关系模型比层次模型和网状模型更具优势，是目前应用最广泛的数据库模型。表 1.1 表示一组有关学生的信息，就是一种关系模型。

支持关系数据模型的 DBMS 称为关系数据库管理系统，Visual FoxPro 就是一种基于关系模型的数据库管理系统。

表 1.1　　　　　　　　　　　　学生表

学　号	姓　　名	性别	出生日期	班　　级	党员否	备注	照片
2011064101	王静	女	09/21/90	市场营销 11-1	T		
2011064102	李泽东	男	11/11/89	市场营销 11-1	F		
2011064103	邓玲玲	女	12/10/90	市场营销 11-1	T		
2011064112	叶问问	男	12/23/91	市场营销 11-1	T		
2011064119	徐田田	男	06/12/91	市场营销 11-1	F		
2012063103	王雪	女	04/20/92	工商管理 12-1	T		
2012063113	朱贝贝	女	01/15/93	工商管理 12-1	T		

续表

学 号	姓 名	性别	出生日期	班 级	党员否	备注	照片
2012063207	王萌萌	女	09/10/92	工商管理 12-2	F		
2012064211	孙通	男	12/30/91	市场营销 12-2	T		
2012064221	冯国栋	男	10/25/92	市场营销 12-2	T		
2012064229	杨洋	女	09/10/90	市场营销 12-2	F		

1.4 关系数据库

自 20 世纪 80 年代以来，新推出的数据库管理系统几乎都支持关系模型。早期的许多层次和网状模型系统的产品也加上了关系接口。本节将结合 Visual FoxPro 来集中介绍关系数据库系统的基本概念。

1.4.1 关系模型

关系模型的用户界面非常简单，一个关系的逻辑结构就是一张二维表。这种用二维表的形式来表示实体和实体之间联系的数据模型称为关系数据模型。

1. 关系术语

（1）关系。在 Visual FoxPro 中，一个"表"就是一个关系。一个关系就是一张二维表，通常将一个没有重复行、重复列的二维表看成一个关系，每个关系有一个关系名。在 Visual FoxPro 中，一个关系存储为一个文件，文件扩展名为.dbf，称为"表"。例如，图 1.10 所示为三个关系，student、course、grade 分别为这三个关系的关系名。

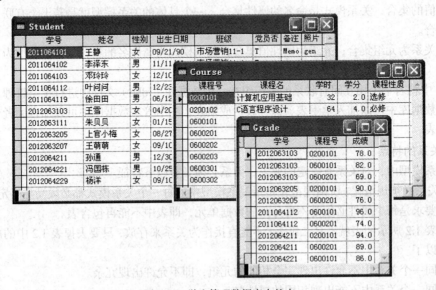

图 1.10 学生管理数据库中的表

（2）元组。二维表中的一行称为关系的一个元组，即 Visual FoxPro 数据表中的一条记录，故元组也称为记录。例如，学生表这个关系包括多条记录，即多个元组。

（3）属性。二维表中的一列称为关系的一个属性，每个属性都有一个属性名，在 Visual FoxPro 中表示为字段名，每个字段的数据类型、宽度等在创建表的结构时规定。属性值则是各个元组的属性的取值。例如，学号、姓名、性别、出生日期等都是"student"关系的属性。

（4）域。属性的取值范围称为域，即不同元组对同一个属性的取值所限定的范围。例如，性别只能从"男"、"女"两个汉字中取值；逻辑型属性党员否只能从逻辑真和逻辑假两个值中取值。

（5）关键字。关键字为属性或属性的组合，关键字的值能够惟一地标识一个元组。在 Visual FoxPro 中表示为字段或字段的组合。单个属性的关键字称为"单关键字"，多个属性组合的关键字称为"组合关键字"。例如，学生表中的"学号"可以作为单关键字，因为学生表中的学号不允许相同。而"姓名"及"出生日期"则不能作为单关键字，因为学生表中可能出现重名或相同的出生日期。若重名学生具有不相同的出生日期，则可将"姓名"和"出生日期"组合起来作为组合关键字。

在 Visual FoxPro 中，主关键字和候选关键字就起惟一标识一个元组的作用。

（6）外部关键字。如果表中的一个字段不是本表的主关键字或候选关键字，而是另外一个表的主关键字或候选关键字，这个字段（属性）就称为外部关键字。

例如，成绩表的"学号"不是成绩表的主关键字或候选关键字，而是学生表的主关键字，因此，"学号"就是成绩表的外部关键字。

（7）关系模式。对关系的描述称为关系模式，一个关系模式对应一个关系的结构。通常将其表示为：

关系名（属性1，属性2，属性3，…属性n）

在 Visual FoxPro 中表示为表结构：

表名（字段名1，字段名2，字段名3，…字段名n）

例如：student（学号，姓名，性别，出生日期，班级，党员否，备注，照片）。

（8）关系术语之间的关系。从集合论的观点来定义关系，可以将关系定义为元组的集合，元组是属性值的集合，关系模式是命名的属性集合，一个具体的关系模型就是若干个有联系的关系模式的集合。

即，关系为元组集合；元组为属性值集合；关系模式为属性名的集合；关系模型为关系模式的集合。

VFP 中将若干个相互间有联系的表组织在一个数据库（.dbc）文件中进行统一管理。例如，学生管理数据库中可以加入学生表、课程表、成绩表，图书管理数据库中可以加入读者表、图书表、借阅表。

2. 关系的特点

在关系模型中，对关系有一定的要求，关系必须具有以下特征。

（1）关系必须规范化。所谓规范化是指关系模型中的每一个关系模式都必须满足一定的要求。最基本的要求是每个属性必须是不可分割的数据单元，即表中不能再包含表。

例如表1.2所示的表就不是二维表，不能直接作为关系来存放，只要去掉表1.2中的成绩这个表项就可以了。

（2）同一个关系中不允许出现完全相同的元组，即不允许出现冗余。

（3）同一个关系中不能出现相同的属性名。

（4）同一关系中，属性的数据类型应该一致。

（5）同一关系中元组及属性的先后次序无关紧要。

表1.2　　　　　　　　　　　　　复合表示例

学　号	姓　名	成　绩		
		高数	英语	计算机

3. 实际关系模型

一个具体的关系模型由若干个关系模式组成。在 Visual FoxPro 中，一个数据库包含若干个相互之间存在联系的表，这个数据库文件就代表一个实际的关系模型，数据库文件的扩展名为.dbc。为了反映各个表所表示的实体之间的联系，公共字段名往往起着"桥梁"的作用。

例如，在学生管理数据库中有学生 student、课程 course、成绩 grade 三个表，如图 1.11 所示。grade 表示出学生与课程这两个实体之间的多对多的联系（一个学生可以选修多门课程，反过来，一门课程可以被多名学生选修）。把多对多的关系分解为两个一对多的关系，在 Visual FoxPro 中称为"纽带表"。student 表与 grade 表通过公共字段"学号"建立关联关系；course 表与 grade 表通过公共字段"课程号"建立关联关系。

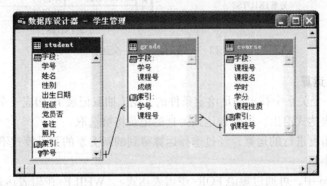

图 1.11　在 Visual FoxPro 中表示的联系

1.4.2　关系运算

当对关系数据库进行查询，寻找用户所需数据时，常常需要对关系进行一定的关系运算。关系的基本运算有两类：一类是传统的集合运算（并、差、交等），另一类是专门的关系运算（选择、投影、连接），有时查询需要几个基本运算的组合。

1. 传统的集合运算

进行并、差、交集合运算的两个关系必须具有相同的关系模式，即结构相同。

（1）并运算。关系 R 与关系 S 的并，是由属于 R 和 S 这两个关系的元组组成的新关系，记作 R∪S。

（2）差运算。关系 R 与关系 S 的差，是由所有属于 R 但不属于 S 的元组所组成的新关系，记作 R-S。

（3）交运算。关系 R 与关系 S 的交，是由既属于 R 又属于 S 的元组所组成的新关系，记作 R∩S。

例如，如图 1.12 所示，关系 TS1 为参加计算机小组的学生名单，关系 TS2 为参加桥牌小组的学生名单，则 TS1∪TS2 为参加计算机和桥牌小组的学生名单，TS1∩TS2 为既参加计算机又参加桥牌小组的学生名单，TS1-TS2 为参加了计算机小组，但没有参加桥牌小组的学生名单。

图 1.12 关系的并、差、交运算

2. 专门的关系运算

（1）选择。从一个关系中找出满足给定条件的元组（抽取记录），构成一个新关系的操作。选择的条件通过逻辑表达式给出，逻辑表达式为真的记录将被选取。

选择是从行的角度进行的运算，经过选择运算得到的新关系的关系模式不变，但其中的元组是原关系的一个子集。

在 Visual FoxPro 中，可通过短语 FOR<逻辑表达式>、WHILE<逻辑表达式>和设置记录过滤器来进行选择运算。

例如，在表 1.1 所示的关系中，如果按照性别＝"男"的条件进行选择运算，则可得到表 1.3 所示结果。

表 1.3　　　　　　　　　　　　　　　选择运算的结果

学　号	姓　名	性别	出生日期	班　级	党员否	备　注	照　片
2011064102	李泽东	男	11/11/89	市场营销 11-1	F		
2011064112	叶问问	男	12/23/91	市场营销 11-1	T		
2011064119	徐田田	男	06/12/91	市场营销 11-1	F		
2012064211	孙通	男	12/30/91	市场营销 12-2	T		
2012064221	冯国栋	男	10/25/92	市场营销 12-2	T		

（2）投影。从一个关系中选取若干个属性（抽取字段），构成一个新关系的操作。

投影是从列的角度进行的运算，其关系模式所包含的字段个数比原关系少，或者字段的排列顺序不同。

在 Visual FoxPro 中，可通过短语 Fields<字段 1，字段 2，…，字段 N>设置字段过滤来进行投影运算。

例如，有表 1.1 所示关系，指定学号、姓名、性别 3 个字段进行投影操作，可得到表 1.4 所示结果。

表 1.4　　　　　　　　　　　　　投影运算的结果

学　　号	姓　　名	性　　别
2011064101	王静	女
2011064102	李泽东	男
2011064103	邓玲玲	女
2011064112	叶问问	男
2011064119	徐田田	男
2012063103	王雪	女
2012063113	朱贝贝	女
2012063205	上官小梅	女
2012063207	王萌萌	女
2012064211	孙通	男
2012064221	冯国栋	男
2012064229	杨洋	女

（3）连接。根据连接条件将两个关系组合成一个新关系的操作。

连接是关系的横向结合，连接运算将两个关系模式拼接成一个更宽的关系模式，生成的新关系中包含满足连接条件的元组。

连接过程是通过连接条件来控制的，连接条件中将出现两个关系中的公共属性名，或者具有相同语义的字段。连接结果是满足条件的所有记录，相当于 Visual FoxPro 中的"内部连接"（inner join）。

选择和投影运算的操作对象只是一个表，连接运算需要将两个表作为操作对象。如果需要连接两个以上的表，应当进行两两连接。

连接分为等值连接与自然连接。在连接运算中，按照字段值对应相等为条件进行的连接操作称为等值连接。自然连接是指去掉重复属性的等值连接。自然连接是最常见的连接运算。

例 1.1　在学生管理数据库中，要查询学生孙通所选课程的课程名及所对应的成绩。

首先要把 student 表和 grade 表连接起来，连接条件必须指明两个表中的学号对应相等，且姓名为孙通，然后再对连接的结果按照课程号与 course 表中的课程号相等的条件进行连接，最后对课程名、成绩等字段进行投影。连接结果如图 1.13 所示。

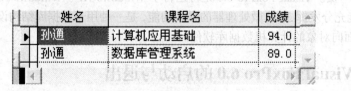

图 1.13　关系的连接运算

1.4.3　完整性控制

数据库系统在运行过程中，由于数据输入错误、程序错误、非法访问、使用者的误操作等各方面的原因，容易产生数据错误和混乱。为保证关系中数据的正确性和有效性，需建立数据完整性的约束机制来加以控制。

数据的完整性就是数据使用的正确性和有效性。数据的一致性是指关系中数据的多个值保持一致。在关系模型中设置的完整性规则保护了数据的完整性和一致性。完整性规则一般分为实体完整性、域完整性和参照完整性。

1. 实体完整性控制

实体是关系描述的对象，是一行记录，一个实体属性的集合。在关系中用关键字来唯一地表示实体，关键字也就是关系模式中的主属性。实体完整性规则要求主属性不能取空值。若主属性为空，则不能区分现实世界存在的实体。例如，学生表中的学号，职工表中的职工号等，这些属性都不能取空值。

2. 域完整性控制

域是关系中属性的取值范围。在设计关系模式时定义属性的类型、宽度是基本的完整性控制，进一步的控制可保证输入的数据合理有效。例如，性别属性只能输入"男"或"女"，输入其他字符则认为是无效输入，并拒绝接受。

3. 参照完整性控制

在实际的应用系统中，为减少数据的冗余度，常设计几个关系来描述相同的实体，这存在关系之间的引用参照，即一个关系属性的取值要参照其他关系。

例如，对学生信息的描述常用以下 3 个关系。

学生（学号，姓名，性别，班级，出生日期，党员否，备注，照片）

课程（课程号，课程名，学时，学分，课程性质）

成绩（学号，课程号，成绩）

上述关系中，学号不是成绩关系的主关键字，但它是被参照关系中学生关系的主关键字，称它为成绩关系的外关键字，有参照完整性规则，外关键字可取空值或被参照关系中的主关键字值。虽然这里规定外关键字学号可以取空值，但按照实体完整性规则，学生关系中学号不能取空值，因此成绩关系中的学号实际上是不能取空值的，只能取学生关系中已经存在学号的值，若取空值，关系之间就失去了联系。

1.5 Visual FoxPro 6.0 系统概述

Visual FoxPro 6.0（中文版），是 Microsoft 公司 1998 年发布的可视化编程语言集成包 Visual Studio 6.0 中的一员。Visual FoxPro 6.0 是可运行于 Windows XP、Windows NT 平台的 32 位数据库开发系统，能充分发挥 32 位微处理器的强大功能，是一种用于数据库结构设计和应用程序开发的功能强大的面向对象的计算机数据库软件。

1.5.1 Visual FoxPro 6.0 的启动与退出

1. 启动系统

在 Windows 中启动 Visual FoxPro 6.0 的方法与启动其他任何应用程序相同。单击 Windows 的"开始"按钮，依次选择"程序"→ Microsoft Visual FoxPro 6.0→Microsoft Visual FoxPro 6.0 命令即可，或者双击桌面上的 VFP 图标（VFP 在桌面的快捷方式）等。

2. 退出系统

有 4 种方法退出 Visual FoxPro 6.0 返回 Windows，用户可根据自己的习惯，任选其中一种方法。

（1）用鼠标左键单击 Visual FoxPro 6.0 标题栏最右边的关闭窗口按钮。
（2）从"文件"下拉菜单中选择"退出"命令。
（3）单击主窗口左上方的狐狸图标，从窗口下拉菜单中选择"关闭"，或者按 Alt+F4 组合键。
（4）在命令窗口键入 QUIT 命令，单击回车键。

1.5.2 Visual FoxPro 6.0 系统窗口

启动 Visual FoxPro 6.0 后，将出现如图 1.14 所示的系统界面。Visual FoxPro 6.0 的系统主界面由以下几部分组成。

1. 标题栏

标题栏用于显示标题"Microsoft Visual FoxPro 6.0"。

2. 菜单栏

菜单栏位于标题栏的下方，也叫系统菜单，它提供了 VFP 的各种操作命令。

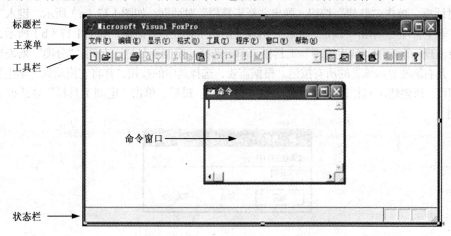

图 1.14　Visual FoxPro 6.0 的系统主界面

使用菜单时，用户会发现有些选项的颜色较淡，这表示该选项在当前状态下无效。有些选项后面带有省略号"…"，表示选择该选项后将通过对话框向用户询问更多的信息。对话框是一种特殊的窗口，要求用户输入信息或做出进一步的选择。

在 Visual FoxPro 6.0 的菜单系统中，菜单栏的各个选项并不是一成不变的，随着当前运行程序的不同，所显示的横向主菜单和下拉菜单的选项也不尽相同，这种情况称为上下文相关。例如，打开一个数据表时，系统会在主菜单上不出现"格式"菜单，而自动添加"表"菜单，供用户对此数据表进行追加记录、编辑数据等操作。

3. 工具栏

常用工具栏位于菜单栏的下方。工具栏中的所有按钮都有文本提示功能，当鼠标指针停留在某个图标按钮上时，系统将用文字的形式显示它的功能。除了常见的"新建"、"打开"和"打印"等常用工具栏中的工具外，Visual FoxPro 还提供了 10 个其他各种工具栏，如"报表控件"、"表单控件"、"数据库设计器"工具栏等，这些工具栏在进行相应的设计时会自行显示出来，也可以选择"显示"菜单下的"工具栏"命令项，弹出如图 1.15 所示的"工具栏"对话框，使用此对话框来显示或隐藏工具栏。

还可以用鼠标右键在工具栏的空白处单击，打开工具栏的快捷菜单，从中选择要打开或关闭的工具栏，如图1.16所示。

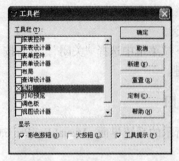

图1.15 "工具栏"对话框

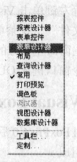

图1.16 工具栏快捷菜单

除了上述系统提供的工具栏外，为方便操作，用户还可以创建自己的工具栏，或者修改现有的工具栏，统称为定制工具栏。

（1）创建自己的工具栏。单击"显示"菜单中的"工具栏"命令，弹出如图1.15所示的"工具栏"对话框。单击"新建"按钮，弹出"新工具栏"对话框，如图1.17（a）所示。键入工具栏名称，如"学生管理"，单击"确定"按钮，出现"定制工具栏"对话框，如图1.17（b）所示，在主窗口上同时出现一个空的"学生管理"工具栏。单击选择"定制工具栏"左侧 "分类"列表框中的任何一类，其右侧便显示该类的所有按钮。根据需要，选择其中的按钮，并将它拖动到"学生管理"工具栏上即可，所创建工具栏的效果如图1.17（c）所示。最后，单击"定制工具栏"对话框上的"关闭"按钮。

(a)

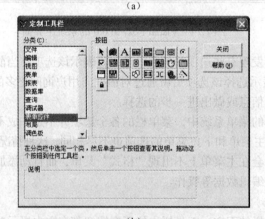

(b)

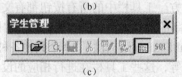

(c)

图1.17 定制工具栏

（2）修改现有的工具栏。单击"显示"菜单，从下拉菜单中选择"工具栏"，弹出"工具栏"对话框，显示要修改的工具栏。在"工具栏"对话框中上单击"定制"按钮，弹出"定制工具栏"对话框。向要修改的工具栏上拖放新的图标按钮可以增加新工具；从工具栏上用鼠标直接将按钮拖动到工具栏之外可以删除该工具。修改完毕，单击"定制工具栏"对话框上的"关闭"按钮即可。

在"工具栏"对话框中，当选中系统定义的工具栏时，右侧有"重置"按钮，单击该按钮可以将用户定制过的工具栏恢复到系统默认状态。当选中用户创建的工具栏时，右侧出现"删除"按钮，单击该按钮并确认，便可以删除用户创建的工具栏。

4. 命令窗口

命令窗口是 Visual FoxPro 的一种系统窗口，用户可在该窗口中直接键入 VFP 的各条命令，单击回车之后便立即执行该命令。例如，在命令窗口输入命令 DIR 之后按回车键，将在主屏幕上显示当前目录下表的信息；输入 CLEAR 命令之后按回车键，则清除主屏幕；输入 QUIT 命令按回车键后则可直接退出 VFP 系统。

在命令窗口中会自动保留已经执行的命令，如果需要执行一个前面输入过的相同命令，只要将光标移到该命令行所在的任意位置，按回车键即可。还可以对命令进行修改、删除、剪切、复制、粘贴等操作。

要显示或隐藏命令窗口，有以下 3 种方法。

（1）单击命令窗口右上角的关闭按钮可关闭它，通过"窗口"菜单中的"命令窗口"选项可重新打开。

（2）单击常用工具栏上的"命令窗口"按钮 ，即可显示/隐藏命令窗口。

（3）按 Ctrl+F4 组合键隐藏命令窗口，按 Ctrl+F2 组合键显示命令窗口。

5. 工作区窗口

工作区窗口也叫信息窗口，用来显示 VFP 各种操作信息。在命令窗口输入命令执行后，结果就会显示在工作区窗口中。如果工作区窗口显示的信息太多，可在命令窗口中执行 CLEAR 命令来予以清除。

6. 状态栏

在整个 VFP 系统界面的下方是状态栏，用于显示当前的操作状态。例如，浏览表文件时，显示表文件的路径、名称、总记录数、当前记录号等。

1.5.3 Visual FoxPro 6.0 的工作方式

VFP 的工作方式分为交互方式和程序方式。

1. 交互方式

交互方式是指在命令窗口中逐条输入命令或通过选择菜单选项来调用功能。这种方式适合解决一些相对简单的问题。

如果问题较为复杂或任务较大，则需要执行很多的命令，而且这些命令不一定是以顺序方式执行的。此时，采用交互式方式就会显得力不从心，程序方式是必然的选择。

2. 程序方式

程序方式是指将 VFP 中的命令写在一个程序文件中保存起来，然后通过运行这个程序文件，系统逐条地执行程序中的各条命令的方式。在程序中可以出现在命令窗口无法使用的命令和语句。例如，流程控制语句（IF 语句、DO 语句等）用于控制程序中命令的执行流程，使程序具有选择、循环等结构，从而能够处理更为复杂的问题。

1.5.4　Visual FoxPro 6.0 的命令结构

Visual FoxPro6.0 的命令由两部分组成。第一部分是命令动词，用来告知计算机要完成什么任务。第 2 部分是跟在命令动词后的动词短语，用来限定计算机操作的范围、字段、条件等。

1. 命令格式

<命令动词> [范围] [[FIELDS　<字段名表>] [FOR|WHILE　<条件>] [TO 目标][OFF]
例如：
DISPLAY ALL FIELDS 学号,姓名,性别　FOR　性别="男"　TO　PRINTER

2. 格式中的约定

[ ] 括起来的部分为可选项，缺省时取系统默认值。
< >括起来的部分为必选项，用户必须给出该项的具体参数。

3. 命令动词和子句

（1）命令动词必不可少，它规定了要完成或实现的操作与功能。例如，DISPLAY 命令要执行的任务是显示数据库记录的内容。

（2）范围子句。

- RECORD N：表示表中的第 N 个记录。
- ALL：表示表中的所有记录。
- NEXT N：表示从当前记录开始的 N 条记录。
- REST：表示从表文件当前记录开始到文件结束为止的所有记录。

（3）字段子句。FIELDS <字段名表>用于选择参与操作的字段，其中字段名表中的各个字段之间用逗号　隔开。

（4）条件子句。FOR <条件> 与 WHILE<条件>都是 Visual FoxPro 6.0 的条件子句。其中<条件>是一个其值为逻辑真或逻辑假的表达式。

FOR <条件>子句对指定范围内符合条件的记录进行操作，默认范围为 ALL。
WHILE <条件>子句从当前记录起对符合条件的记录进行操作，一遇到不符合条件的记录即停止操作，默认范围为 REST。

（5）目标子句。TO <目标> 指定命令操作对象输送到的位置，默认输出到屏幕。

（6）OFF 子句。当选择该子句时，命令操作输出记录时不显示记录号。

4. Visual FoxPro 6.0 命令的书写规则

VFP 命令的书写规则如下。

（1）命令必须以命令动词开始，动词后的各子句顺序任意。
（2）各个单词短语之间至少用一个空格分开。
（3）命令动词、动词短语、函数名、变量名和文件名的英文字母不区分大小写。
（4）命令动词、动词短语和标准函数名可缩写成前 4 个字符。
（5）一行最多写一条命令，每条命令必须以回车键结束。若一条命令太长，在一行中写不完时，可使用分行符";"分号隔开，写成若干行。

1.5.5　Visual FoxPro 6.0 的系统配置

Visual FoxPro 的配置决定其外观和行为。安装完 Visual FoxPro 之后，系统自动用一些默认值来设置环境，为了使系统满足个性化的要求，也可以定制自己的系统环境。环境设置包括主窗口标题、默认目录、项目、编辑器、调试器及表单工具选项、临时文件存储、拖放字段对应的控件和其他选项等内容。例如，可建立 Visual FoxPro 所用文件的默认目录及日期和时间的显示格式等。

VFP 可使用"选项"对话框或 SET 命令进行附加的配置设定。

1. 系统配置设置

单击"工具"菜单中的"选项"命令，打开如图 1.18 所示的"选项"对话框。"选项"对话框中包括一系列代表不同类别环境选项的选项卡，共有 12 个。在各个选项卡中均可采用交互的方式来查看和设置系统环境。

（1）设置日期和时间的显示格式。在"区域"选项卡中，可以设置日期和时间的显示方式，Visual FoxPro 中的日期和时间有多种显示方式可供选择。例如，"年月日"显示方式类似于 13/01/27 10:06:33 PM；"短日期"显示方式类似于 13-1-27 22:06:33 等。

相应的 SET 命令如下。
SET DATE TO AMERICAN|ANSI|BRITISH|FRENCH|GERMAN|MDY|YMD|SHORT

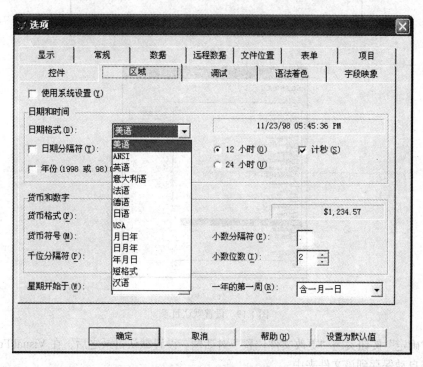

图 1.18 "选项卡"对话框

（2）设置默认目录。为了便于管理，用户开发的应用系统应当与系统自有的文件分开存放，因此需要事先建立自己的工作目录。在"选项"对话框中选择"文件位置"选项卡，如图 1.19（a）所示，可以设置默认目录。

在文件类型中选中"默认目录"，单击"修改"按钮，或者直接双击"默认目录"，弹出如图 1.19（b）所示的"更改文件位置"对话框。选中"使用默认目录"复选框，激活目录文本框，然后直接键入路径，或者单击文本框右侧的"对话"按钮，出现如图 1.19（c）所示的"选择目录"对话框，如选中 D 盘中的文件夹 VFP，选中文件夹之后单击"选定"按钮。

图 1.19 设置默认目录

单击"确定"按钮关闭"更改文件位置"对话框。设置默认目录之后，在 Visual FoxPro 中新建的文件将自动保存到该文件夹中。

相应的 SET 命令如下。

SET DEFAULT TO ＜文件目录＞

当然用 SET DEFAULT TO 指定的目录必须是磁盘上存在的目录,否则系统会出现无效的路径或文件名。

例如，将系统默认目录设置为 D 盘中的 VFP 文件夹，相应的命令如下。

SET DEFAULT TO D:\VFP

2. 保存环境设置

对于 Visual FoxPro 配置所做的更改既可以是临时性的，也可以是永久的。

（1）临时设置。临时设置保存在内存中，并在退出 Visual FoxPro 时释放，再启动 Visual FoxPro 即恢复系统默认值。也就是说，可以把在"选项"对话框中所做设置保存为在本次系统运行期间有效。

在"选项"对话框中选择各项设置之后,单击"确定"按钮,关闭"选项"对话框。所更改的设置仅在本次系统运行期间有效,设置一直起作用到退出 Visual FoxPro,或再次更改选项为止。退出系统后,所做的修改将丢失。

(2)永久设置。永久设置将保存在 Windows 注册表中,作为以后再启动 Visual FoxPro 系统时的默认设置值,即保存为 Visual FoxPro 默认设置,即永久设置。

要永久保存对系统环境所做的更改,应把它们保存为默认设置。对当前设置进行更改之后,"设置为默认值"按钮被激活,单击"设置为默认值"按钮,关闭"选项"对话框。这样把设置存储在 Windows 注册表中。以后每次启动 Visual FoxPro 时所进行的更改继续有效。

1.6 项目管理器

所谓项目是指文件、数据、文档和对象的集合。在 Visual FoxPro 中开发一个应用程序需要建立多个文件,如数据库文件、查询文件、表单文件、报表文件、菜单文件等。通过建立一个项目文件,可以将应用程序的所有文件集中在一起,从而方便地管理这些文件。

可用项目管理器来维护项目,项目管理器是处理数据和对象的主要组织工具,它为系统开发者提供了极为方便的工作平台。第一,它提供简便的、可视化的方法来组织和处理表、数据库、表单、报表、查询和其他一切文件,通过单击鼠标就能实现对文件的创建、修改、删除、运行等操作。第二,在项目管理器中还可以将应用系统的所有文件编译成一个扩展名为.APP 的应用程序文件或扩展名为.EXE 的可执行文件。

1.6.1 创建项目

项目管理器将一个应用程序的所有文件集合成一个有机的整体,形成了扩展名为.PJX 的项目文件,用户可以根据自己的需要创建项目。

1. 新建项目

新建一个项目有两种途径。第一种途径是仅创建一个项目文件,用来分类管理其他文件。第二种途径是利用应用程序向导生成一个项目和一个 Visual FoxPro 应用程序框架,本节仅介绍第一种途径。第二种途径第九章介绍。

新建项目的操作步骤如下。

(1)选择"文件"菜单的"新建"命令或者单击"常用"工具栏上的"新建"按钮,系统打开"新建"对话框,如图 1.20(a)所示。

(2)在"文件类型"区域选择"项目"单选项,然后单击"新建文件"图标按钮,系统打开"创建"对话框,如图 1.20(b)所示。

(3)在"创建"对话框的"项目文件"文本框中输入项目名称,如"学生管理",然后在"保存在"组合框中选择保存该项目的文件夹,最后单击"保存"按钮。

创建项目后,Visual FoxPro 就在指定的目录位置建立一个名为"学生管理.pjx"的项目文件和一个名为"学生管理.pjt"的项目备注文件。此项目现在未包含任何文件,称为空项目。

此外,使用命令 CREATE PROJECT <项目名称>,也可以在默认目录下创建项目。

 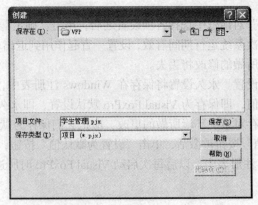

(a)　　　　　　　　　　　　　(b)

图 1.20　新建项目

2. 打开与关闭项目

在 Visual FoxPro 中可以随时打开一个已有的项目，也可以关闭一个打开的项目。用菜单方式打开一个项目的步骤如下。

（1）选择"文件"菜单的"打开"命令或者单击"常用"工具栏上的"打开"按钮，系统弹出"打开"对话框，如图 1.21 所示。

（2）在"打开"对话框的"文件类型"下拉框中选择"项目"选项，在"查找范围"组合框中双击打开项目所在的文件夹。

图 1.21　"打开"对话框

（3）双击要打开的项目，或者选择它后单击"确定"按钮，即可打开所选项目。

此外，使用命令 MODIFY PROJECT <项目名称>，也可以打开项目。

若要关闭项目，只需单击项目管理器右上角的"关闭"按钮，即可关闭项目文件。

未包含任何文件的项目称为空项目，当关闭一个空项目文件时，系统将打开如图 1.22 所示的提示对话框，询问是否保存该项目。单击"删除"按钮，系统将从磁盘上删除该空项目文件；单击"保持"按钮，系统将保存该空项目文件。

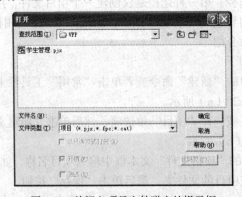

图 1.22　关闭空项目文件弹出的提示框

3. 项目管理器的各类文件选项卡

"项目管理器"窗口是 Visual FoxPro 开发人员的工作平台，它包括 6 个选项卡，如图 1.23 所示。其中"数据"、"文档"、"类"、"代码"、"其他" 5 个选项卡用于分类显示各种文件，"全部"

选项卡用于集中显示该项目中的所有文件。若要处理项目中某一特定类型的文件或对象，可选择相应的选项卡。初学者最常用的是"数据"和"文档"两个选项卡，对于应用系统开发者而言，将要用到所有选项卡。

（1）"全部"选项卡。用于显示和管理项目所包含的所有文件。

（2）"数据"选项卡。用于显示和管理一个项目中的所有数据，即数据库、自由表、查询和视图。

在项目管理器中，选项卡为数据提供了一个组织良好的分层结构视图。如果某类型数据项有一个或多个数据项，则在其标志前有一个加号"+"。与 Windows 的资源管理器类似，单击标志前的"+"号可查看此项的列表，单击"-"号可折叠列表。例如，如图 1.24 所示的"数据"选项卡可展开从数据库到表中的单个字段，从而查看不同层次的细节。当选中具体文件时，项目管理器的底部会显示说明，一行是对该文件的描述或者其他说明，另一行给出了文件的路径。

（3）"文档"选项卡。用于显示和管理处理数据时所用的三类文件——表单、报表和标签。

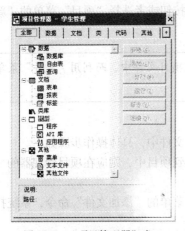
图 1.23 "项目管理器"窗口

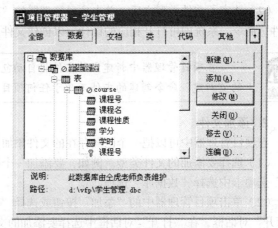
图 1.24 项目管理器的"数据"选项卡

（4）"类"选项卡。用于显示和管理所有的类库文件。使用 Visual FoxPro 的基类就可以创建一个可靠的面向对象的事件驱动程序。如果自己创建了实现特殊功能的类，可以在"项目管理器"中修改。只需选择要修改的类，单击"修改"按钮即可打开"类设计器"。

（5）"代码"选项卡。用于显示和管理扩展名为.PRG 的程序文件、函数库 API Libraries 和应用程序.APP 文件。

（6）"其他"选项卡。用于显示和管理菜单文件、文本文件和其他如位图文件.bmp、图标文件.ico 等。

1.6.2 使用项目管理器

在项目管理器中，用户可以直观地在项目中创建、添加、修改、移去和运行各类文件。在项目管理器中的操作最方便的是使用相应的命令按钮。项目管理器右侧同时可以显示 6 个按钮，根据所选定文件的不同，将出现不同的按钮。

1. 创建文件

在项目管理器中创建文件的具体操作步骤如下。

（1）首先需要确定新文件的类型。例如，若要创建一个表单文件，就必须先在项目管理器中选择"文档"选项卡中的"表单"，如图 1.25 所示。

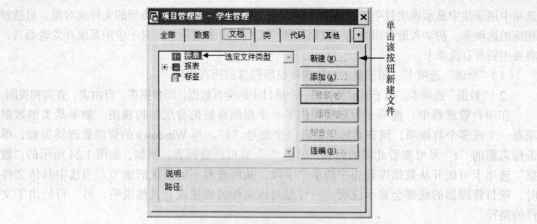

图 1.25　在项目管理器中新建文件

（2）选定了文件类型之后，单击项目管理器的"新建"按钮或者选择"项目"菜单的"新建文件"命令，系统即可打开相应的设计器以创建文件。

 在项目管理器中新建立的文件将自动包含在该项目文件中，而利用"文件"菜单中的"新建"命令创建的文件不属于任何项目文件。

2．添加文件

在项目管理器中可以把一个已经存在的文件添加到项目文件中，具体操作步骤如下。

（1）选择要添加的文件类型。例如，要添加一个数据库到项目中，则应在项目管理器的"数据"选项卡中选择"数据库"选项。

（2）单击项目管理器中的"添加"按钮或选择"项目"菜单的"添加文件"命令，系统打开"打开"对话框，在"打开"对话框中选择要添加的文件。

（3）单击"确定"按钮，系统便将选择的文件添加到项目中。

 在 Visual FoxPro 中，新建或添加一个文件到项目中只是意味着该文件与项目之间建立了一种关联，用户可以通过项目管理器来管理此文件。但并不意味着该文件已成为.pjx 项目文件的一部分。事实上，每一个文件都以独立文件的形式保存在磁盘上。在没有打开项目时，也可以单独使用该文件。

3．修改文件

项目管理器可以随时修改项目中的指定文件，具体操作步骤如下。

（1）首先选择要修改的文件。例如，选择数据库中的一个表。

（2）单击"修改"按钮或从"项目"菜单中选择"修改文件"命令，系统将根据要修改文件的类型打开相应的设计器，在设计器中修改相应的文件。

 在 Visual FoxPro 中，一个文件可同时包含在多个项目中。若被修改的文件同时包含在多个项目中，修改的结果对于其他项目也有效，这样可避免在多个项目中分别修改文件，从而有可能导致数据不一致的结果。

4．移去文件

一般来说，项目中所包含的文件是为某一个应用程序服务的。若某个文件不需要了，可将其从项目中移去。具体操作步骤如下。

（1）首先选择要移去的文件。

（2）单击"移去"按钮或选择"项目"菜单的"移去文件"命令，系统将打开如图1.26所示的提示对话框。

（3）若单击提示框中的"移去"按钮，可将选择的文件从本项目中移去，但它仍然存在于原目录中。若单击"删除"按钮，系统不仅会将该文件从项目中移去，还会从磁盘中删除该文件。

图 1.26　移去文件提示框

5．其他按钮

根据所选择文件的类型不同，项目管理器的右侧按钮所显示的名称将随之改变。其他一些按钮的名称及功能如下。

（1）"浏览"按钮。在项目管理器中选择一个数据表文件时，将出现"浏览"按钮。单击此按钮系统将打开一个"浏览"窗口供用户浏览数据表。此按钮与"项目"菜单的"浏览文件"命令作用相同。

（2）"打开"与"关闭"按钮。在项目管理器中选择一个数据库文件时，将出现"打开"按钮。单击此按钮可打开选定的数据库。此时，"打开"按钮变为"关闭"按钮。再次单击此按钮，将关闭选定的数据库，"关闭"按钮又变为"打开"按钮。

（3）"预览"按钮。在项目管理器中选择一个报表或标签文件时，将出现"预览"按钮。单击此按钮，在打印预览方式下显示选定的报表或标签。此按钮与"项目"菜单的"预览文件"命令作用相同。

（4）"运行"按钮。在项目管理器中选择一个查询、表单或程序时，将出现"运行"按钮。单击此按钮，系统将运行选择的文件。此按钮与"项目"菜单的"运行文件"命令作用相同。

（5）"连编"按钮。连编就是把一个项目的所有文件连接并编译成一个可运行文件的过程。连编生成的文件可以是.APP文件或.EXE文件。.APP文件必须在安装了Visual FoxPro的计算机上才能运行，而.EXE文件可以直接在Windows环境中运行。连编时可以检查项目的完整性。此按钮与"项目"菜单的"连编"命令作用相同。

1.6.3　定制项目管理器

用户可以改变项目管理器窗口的外观。例如，可以调整项目管理器窗口的大小，移动项目管理器窗口的显示位置，也可以折叠或拆分项目管理器窗口或者使项目管理器中的选项卡永远浮在其他窗口之上。

1．移动与缩放项目管理器

项目管理器窗口与其他 Windows 窗口一样，可以随时改变窗口的大小或者移动窗口的显示位置。将鼠标放置在窗口的标题栏上并拖动鼠标可移动项目管理器。将鼠标指针指向项目管理器窗口的顶端、底端、两边或角上，拖动鼠标便可扩大或缩小它的尺寸。

2．折叠和展开项目管理器

项目管理器右上角的箭头按钮用于折叠或展开项目管理器窗口。如图 1.27（a）所示，正常时该按钮显示为上箭头 ，单击时项目管理器窗口缩小为仅显示选项卡标签，同时箭头变成了下箭头 ，称为"还原"按钮，如图1.27（b）所示。

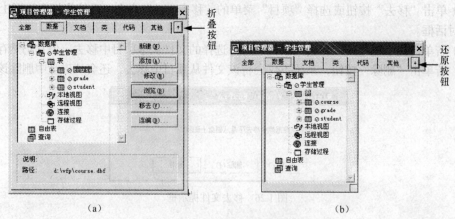

图1.27 折叠/还原项目管理器窗口

在折叠状态下，选择其中一个选项卡将显示一个较小窗口。小窗口不显示命令按钮，但是在选项卡中单击鼠标右键，弹出的快捷菜单增加了"项目"菜单中命令按钮功能的选项。若要恢复包括命令按钮的正常界面，单击"还原"按钮即可。

3. 拆分项目管理器

折叠项目管理器窗口后，可以进一步拆分项目管理器窗口，使其中的选项卡成为独立、浮动的窗口，可以根据需要重新安排它们的位置。

首先折叠项目管理器，然后用鼠标指向其中的选项卡，拖曳鼠标，将其拖离项目管理器后释放鼠标，如图1.28所示。当选项卡处于浮动状态时，在选项卡中单击鼠标右键，弹出的快捷菜单增加了"项目"菜单中的选项。

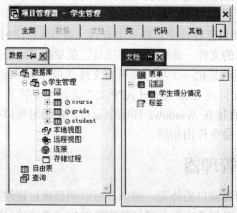

图1.28 拆分项目管理器

单击选项卡上的图钉图标 ，就会将该选项卡设置为顶层显示，即始终显示在屏幕的最顶层，不被其他窗口遮挡。若要取消顶层显示的设置，只需再次单击图钉图标。

若要还原拆分的选项卡，可以单击选项卡上的"关闭"按钮，也可用鼠标将拆分的选项卡拖曳回项目管理器中。

4. 停放项目管理器

将项目管理器拖到 Visual FoxPro 主窗口的顶部就可以使它像工具栏一样显示在主窗口的顶

部。停放后的项目管理器变成了窗口工具栏区域的一部分，不能将其整个展开，但可以单击每个选项卡来进行相应的操作。对于停放的项目管理器，同样可以从中拖离选项卡。

本章小结

本章主要介绍了如下内容。
（1）数据、信息、数据处理的基本概念。
（2）数据管理技术发展的 3 个阶段及每个阶段数据管理的特点。
（3）数据库、数据库管理系统、数据库系统等基本概念及它们之间的相互关系。
（4）数据库系统的特点及组成、数据库管理系统的功能。
（5）实体的基本概念及实体之间的联系类型。
（6）二维表中的记录、字段、关键字段、外关键字、关系模型的概念。
（7）关系、元组、属性、关键字段、域、关系模式、关系运算的概念及应用。
（8）完整性控制（包括实体完整性、域完整性、参照完整性）的概念及作用。
（9）Visual FoxPro 6.0 的系统界面及工作方式。
（10）Visual FoxPro 6.0 系统配置设置方法。
（11）项目管理器的概念及使用。

习 题 一

一、选择题
1. 关系数据库管理系统所管理的关系是（　　）。
　　A. 若干个二维表　　　　　　　　B. 一个 DBF 文件
　　C. 一个 DBC 文件　　　　　　　　D. 若干个 DBC 文件
2. 用数据二维表来表示实体及实体之间联系的数据模型称为（　　）。
　　A. 层次模型　　　　　　　　　　B. 网状模型
　　C. 关系模型　　　　　　　　　　D. 实体—联系模型
3. 数据库 DB、数据库系统 DBS、数据库管理系统 DBMS 三者之间的关系是（　　）。
　　A. DBS 包括 DB 和 DBMS　　　　　B. DBMS 包括 DB 和 DBS
　　C. DB 包括 DBS 和 DBMS　　　　　D. DBS 就是 DB，也就是 DBMS
4. Visual FoxPro 6.0 是一种关系型数据库管理系统，所谓关系是指（　　）。
　　A. 一个数据库文件与另一个数据库文件之间有一定的关系
　　B. 各条记录中的数据彼此有一定的关系
　　C. 数据模型满足一定条件的二维表格式
　　D. 数据库中各个字段之间彼此有一定的关系
5. 数据库系统的核心是（　　）。
　　A. 数据库　　　　B. 数据库管理系统　　　　C. 操作系统　　　　D. 编译程序
6. 数据库管理系统是（　　）。
　　A. 应用软件　　　B. 系统软件　　　　C. 辅助设计软件　　　　D. 科学计算软件

7. 关系数据库的任何检索操作所涉及的三种基本运算不包括（　　）。
   A. 连接　　　　　　B. 比较　　　　　　C. 选择　　　　　　D. 投影
8. 关系模型中，一个关键字（　　）。
   A. 可由多个任意属性组成
   B. 至多由一个属性组成
   C. 可由一个或多个其值能唯一标识该关系模式中任何元组的属性组成
   D. 以上都不是
9. 设有关系 R1 和 R2，经过关系运算得到结果 S，则 S 是（　　）。
   A. 一个数据　　　　B. 一个表单　　　　C. 一个关系　　　　D. 一个数组
10. 设有部门和职员两个实体，每个职员只能属于一个部门，一个部门可以有多名职员，则部门与职员实体之间的联系类型是（　　）。
    A. 多对多　　　　　B. 一对多　　　　　C. 多对一　　　　　D. 一对一
11. 打开"项目管理器"的"数据"选项卡，其中包括（　　）。
    A. 数据库　　　　　B. 自由表　　　　　C. 查询　　　　　　D. 以上都有
12. 项目管理器可以有效地管理表、表单、数据库、菜单、类、程序和其他文件，并且可以将它们编译成（　　）。
    A. 扩展名为.APP 的文件　　　　　　　B. 扩展名为.APP 或.EXE 的文件
    C. 扩展名为.EXE 的文件　　　　　　　D. 扩展名为.PRG 的文件
13. 下列说法中错误的是（　　）。
    A. 所谓项目是指文件、数据、文档和 Visual FoxPro 对象的集合
    B. 项目管理是 Visual FoxPro 中处理数据和对象的主要组织工具
    C. 项目管理器提供了简便的、可视化的方法来组织和处理表、数据库、表单、报表、查询和其他一切文件
    D. 在项目管理器中可以将应用系统编译成一个扩展名为.EXE 的可执行文件，而不能将应用系统编译成一个扩展名为.APP 的应用文件
14. 退出 Visual FoxPro 的操作方法是（　　）。
    A. 在命令窗口中键入 QUIT 命令　　　B. 单击主窗口右上角的"关闭"按钮
    C. 按快捷键 ALT+F4　　　　　　　　D. 以上方法都可以
15. 显示和隐藏命令窗口的操作是（　　）。
    A. 单击"常用"工具栏上的"命令窗口"按钮
    B. 通过"窗口"菜单下的"命令窗口"选项来切换
    C. 直接按 CTRL+F2 或 CTRL+F4 的组合键
    D. 以上方法都可以
16. 下面关于工具栏的叙述，错误的是（　　）。
    A. 可以定制用户自己的工具栏　　　　B. 可以修改系统提供的工具栏
    C. 可以删除用户创建的工具栏　　　　D. 可以删除系统提供的工具栏
17. 在"选项"对话框的"文件位置"选项卡中可以设置（　　）。
    A. 表单的默认大小　　　　　　　　　B. 默认目录
    C. 日期和时间的显示格式　　　　　　D. 程序代码的颜色
18. 项目管理器的"文档"选项卡用于显示和管理（　　）。
    A. 表单、报表和查询　　　　　　　　B. 数据库、表单和报表

        C. 查询、报表和视图　　　　　　D. 表单、报表和标签
    19. 设置 d:\vfp\lx 为当前工作目录的命令是（　　）。
        A. set defa to vfp\lx　　　　　　B. set default to lx
        C. set default to d:\vfp\lx　　　　D. set default to

二、填空题
    1. 在数据管理技术的发展过程中，经历了人工管理阶段、文件系统阶段和数据库系统阶段。在这几个阶段中，数据独立性最高的阶段是_____。
    2. 用二维表数据来表示实体及实体之间联系的数据模型称为_____模型。
    3. 一个关系对应一张表，表中的一列称为一个字段，表中的一行称为一个_____。
    4. 在连接运算中，_____连接是去掉重复属性的等值连接。
    5. 在关系数据库的基本操作中，从表中取出满足条件元组的操作称为_____，从表中抽取属性值满足条件的列的操作称为_____。
    6. 数据模型不仅表示反映事物本身的数据，而且表示_____。
    7. 退出 VFP 系统的命令是_____。
    8. VFP 不允许在主关键字字段中有重复值或_____。
    9. 数据完整性包括域完整性、_____完整性和实体完整性。
    10. 要清除主窗口屏幕，应使用命令_____。
    11. 项目管理器的"移去"按钮有两个功能；一是把文件移去，二是_____文件。
    12. 在 VFP 的表之间建立一对多联系是把_____的主关键字或候选关键字字段添加到_____的表中。
    13. 安装完 VFP 后，系统自动用一些默认值来设置环境，要定制自己的系统环境，可单击_____菜单中的_____命令。
    14. 要设置日期和时间的显示格式，应当选择"选项"对话框中的_____选项卡。
    15. 项目管理器文件的扩展名为_____。
    16. 扩展名为.prg 的程序文件在项目管理器的"全部"和_____选项卡中显示和管理。
    17. 要把项目管理器拆分成独立的浮动窗口，必须首先_____项目管理器窗口。

第 2 章
Visual FoxPro 6.0 数据基础

设计程序时就是用一系列指令存储数据并操作这些数据。程序设计的原材料是数据和数据的存储容器,而处理这些原材料的工具是命令、函数和操作符。数据就是我们要操作的信息,是计算机所能够存储的任何事物,从文字和数字到图像、视频,以及声音等。数据以多种形式存在,而 Visual FoxPro 中数据主要以常量、变量、表达式和函数的形式存在。

2.1 数据类型

类型和数值是数据的两个重要的基本概念。对数据进行类型划分方便和简化了数据的处理。Visual FoxPro 主要有以下几种数据类型。

1. 数值型

数值型(Numberic,简称 N)用以表示数量的大小,由数字 0~9、小数点以及正负号构成,例如 123、78.91、–38.4 等。对于很大或者很小的数值,也可以使用科学计数法来表示,例如 1.2E10 表示 1.2×10^{10}。

数值型数据占用 8 个字节存储空间,其长度(数据位数)最大 20 位,因此其数据范围是–0.999 999 999 9E+19~0.999 999 999 9E+20。

对于数值大小的表示,除了数值型之外,还有整型、浮点型以及双精度型。

2. 整型

整型(Integer,简称 I)是数值型中的一种,用以表示数据的整数部分,例如 24、–659 等。占用 4 个字节的存储空间,因此表示的数据范围比数值型要小。

3. 浮点型

浮点型(Float,简称 F)与数值类型完全等价,只是在存储形式上采用浮点格式,主要是为了得到较高的计算精度。

4. 双精度型

双精度型(Double,简称 B)数据是具有更高精度的一种数值类型数据。它采用固定长度浮点格式存储,占用 8 个字节。

5. 字符型

字符型(Character,简称 C)数据又称为字符串,用以表示文字、数字以及符号等,小于 255 字节,不参与运算,如电话号码、学生学号等。其定界符是半角单引号、双引号或方括号。这里的定界符是指规定了数据的类型以及起点和终点的界限的符号。例如'2013'、"数据库管理系统"、[学习 ABC]等均为字符型数据。

6. 日期型

日期型（Date，简称 D）数据用以储存日期数据，默认格式为 mm-dd-yy，其中 mm 表示月，dd 表示日，yy 表示年，其分别占 4 个节字、2 个节字、2 字节，共 8 字节。各部分之间用分隔符分开。常用的分隔符有斜杠（/）、连字符（-）、句点（.）和空格。日期型数据占用 8 字节的存储空间，其表示范围是：0001 年 1 月 1 日～9999 年 12 月 31 日。

Visual FoxPro 提供了多种日期的表示形式，可以通过相应的设置来进行转换。

（1）传统的日期格式。系统默认的日期格式为传统的日期格式{mm-dd-yy}，其格式要受到设置语句的影响，比如 set date to、set century on 等。对于某个日期（例如{09-01-13}），在默认格式下被解读为 2013 年 9 月 1 日，当日期格式为"YMD"时，则被解读为 2009 年 1 月 13 日。

传统的日期格式只能在 set strictdate to 0 的状态下使用。若 set strictdate to 1 或 2 时使用传统的日期格式，系统将弹出如图 2.1 所示的提示框。

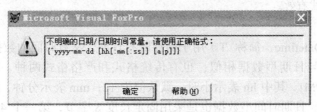

图 2.1　日期格式错误提示框

（2）严格的日期格式。一般用{^yyyy-mm-dd}格式书写的日期型数据能表达一个确切的日期，没有歧义性，它不受 SET DATE TO 等语句设置的影响。花括号内第 1 个字符必须是字符^，年份必须是 4 位，年月日的次序不能颠倒、缺省。严格的日期格式可以在任何情况下使用，而传统的日期格式只能在 SET STRICTDATE TO 0 状态下使用。

（3）影响日期格式的设置命令。

① SET DATE [TO] AMERICAN|ANSI|BRITISH|YMD|DMY...

命令功能：用于设置日期格式。该格式主要用于设置日期的显示格式，也是系统解释确定传统日期歧义性的依据。其默认值是 AMERICAN。日期格式列表如表 2.1 所示。

表 2.1　　　　　　　　　　　　　日期格式列表

短　语	格　式	短　语	格　式
AMERICAN	mm/dd/yy	GERMAN	dd.mm.yy
USA	mm-dd-yy	JAPAN	yy/mm/dd
DMY	dd/mm/yy	MDY	mm/dd/yy
ANSI	yy.mm.dd	YMD	yy/mm/dd
BRITISH/FRENCH	dd/mm/yy	ITALIAN	yy/mm/dd

② SET MARK TO "-"|"."|"/"

命令功能：用于设置日期显示的分隔符。在书写时，要在相应分隔符上加字符类型的定界符。若不带参数，则恢复到系统默认的斜杠分隔符。

③ SET CENTURY ON|OFF|TO [<世纪值> ROLLOVER <年份参照值>]

命令功能：用于显示日期的年份。

- ON　表示用 4 位数字表示年份。

- OFF 表示用2位数字表示年份。
- TO 用于解释一个用2位数字年份表示的日期处于哪一个世纪。若该日期的2位数字年份大于等于<年份参照值>，则它所在的世纪即为<世纪值>，否则为<世纪值>+1

例2.1 在命令窗口中输入以下语句并查看显示结果。

```
set century on
set date to ymd
set strictdate to 0
set century to 19 rollover 50
?{51-09-02} &&显示1951/09/02
?{49-09-02} &&显示2049/09/02
```

④ SET STRICTDATE TO [0|1|2]

命令功能：用于设置是否对日期格式进行检查。0表示不进行严格的日期格式检查；1表示进行严格的日期格式检查，它是系统默认的设置；2表示进行严格的日期格式格式检查，并对CTOD()和CTOT()函数的格式有效。

7. 日期时间型

日期时间型（Datetime，简称T）用于储存既有日期，又有时间的数据，即{<日期>,<时间>}。其日期部分与日期型数据相似，也有传统格式和严格格式两种。时间部分的格式为[hh[:mm[:ss]]]][AM|PM]。其中hh表示小时，默认值为12；mm表示分钟，默认值为00；ss表示秒数默认值为00。日期时间型数据也是采用固定长度8字节，第一个4字节保存日期，另一个4字节保存时间，如{02/10/2003,14:20:30}表示2003年2月10日14时20分30秒这一日期时间数据。

8. 逻辑型

逻辑型（Logic，简称L）数据是描述客观事物真假的数据类型，表示逻辑判断的数据用字母L表示。逻辑型的数据只有两种值：真（.T.或.Y.）和假（.F.或.N.），固定长度1个字节，是一种高效的存储方法。为区别其他数据类型，一般需在表示逻辑的字母前后加小圆点，如.T.、.F.等。逻辑值旁边有两个点，这是逻辑型数据的定界符。逻辑值不区分大小写。

9. 货币型

货币型（Currency，简称Y）数据是为存储货币金额而使用的一种数据类型。当涉及货币时，可使用货币类型代替数值类型，默认保留4位小数，长度为8个字节。如$1234.56，其中"$"为美元符号。

除了以上介绍的9种数据类型之外，还有备注型、通用型等数据类型。而这几种数据类型与数据表中字段相关，将在第三章进行介绍。

2.2 常量与变量

2.2.1 常量

常量是在命令或程序中可以直接引用、具有具体值的命名数据项，其特征是在整个操作过程中它的值和表现形式保持不变。Visual FoxPro按照常量取值的数据类型将常量分为6种类型，即数值型、浮点型、字符型、逻辑型、日期型、日期时间型。此外还有空值（null），它是特殊常量，主要用于数据交换。

2.2.2 变量

变量是在操作过程中可以改变其取值或数据类型的数据项,其实质是内存中的一个存储单元的位置,其变量名是存储位置的符号标识。在 Visual FoxPro 系统中,变量分为字段变量、内存变量和系统变量 3 类。此外,作为面向对象的程序语言,对象是一个很重要的概念,对象实质上也是一类变量。

1. 变量的命名

确定一个变量需要 3 个要素:变量名、数据类型和变量值。

在 Visual FoxPro 系统中,将表示和存储数据的常量、变量、数组、字段、记录、对象、表、数据库等都称为数据容器。所有数据容器均需命名以相互区别,为规范各类标识符的命名,Visual FoxPro 系统推荐了若干"命名约定"供用户参考,以提高操作命令与程序的可读性和规范性。

对于数据容器和一些命令、函数中所需参数的命名,用户应遵循以下一般规则。

(1) 只使用字母、下画线和数字命名。

(2) 命名以字母或下划线开头,除自由表中字段名、索引的 TAG 标识名最多只能有 10 个字符外,其他的命名可使用 1~128 个字符。

(3) 避免使用 Visual FoxPro 系统中的保留字(如命令名、标准函数名等各种系统预定义项的名称)进行命名,以免造成系统区分和识别上的混乱。

(4) 文件名的命名应遵循操作系统的约定。

2. 变量的分类

Visual FoxPro 的变量可分为字段变量和内存变量两种。

(1) 字段变量。字段变量是建立表文件时产生的,是表文件的最基本数据单元;字段变量相当于数据表的表头,即列标题;字段变量的属性有变量名(字段名)、类型、长度、小数位等;字段变量对应的值随记录指针的移动而变化;字段变量是永久性变量,一旦一个数据表建立,就有了属于该数据表的一组字段变量。因为数据表中字段名最多只能包含 10 个字符,所以字段变量名称长度不应超过 10 个字符。字段变量的数据类型可以是 Visual FoxPro 中的任意数据类型,并在创建数据表结构时对每个字段名进行指定。字段变量的类型有字符型、数值型、逻辑型、日期型、日期时间型、备注型、通用型等。

(2) 内存变量。内存变量是在内存中定义的,它是一种单个数据元素的临时性变量,独立于数据库文件而存在,使用时可以随时建立,一旦程序运行完毕,这些变量就自行释放。内存变量的作用是提高数据值的传递、运算和临时存放效率。

内存变量的数据类型取决于创建时所赋值给它的值的类型。内存变量的数据类型有数值型、字符型、逻辑型、日期型、日期时间型、货币型和屏幕型。其中屏幕内存变量不能进行运算,只能用于保存屏幕画面。在 Visual FoxPro 中,变量的类型是可以改变的。

如果与数据表中的字段变量同名时,用户在引用内存变量时,要在其名字前加"M."或"M->",用以强调这一变量是内存变量,否则将访问同名的字段变量。

内存变量按照使用范围分为局部变量、私有变量和全局变量,由命令决定作用域,详细内容将在第七章介绍。内存变量按照定义方式分为简单内存变量和数组变量,一般情况下提及的内存变量是指简单内存变量。

3. 内存变量的赋值

在使用内存变量前必须为其赋值,否则会出现"找不到变量"的错误信息提示,内存变量赋值后就可以确定内存变量的数据类型。内存变量重新赋值后,原来的值将被覆盖。

可以采用以下命令对内存变量赋值。

命令 1：<内存变量名>=<表达式>
功能：计算表达式的值后将其赋给内存变量。
命令 2：STORE <表达式> TO <内存变量表>
功能：计算表达式的值并将其赋给一个或多个内存变量。

例 2.2 在命令窗口中输入以下语句并查看显示结果。
```
STORE (20+40)/2 TO N1,N2,N3
```
上述例子中是将(20+40)/2 表达式的值计算出来后分别赋值给变量 N1、N2、N3，此时不但定义了内存变量的数值，而且还确定了内存变量的数据类型，N1、N2、N3 变量均为数值型内存变量。

4．内存变量的显示

可以采用以下两个命令显示内存变量。

命令 1：LIST MEMORY [LIKE <通配符>] [TO PRINT|TO FILE <文件名>]

命令 2：DISPL MEMORY [LIKE <通配符>] [TO PRINT|TO FILE <文件名>]

功能：显示内存变量的当前信息，包括变量名、作用域、类型、取值。

（1）LIKE 短语只显示与通配符相匹配的内存变量。通配符包括"*"和"?"，"*"表示任意多个字符，"?"表示任意一个字符。

（2）[TO PRINT|TO FILE <文件名>]短语用于将显示的结果输出到打印机或者文本文件。

（3）LIST MEMORY 一次显示与通配符匹配的所有内存变量，如果内存变量多，一屏显示不下，则自动向上滚动。DISPLAY MEMORY 分屏显示与通配符匹配的所有内存变量，如果内存变量多，显示一屏后暂停，按任意键之后再继续显示下一屏。

例 2.3 在命令窗口中输入以下语句并查看显示结果。
```
a=1
ax=9
ay="abc"
axyz=.t.
bx=10
list memo like a*     &&显示变量 a,ax,ay,axyz 的值
list memo like a?     &&显示变量 a,ax,ay 的值
list memo like *x     &&显示所有变量的值，没有按预期显示以 x 结尾的变量的值
list memo like ?x     &&显示变量 ax,bx 的值
```

5．数据信息的显示

要想在变量创建后能看到变量内的值，Visual FoxPro 系统提供了两个简单的在屏幕上输出内存变量值的命令。该命令除了可以显示变量的值之外，还可以显示常量、表达式及函数的值。

命令 1：?<表达式表>［AT<列号>］

命令 2：??<表达式表>［AT<列号>］

功能：计算表达式的值并将其输出。命令 1 在数据输出之前先输出回车换行符。格式 2 不会输出回车换行符。AT<列号>子句指定表达式值从指定列开始显示输出，且 AT 的定位只对它前面的一个表达式有效，即多个表达式必须用多个 AT 子句分别定位输出。

例 2.4 在命令窗口中输入以下命令并查看显示结果。
```
?20,30,40
??'a','b','c'
```
上两条命令执行完毕后在屏幕上显示： 20 30 40 abc

6．内存变量的保存

命令：SAVE TO <内存变量文件名>[ALL LIKE <通配符>|ALL EXCEPT <通配符>]

功能：将当前内存中的内存变量存放到内存变量文件中。

7. 内存变量的恢复

格式：RESTORE FROM <内存变量文件名> [ADDITIVE]

功能：将保存在内存变量文件中的内存变量调入内存，以继续使用。

8. 内存变量的清除

命令1：CLEAR MEMORY

命令2：RELEASE <内存变量名表>

命令3：RELEASE ALL [EXTENDED]

命令4：RELEASE ALL [LIKE <通配符>|EXCEPT <通配符>]

功能：命令1清除所有内存变量。命令2清除指定的内存变量。命令3清除所有的内存变量。在人机会话状态下，命令3的作用与命令1相同。如果出现在程序中，则应该加上短语EXTENDED，否则不能删除公共内存变量。命令4选用LIKE短语清除与通配符相匹配的内存变量，选用EXCEPT短语清除与通配符不相匹配的内存变量。

系统变量不会被清除。

2.2.3 数组变量

数组是一种特殊的内存变量，是一组具有相同名称、根据不同下标进行区分的有序内存变量。其中的每一个数据值称为一个元素，即数组元素或下标变量。数组可以按它的下标个数分为一维数组、二维数组和多维数组。数组在使用之前一定要先创建，规定数组的维数、数组名和数组大小。

1. 数组的定义

命令1：DIMENSION <数组名1>(<数字表达式1>[,<数字表达式2>])[,<数组名2>(<数字表达式3>[,<数字表达式4>、)...]

命令2：DECLARE <数组名1>(<数字表达式1>[,<数字表达式2>])[,<数组名2>(<数字表达式3[,<数字表达式4>])...]

使用说明：

（1）在两条命令中，若省略数组的列数，则数组为一维数组。

（2）VFP数组中的元素可以为不同类型，所以定义完数组后，数组中的数据在使用前还需要定义，否则数组元素的默认值是逻辑值.F.。

（3）若新定义的数组名称和已经存在的内存变量同名，则数组取代内存变量。

（4）在同一个运行环境下，数组名不能与简单变量名重复。

（5）VFP中数组的下标从1开始。

（6）可用STORE命令或"="对整个数组或个别数组元素进行赋值。

（7）可用一维数组的形式访问二维数组。

两种格式功能完全相同，用于定义一个或若干个一维、二维或多维数组。

定义数组时，也可以使用方括号，如DIMENSION d[3,4]与DIMENSION d(3,4)功能一样，且均为合法数组定义命令。

一旦定义了数组，系统在内存中就为数组开辟一块连续的数据存储区域，为存储数据块作准备。而数据区域的大小取决于格式中的数字表达式，即每一维下标的上限数值，下限从1开始。

例如，DIMENSION a1(10), a2(4,3), a3(1,2,3)语句定义了3个数组：具有10个数组元素（即10个下标变量）的一维数组a1；具有4行3列的一共12个数组元素（即12个下标变量）的二维数组a2；具有6个数组元素（即6个下标变量）的三维数组a3。

2. 数组的使用

定义数组后，就可以使用这些数组了，并对它们进行赋值，数组的类型与赋值的类型有关。每一个数组的单元是以下标来表示的，所以数组变量往往也称为下标变量，一维数组称为单下标变量，二维数组称为双下标变量，下标的起始值为1。

例2.5 给相应的数组赋值并输出。

```
DIMENSION a(2,4),b(2)
STORE 0 TO a          &&将数值0赋值给a数组中的每一个下标变量
a(1,2)="book"
a(2,4)= "rule"
a(1,1)=CTOD('02/10/03')
a(1,3)=150
a(2,3)=.T.
STORE 10 TO b         &&将数值10赋值给b数组中的每一个下标变量
?a(1,1),a(1,2),a(1,3),a(1,4)     &&显示 02110103 book 150 0
?a(2,1),a(2,2),a(2,3),a(2,4)     &&显示 0 0 .t. rule
?b(1)    &&显示10
??b(2)   &&显示10
```

2.2.4 系统变量

系统变量是指以字符"_"开头的、由Visual FoxPro系统自动定义生成的变量，它的名称是系统已经定义好的，是Visual FoxPro系统特有的内存变量，例如_MFILE、_MEDIT、_MVIEW等。在定义内存变量和数组名时，不要以下划线开始，以免与系统变量冲突。系统变量设置并保存了很多系统的状态和特性，了解、熟悉并充分运用系统变量，会给数据库系统的操作和管理带来方便。

2.3 表 达 式

表达式是用运算符或括号连接常量、变量或函数形成的式子，是对一个或多个数据进行计算并产生结果数据的组合。根据表达式值类型的不同，可以将表达式分为数值表达式、字符表达式、日期时间表达式、关系表达式、逻辑表达式，需要特别指出的是单个的常量、变量、函数是表达式的一种特例。

在一个表达式中可能包含多个同类或不同类的运算符，但是对一个运算符来说，它的两个操作对象一般来讲应该具有同一种数据类型，否则系统将会测试错误。在有多个操作符的表达式中，运算顺序将由事先规定好的运算符的优先级来决定，如果要人为改变运算优先级，可以通过圆括号来实现。

1. 数值表达式

数值表达式是指运算结果为数值的表达式，也称为算术表达式，它由数值运算符和数值操作数组成。

（1）数值运算符有()，**或^（乘方），*，/，%（取余），+，−，这些运算符与日常使用的运算符稍有区别,所以在计算日常使用的表达式时需要进行相应转换。

(2)数值操作数可以是数值型常量、数值型变量、结果是数值型的函数等。

(3)运算符的优先顺序为先乘方,后乘除,再加减,有括号先算括号,级别相同的运算按从左向右的顺序进行。

(4)求余运算。取余运算操作符%(即求两数相除后的余数,也称模运算符)与函数MOD()的作用相同。结果的正负号与除数一致。若被除数与除数同号,运算结果为两数相除所得的余数;若两数异号,运算结果为两数相除所得的余数再加上除数的值。

例2.6 在命令窗口中输入以下语句并查看显示结果。

表2.2 所示为数值运算符的使用示例。

表2.2　　　　　　　　　　　　　　数值运算符的使用示例

运算符	说　明	举例表达式	结　果
( )	括号	5*(10+5)	75
**或^	乘方	3**3	27
		27^(1/3)	3
*	乘	3*7	21
/	除	10/4	2.5
%	取余	10%4	2
+	加	5+8	13
-	减	8-5	3

2. 字符表达式

字符表达式是指运算结果是字符型数据的表达式,它由字符操作符和字符操作数组成。

(1)字符操作数有字符型常量、字符型变量、结果是字符型的函数。

(2)字符操作符有:+(字符串连接)、-(字符串连接,并把前串尾空格移到新串尾)。

例2.7 在命令窗口中输入以下语句并查看显示结果(其中"□"代表空格)。

?"a□b□"+"□1□2□" 　　&&结果为 a□b□□1□2□

?"a□b□"-"□1□2□" 　　&&结果为 a□b□1□2□□

3. 日期时间表达式

日期时间表达式是指运算结果是日期型或者日期时间型的表达式,由日期时间操作数和日期时间操作符组成。

(1)日期时间操作数可以是日期型或者日期时间型常量、日期型或者日期时间型变量、结果是日期型或者日期时间型的函数、类型是日期型或者日期时间型的字段变量、类型是日期型或者日期时间型的控件属性。特别地,日期时间表达式中还可以包括数字。

(2)日期时间操作符有以下两个。

● +:在一个日期型数据上增加一个天数,产生另一个日期,或者在日期时间型数据上增加一个秒数,产生另一个日期时间数据。

● -:在一个日期型数据或日期时间型数据上减少一个天数或一个秒数,产生另一个日期型数据或日期时间型数据;两个日期型数据或两个日期时间型数据相减,结果为两个日期之间间隔的天数或两个日期时间之间间隔的秒数。

日期型和日期时间型数据只能和数值型数据相加或相减,并且只取数值型数据的整数部分参加运算。对日期型数据来说,数值型数据代表增加或减少的天数;对日期时间型数据来说,数值型数据代表增加或减少的秒数。

例 2.8 在命令窗口中输入以下语句并查看显示结果。

```
?{^2006.7.9}-10              &&计算 2006 年 7 月 9 日的前 10 天是哪一天
?{^2016.1.1}-date()          &&计算 2016 年离今天还有多少天
?date()+30                   &&计算 30 天后是哪一天
?(date()-{^1995.7.1})/365.25 &&计算 1995 年 7 月 1 日出生的人现在多少岁
```

4. 关系(比较)表达式

关系表达式的运算结果是逻辑型数据.T.(真)或.F.(假),由操作符和操作数组成。

(1)操作符如表 2.3 所示。

表 2.3 关系运算表达式操作符

运算符	说　明	举　例	结果
<	小于	5<10 或"a"<"b"	.t.
>	大于	10>3 或"abc">"aabcd"	.t.
=	等于,受 set exact 影响	18=18	.t.
==	等于,不受 set exact 影响	18==17 或"abc"=="ab"	.f.
<>或!=或#	不等于	14#14 或"abc"<>"abc"	.f.
<=	小于或等于	3<=4 或 4<=4	.t.
>=	大于或等于		
$	判子串包含	'ab'$'abe'	.t.

(2)操作数可以是常量、变量、函数及算术表达式。

(3)除了$运算符只适用于字符型数据外,其他运算符适应于任何类型的数据。数据比较一般要求类型要一致,但是日期型和日期时间型、数值型和货币型数据可以比较。

(4)数值型、货币型按大小比较;日期或日期时间型数据是越早的日期或时间越小;逻辑型数据.T.大于.F.。

(5)字符型数据大小关系的比较按以下规则进行。

① 计算机中通常是按照字符的 ASCII 码顺序进行比较的,但是在 VFP 中,可以设置字符串的多种比较方式,方法是打开"选项"对话框,在"数据"选项卡中的"排序序列"下拉列表中选择排序方式。相应的设置命令是 SET COLLATE TO <排序次序名>。

- Set collate to "Machine",按 ASCII 码大小排序(大写字母序列小于小写字母序列)。
- Set collate to "PinYIN",按拼音方式排序,是中文 VFP 的默认方式(小写字母序列小于大写字母序列);
- Set collate to "Stroke",按笔画方式排序。

② 默认情况下大写字母大于小写字母,如"A">"a"为.T.。
③ 在 26 个英语字母中排在后面的字母大,如"B">"A"。
④ 汉字按其汉语拼音字母的大小来比较,如"王"(wang)< "张"(zhang)为.T.。
⑤ 如果字符串或汉字的第一个字母相同,则按第二个字母的大小来比较,如"13">"122"为.T.,"王"(wang)> "魏"(wei)为.F.,依此类推。
⑥ 任何字符比空串大,如"A">SPACE(0)为.T.。

(6)字符型数据的相等关系比较情况如下。

① 在用双等号运算符（==）比较两个字符串时，只有当两个字符串完全相同时，运算结果才会是逻辑真，否则为逻辑假。

② 在用单等号运算符（=）比较两个字符串时，运算结果与 SET EXACT ON/OFF 的设置有关。如果设置为 ON，先在较短字符串的尾部加上若干个空格，使两个字符串的长度相等，然后再进行精确比较．如果设置为 OFF（默认值），只要右边字符串与左边字符串的前面部分内容相匹配，即可得到逻辑真，即字符串的比较因右边的字符串结束而终止。

例 2.9　在命令窗口中输入以下语句并查看显示结果。

```
store "计算机" to s1
store "微型计算机" to s2
?s1$s2,s2$s1,(s1$s2)>(s2$s1)   &&屏幕显示：.T..F..T.
```

例 2.10　在命令窗口中输入以下语句并查看显示结果。

```
set exact off
store "计算机" to s1
store "计算机口" to s2
store "计算机世界" to s3
?s1=s3,s3=s1,s1=s2,s2=s1,s2==s1   &&屏幕显示：.F. .T. .F. .T. .F.
set exact on
?s1=s3,s3=s1,s1=s2,s2=s1,s2==s1   &&屏幕显示：.F. .F. .T. .T. .F.
```

5．逻辑表达式

与关系表达式相同，逻辑表达式的运算结果只能是逻辑型数据 .T.(真)或 .F.(假)，它也由逻辑操作符和操作数组成。

（1）操作符及运算优先次序为：( ) >.NOT.或! (非)>.AND.(与，且)>.OR.(或)。

（2）操作数可以是逻辑型数值、结果是逻辑型的函数及表达式等。

（3）逻辑运算规则如表 2.4 所示。

表 2.4　　　　　　　　　　　　逻辑运算规则

A	B	A.OR.B	A.AND.B	.NOT.A
.T.	.T.	.T.	.T.	.F.
.T.	.F.	.T.	.F.	.F.
.F.	.T.	.T.	.F.	.T.
.F.	.F.	.F.	.F.	.T.

6．混合表达式

在 VFP 中，特别在程序中可以综合使用以上各种表达式，但必须按一定的顺序进行计算：函数（括号、乘方、乘除）>求模（加减、字符串连接）>关系运算（逻辑非、逻辑与、逻辑或）。

2.4　常用函数

函数是一段程序代码，用来进行一些特定的运算或操作，支持和完善命令的功能，并且可以帮助用户完成各种操作与管理。Visual FoxPro 的函数由函数名与自变量两部分组成。自变量必须用圆括号对括起来,如有多个自变量,各自变量以逗号分隔。有些函数可省略自变量,或不需要自变量,但也必须保留括号。自变量数据类型由函数的定义确定,数据形式可以是常量、变量、函数或表达式等。除个别(如宏替换)函数外,函数都不能像命令一样单独使用,只能作为命令的一部分进行操作运算。

毋庸置疑,掌握的 VFP 命令和函数越多,编程效率就越高。关于函数的特点,总结如下。

① 函数必定返回一个值。
② 函数值从属于一种数据类型。
③ 函数可与其他数据进行运算。
④ 传递给函数的参数的类型须与函数参数的类型一致。
⑤ 函数的调用形式为函数名(参数),大部分函数有参数,少部分函数无参数。

Visual FoxPro 函数根据不同的分类标准,有不同种分类法:

(1)按函数提供方式,可分为系统(标准)函数和用户自定义函数。标准函数是系统提供的系统函数,其函数名是 Visual FoxPro 保留字;自定义函数是用户自已定义的函数,函数名用户指定。

(2)按函数运算、处理对象和结果的数据类型,可分为数值型函数、字符型函数、逻辑型函数、日期时间型函数、数据转换函数等。

(3)按函数的功能和特点,可分为数据处理函数、数据库操作函数、文件管理函数、键盘和鼠标处理函数、输出函数、窗口界面操作函数、程序设计函数、数据库环境函数、网络操作函数、系统信息函数、动态数据操作函数等。

2.4.1 数值运算函数

1. 取整函数

命令:INT(<nExp>)

功能:返回指定数值表达式的整数部分。

命令:Ceiling(<nExp>)

功能:返回大于或等于指定数值表达式的最小整数。

命令:Floor(<nExp>)

功能:返回小于或等于指定数值表达式的最大整数。

例 2.11 在命令窗口中输入以下语句并查看显示结果。

```
?Int(5*4+3.6*2)      &&显示 27
?int(5*4+3.6*2-30)   &&显示-2
?ceiling(5*4+3.6*2),floor(5*4+3.6*2)  &&显示 28 27
?floor(5*4+3.6*2-30),ceiling(5*4+3.6*2-30) &&显示-3 -2
```

2. 绝对值函数

命令:ABS(<nExp>)

功能:计算 nExp 的值,并返回该值的绝对值。

例 2.12 在命令窗口中输入以下语句并查看显示结果。

```
?abs(5*5+3.6*3.6-128)      &&显示 90.04
```

3. 符号函数

命令:sign(<nExp>)

功能:返回指定数值表达式的符号。当表达式的运算结果为正、负或零时,函数值分别为 1、-1 和 0。

4. 四舍五入函数

命令：ROUND(<nExp1>,<nExp2>)

功能：返回 nExp1 四舍五入的值，nExp2 表示保留的小数位数。当 nExp2>=0 时，则对小数位数后第 nExp2+1 位四舍五入；当 nExp2<0 时，则对小数点前第|nExp2|位四舍五入。

例 2.13 在命令窗口中输入以下语句并查看显示结果。

```
?round(345.567,2)    &&显示结果为 345.57
?round(345.567,-2)   &&显示结果为 300
```

5. 最值函数

命令：MAX(<nExp1>,<nExp2>[,<nExp3>...])
　　　MIN(<nExp1>,<nExp2>[,<nExp3>...])

功能：返回数值表达式中的最大值（MAX()）和最小值（MIN()）。其参数不仅可以是数值类型，还可以是字符类型。

例 2.14 在命令窗口中输入以下语句并查看显示结果。

```
?max(10,20,19,18)          &&显示结果为 20
?min("教学","学习","课程")   &&显示结果为"教学"
```

6. 求平方根函数

命令：SQRT(<nExp>)

功能：求非负 nExp 的平方根。

7. 求余数函数 MOD( )

命令：MOD(<nExp1>，<nExp2>)

功能：返回 nExp1 除以 nExp2 的余数。该函数与数值运算符"%"功能相同。

2.4.2 字符处理函数

1. 字符串长度函数

命令：LEN(<cExp>)

功能：返回 cExp 串的字符数（长度），函数值为数值类型，一个汉字长度为 2。

例 2.15 在命令窗口中输入以下语句并查看显示结果。

```
?Len("Visual FoxPro")   && 返回值为 13
?len("程序设计")         && 返回值为 8
```

2. 大小写转换函数

命令：LOWER (<cExp>)
　　　UPPER (<cExp>)

功能：LOWER( )将 cExp 串中字母全部变成小写字母，UPPER( )将 cExp 串中字母全部变成大写字母，其他字符不变。

例 2.16 在命令窗口中输入以下语句并查看显示结果。

```
?lower("Visual FoxPro")   &&显示结果为 visual foxpro
?upper("Visual FoxPro")   &&显示结果为 VISUAL FOXPRO
```

3. 空格函数

命令：SPACE (<nExp>)

功能：返回一个包含 nExp 个空格的字符串。

4. 删除字符串空格函数

命令：LTRIM(<cExp>)

RTRIM | TRIM(<cExp>)
ALLTRIM(<cExp>)

功能：LTRIM()删除字符串<cExp>左端空格；RTRIM()|TRIM()删除字符串<cExp>右端空格；ALLTRIM()删除字符串<cExp>左右两端空格。

5. 取子串函数

命令：LEFT(<cExp>，<nExp>)
　　　RIGHT(<cExp>，<nExp>)
　　　SUBSTR (<cExp>，<nExp1> [,< nExp2>])

功能：LEFT()返回从 cExp 串中第一个字符开始，截取 nExp 个字符的子串；RIGHT()返回从 cExp 串中右边第一个字符开始，截取 nExp 个字符的子串；SUBSTR()返回从串 cExp 中第 nExp1 个字符开始，截取 nExp2 个字符的子串，若不设定 nExp2 的值，则从第 nExp1 个字符开始截取到字符串 cExp 的结尾。

例 2.17　在命令窗口中输入以下语句并查看显示结果。

```
?left("Visual FoxPro",6)      &&返回值为"Visual"
?right("Visual FoxPro",6)     &&返回值为"FoxPro"
?substr("Visual FoxPro",8,3)  &&返回值为"Fox"
?substr("Visual FoxPro",10)   &&返回值为"xPro"
```

6. 子串位置函数

命令：AT(<cExp1>,< cExp 2>)

功能：返回串 cExp1 在串 cExp2 中的起始位置。函数值为整数。如果串 cExp2 不包含串 cExp1，函数返回值为零。

例 2.18　在命令窗口中输入以下语句并查看显示结果。

```
?AT("a","Visual")   &&返回值为 5
?AT("ab","Visual")  &&返回值为 0
```

7. 字符串替换函数

命令：STUFF(<cExp1>,<nExp1>,<nExp2>,<cExp2>)

功能：从 nExp1 指定位置开始，用 cExp2 串替换 cExp1 串中 nExp2 个字符。cExp1 和 cExp2 的字符个数不要求相等。如果 nExp2 为 0，cExp2 则插在由 nExp1 位置指定的字符前面；如果 cExp2 是空串，那么 cExp1 中从 nExp1 指定位置开始到 nExp2 长度的子串被删除。

例 2.19　在命令窗口中输入以下语句并查看显示结果。

```
?stuff("Visual FoxPro",8,6, "Basic")  &&返回值为"Visual Basic"
?stuff("Visual FoxPro",4,0, "Basic")  &&返回值为"VisBasicual FoxPro"
?stuff("Visual FoxPro",8,6, "")       &&返回值为"Visual "
```

8. 宏替换函数

命令：&<cVar>[.<cExp>]

功能：替换出字符型变量 cVar 中的字符。

例 2.20　在命令窗口中输入以下语句并查看显示结果。

```
aa="bb"                &&将字符串"bb"赋予变量 aa
bb="北京"              &&将字符串"北京"赋予变量 bb
?aa,bb,&aa             &&显示为"bb 北京 北京"
?" &bb.是中国的首都"   &&显示值为"北京是中国的首都"
```

2.4.3 日期时间函数

1. 系统日期函数

命令：DATE()

功能：返回系统当前日期，此日期由 Windows 系统设置。函数值类型为 D。

2. 系统时间函数

命令：TIME([<nExp>])

功能：返回当前系统时间，时间显示格式为 hh:mm:ss。若选择了 nExp，则不管为何值，返回的系统时间还包括秒的小数部分，精确至小数点后两位。函数值类型为 C。

3. 日期函数

命令：DAY(<dExp>)

功能：返回 dExp 式中的天数。函数值类型为 N。

例 2.21 取当前日期所在月份的天数。

`?day(date())` &&返回值为本月至当天的天数。

4. 星期函数

命令：DOW(<dExp>)
　　　CDOW(<dExp>)

功能：DOW( )函数返回 dExp 式中星期的数值，用 1～7 表示星期日至星期六，函数值类型为 N。CDOW( )函数返回 dExp 式中星期的英文名称。函数值类型为 C。

5. 月份函数

命令：MONTH(<dExp>)
　　　CMONTH(<dExp>)

功能：MONTH( )函数返回 dExp 式中月份数，函数值类型为 N。CMONTH( )函数则返回月份的英文名，函数值类型为 C。

6. 年份函数

命令：YEAR(<dExp>)

功能：函数返回 dExp 式中年份值。函数值类型为 N。

例 2.22 把当前日期的年、月、日相加。

`?year(date())+month(date())+day(date())` &&返回值为当前日期年数+月数+天数的值。

2.4.4 转换函数

1. ASCII 码函数

命令：ASC (<cExp>)

功能：返回 cExp 串首字符的 ASCII 码值，函数值类型为 N。

例 2.23 输出字符 A 的 ASCII 码值。

`?ASC("A")` &&返回字母 A 的 ASCII 码值 65

2. ASCII 字符函数

命令：CHR(<nExp>)

功能：返回以 nExp 值为 ASCII 码的 ASCII 字符，函数值类型为 C。

例 2.24 输出 ASCII 码值为 65 的字符。

`?CHR(65)` &&返回 ASCII 码值为 65 的字母 A

3. 字符日期型转换函数

命令：CTOD(<cExp>)

CTOT(<cExp>)

功能：把符合日期格式或者日期时间格式的 cExp 串转换成对应的日期值或者日期时间值。函数值类型分别为 D 和 T。

例 2.25 在命令窗口中输入以下语句并查看显示结果。

```
?CTOD("09-09-13")      &&显示"09/09/13"
SET DATE TO YMD
?CTOD("2012-09-09")    &&显示"12/09/09"
```

4. 日期字符型转换函数

命令：DTOC(<dExp >[,1])

TTOC(<tExp >[,1])

功能：把日期 dExp 和日期时间 tExp 转换成相应的字符串，函数值类型为 C。对于 DTOC 函数而言，如果使用参数 1，则结果字符串的格式总是"YYYYMMDD"，共 8 位；对 TTOC 函数而言，如果使用参数 1，则结果字符串的格式总是"YYYYMMDDHHMMSS"，共 14 位。

5. 数值字符型转换函数

命令：STR(<nExp1>[,< nExp2>] [,< nExp3>])

功能：将 nExp1 的数值转换成字符串形式，函数值类型为 C。

说明：

（1）<nExp2>给出转换后的字符串长度，该长度包括小数点、负号。如果不指定<nExp2>和<nExp3>，其输出结果将取固定长度 10 位，且只取其整数部分。

（2）<nExp3>给出小数位数，决定转换后小数点后面的小数位数，默认位数为 0 位。

（3）如果<nEXp2>的值大于<nExp1>给出值的数字位数时，在返回的字符串左边添加空格。

（4）如果<nExp2>的值小于小数点左边的数字位数时，将返回一串星号（"*"），表示数值溢出。

例 2.26 在命令窗口中输入以下语句并查看显示结果。

```
?str(95643.5136)        &&一般转换，默认 10 位
?str(95643.5136,8,2)    &&长度 8 位，小数 2 位
?str(95643.5136,8)      &&整数 8 位，前导置 0
?str(95643.5136,3)      &&整数 3 位，数值溢出
```

6. 字符数值型转换函数 VAL( )

命令：VAL(<cExp>)

功能：将 cExp 串中数字字符、小数点、正负符号转换成对应数值，转换结果取两位小数，函数类型为 N。转换时，遇到第一非数字字符时停止，若第 1 个字符不是数字，则返回结果为 0.00。

例 2.27 在命令窗口中输入以下语句并查看显示结果。

```
?val("31.4yz")     &&结果为 31.40
?val("ab34yz")     &&结果为 0.00
```

2.4.5 测试函数

在数据库应用的操作过程中，用户需要了解数据对象的类型、状态等属性。Visual FoxPro 提供了相关的测试函数，使用户能够准确地获取操作对象的相关属性。

1. 数据类型函数

命令：VARTYPE(<VExp >)

功能：返回 VExp 表示的数据对象的数据类型，返回值是一个表示数据类型的大写字母，C 表示字符型，D 表示日期型，N 表示数值型，L 表示逻辑型，M 表示备注型，G 表示通用型，U 表示未定义。

例 2.28　在命令窗口中输入以下语句并查看显示结果。

```
?VARTYPE("vfp")      &&显示字符"C"
Store date() to dd
? VARTYPE(dd)        &&显示字符"D"
```

2. 条件测试函数 IIF( )

命令：IIF(<lExp >,<eExp 1>,<eExp2>)

功能：如果逻辑表达式<lExp>的值为真(.T.)，返回表达式<eExp1>的值，否则返回表达式<eExp2>的值。<eExp1>和<eExp2>可以是任意数据类型的表达式。

例 2.29　在命令窗口中输入以下语句并查看显示结果。

```
a=70
b=50
?IIF(MAX(a,b)>60, a+b, a-b)      && 显示 120
?IIF(b<a, b, a)        && 显示 50
```

3. 表结束标志测试函数 EOF( )

命令：EOF([<工作区号>|<别名>])

功能：测试记录指针是否移到表结束处。如果记录指针指向表中尾记录之后，函数返回真（.T.），否则为假（.F.）。

4. 表起始标识测试函数 BOF ( )

命令：BOF ([<工作区号>|<别名>])

功能：测试记录指针是否移到表起始处。如果记录指针指向表中首记录前面，函数返回真（.T.），否则为假（.F.）。

5. 当前记录号函数 RECNO( )

命令：RECNO([<工作区号>|<别名>])

功能：返回指定工作区中表的当前记录的记录号。对于空表返回值为 1。

6. 当前记录逻辑删除标志测试函数 DELETED( )

命令：DELETED([<工作区号>|<别名>])

功能：测试指定工作区中表的当前记录是否被逻辑删除。如果当前记有逻辑删除标记，函数返回真（.T.），否则为假（.F.）。

7. 记录数函数 RECCOUNT( )

命令：RECCOUNT ([<工作区号>|<别名>])

功能：返回指定工作区中表的记录个数。如果工作区中没有打开表则返回 0。

8. 值域测试函数

命令：BETWEEN(<expr1>,<expr2>,<expr3>)

功能：是判断一个表达式的值是否介于另外两个表达式值之间。当表达式 1 的值大于等于表达式 2 的值且小于或等于表达式 3 的值时，函数值为逻辑真，否则函数值为逻辑假。若表达式 2 或表达式 3 的值有一个是 NULL，那么函数值也是 NULL。

例 2.30　在命令窗口中输入以下语句并查看显示结果。

```
store .null. to x
store 100 to y
```

```
?between(150,y,y+100),between(90,x,y)    && 显示.T.    .NULL.
```

9. 空值（NULL 值）测试函数

命令：ISNULL(<expr>)

功能：判断一个表达式的运算结果是否为 NULL，若是 NULL 则返回逻辑真（.t.），否则返回逻辑假（.f.）。

例 2.31 在命令窗口中输入以下语句并查看显示结果。

```
store .null.to x
?x,isnull(x)    &&显示.Null. .T.
```

10. "空"值测试函数

命令：EMPTY(<expr>)

功能：根据表达式的运算结果是否为"空"值，返回逻辑真或逻辑假。不同类型数据的"空"值不一样，如数值型、货币型、浮点型、双精度型、整型的空值为 0，逻辑型数据的空值为.F.等。

"空"值与 NULL 是两个不同的概念。函数 EMPTY(.NULL.)的返回值为逻辑假(.f.)，EMPTY（.F.）的返回值为.T.。

11. 工作区号测试函数

命令：SELECT([<工作区号>|<表别名>])

功能：返回当前工作区号或未使用工作区的最大编号。

本章小结

本章主要包括以下内容。
（1）Visual FoxPro 的各种主要的数据类型。
（2）变量的分类、赋值、显示；内存变量的浏览；数据的定义。
（3）表达式的类型、运算方法及运算优先级。
（4）常用函数，包括数值计算函数、字符处理函数、日期及日期时间函数、类型转换函数及测试函数等。

习 题 二

一、选择题

1. 在 Visual Foxpro 中，要想将日期型或日期时间型数据中的年份用 4 位数字显示，应当使用命令（   ）。
   A．SET CENTURY ON   B．SET CENTURY TO 4
   C．SET YEAR TO 4   D．SET YEAR TO yyyy

2. 设 A=[6*8-2],B=6*8-2,C="6*8-2"，属于合法表达式的是（   ）。
   A．A+B   B．B+C   C．A-C   D．C-B

3. 连续执行以下命令，最后一条命令的输出结果是（   ）。
   ```
   SET EXACT OFF
   ```

```
a="北京   "
b=（a="北京交通"）
?b
```
    A. 北京   B. 北京交通   C. .F.   D. 出错

4. 设 x="123",y=123,k="y"，表达式 x+&k 的值是（　　）。
    A. 123123   B. 246   C. 123y   D. 数据类型不匹配

5. 运算结果不是 2010 的表达式是（　　）。
    A. int(2010.9)   B. round(2010.1,0)
    C. ceiling(2010.1)   D. floor(2010.9)

6. 有如下赋值语句，结果为"大家好"的表达式是（　　）。
```
a="你好"
b="大家"
```
    A. b+AT(a,1)   B. b+RIGHT(a,1)   C. b+LEFT(a,3,4)   D. b+RIGHT(a,2)

7. 在下面的 VisualFoxpro 表达式中，运算结果为逻辑真的是（　　）。
    A. EMPTY(.NULL.)   B. LIKE('xy?','xyz')
    C. AT('xy','abbcxyz')   D. ISNULL(SPACE(0))

8. 假设职员表已在当前工作区打开，其当前记录的"姓名"字段值为"李彤"（C 型字段）。在命令窗口输入并执行如下命令。
```
姓名=姓名-"出勤"
?姓名
```
屏幕上会显示（　　）。
    A. 李彤   B. 李彤 出勤   C. 李彤出勤   D. 李彤-出勤

9. 语句 LIST MEMORY LIKE a*能够显示的变量不包括（　　）。
    A. a   B. a1   C. ab2   D. ba3

10. 计算结果不是字符串"Teacher"的语句是（　　）。
    A. at("MyTeacher",3,7)   B. substr("MyTeacher",3,7)
    C. right("MyTeacher",7)   D. left('Teacher',7)

11. 下列函数返回类型为数值型的是（　　）。
    A. STR   B. VAL   C. DTOC   D. TTOC

12. 以下关于空值（NULL）叙述正确的是（　　）。
    A. 空值等于空字符串   B. 空值等同于数值 0
    C. 空值表示字段或变量还没有确定的值   D. Visual FoxPro 不支持空值

13. 在 Visual FoxPro 中，有如下程序，函数 IIF()返回值是（　　）。
```
*程序
PRIVATE X,Y
STORE "男" TO X
Y=LEN(X)+2
?IIF(Y<4,"男","女")
RETURN
```
    A. "女"   B. "男"   C. .T.   D. .F.

14. 说明数组后，数组元素的初值是（　　）。
    A. 整数 0   B. 不定值   C. 逻辑真   D. 逻辑假

15. 设 a="计算机等级考试"，结果为"考试"的表达式是（　　）。
    A. Left(a,4)　　　B. Right(a,4)　　　C. Left(a,2)　　　D. Right(a,2)
16. 有下程序，请选择最后在屏幕显示的结果（　　）。
```
SET EXACT ON
s="ni"+SPACE(2)
IF s=="ni"
    IF s="ni"
        ?"one"
    ELSE
        ?"two"
    ENDIF
ELSE
    IF s="ni"
        ?"three"
    ELSE
        ?"four"
    ENDIF
ENDIF
RETURN
```
    A. one　　　B. two　　　C. three　　　D. four
17. 如果内存变量和字段变量均有变量名"姓名"，那么引用内存的正确方法是（　　）。
    A. M.姓名　　　B. M->姓名　　　C. 姓名　　　D. A 和 B 都可以
18. 命令?VARTYPE(TIME())结果是（　　）。
    A. C　　　B. D　　　C. T　　　D. 出错
19. 命令? LEN(SPACE(3)-SPACE(2))的结果是（　　）。
    A. 1　　　B. 2　　　C. 3　　　D. 5

二、填空题

1. 表达式 score<=100 and score>=0 的数据类型是_____。
2. 有以下程序段：
```
A=10
B=20
?IIF(A>B,"A 大于 B","A 不大于 B")
```
   执行上述程序段，显示的结果是_____。
3. 在 Visual Foxpro 中，表示时间 2009 年 3 月 3 日的常量应写为_____。
4. 常量{^2009-10-01,15:30:00}的数据类型是_____。
5. ?AT("EN",RIGHT("STUDENT",4))的执行结果是_____。
6. LEFT("12345.6789",LEN("子串"))的计算结果是_____。

第 3 章
Visual FoxPro 数据库及操作

3.1 Visual FoxPro 数据库及其建立

3.1.1 Visual FoxPro 数据库基本概念

数据库是表的集合，即在一个数据库中可以包含若干个通过关键字段相互关联的表。一个数据库文件（.dbc）中存储了所包含的表与表之间的联系，以及依赖于表的视图、连接和存储过程等信息。

数据库可以说是一个逻辑上的概念和手段，它通过一组系统文件将相互关联的数据库表及其相关的数据库对象统一组织和管理。因此把表放入数据库中可以减少数据的冗余，保护数据的完整性，同时数据库使得对数据的管理更加方便和有效。

在建立数据库时，相应的数据库名称实际是扩展名为.dbc 的文件名，与此同时系统还将会自动建立一个扩展名为.dct 的数据库备注文件和一个扩展名为.dcx 的数据库索引文件。后两者是系统管理数据库使用的，用户不能直接使用这两个文件。

3.1.2 数据库的创建

1．建立数据库

建立数据库的方法有以下 3 种。

（1）在项目管理器中建立。打开项目管理器，单击"新建"按钮，将出现如图 3.1 所示的对话框，选择"新建数据库"，出现提示用户输入数据库文件名的界面，输入完毕后单击"保存"按钮则完成数据库的创建。

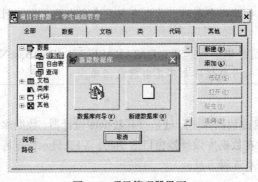

图 3.1 项目管理器界面

（2）菜单方式。选择"文件"→"新建"菜单命令，将会出现如图3.2所示的界面，选择"数据库"文件类型，然后单击"新建"按钮，其余操作与上一种方式相同。

（3）命令方式。

命令：CREATE DATABASE [<数据库文件名>]

功能：建立一个数据库文件，同时打开该数据库。用此命令后，数据库设计器并不打开。<数据库文件名>可以包括盘符和路径名，此时将按指定的磁盘和文件路径保存数据库文件。数据库文件的扩展名为.DBC。新建立的数据库文件为空，建立数据库文件的同时也自动建立相关联的数据库备注文件，扩展名为.DCT，关联的索引文件扩展名为.DCX。

2. 在项目中添加数据库

有时候需要将已存在的数据库添加到某个项目中，可以在项目管理器中选定"数据库"项，单击"添加"按钮，在"打开"对话框中选择需要添加的数据库文件。

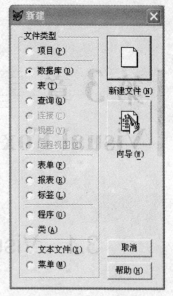

图3.2 "新建"对话框

3.1.3 数据库的使用

1. 数据库的打开

在数据库中进行操作之前，都必须首先打开数据库。与数据库的建立一样，常用的数据库的打开方式也有以下3种。

（1）项目管理器方式：选定要打开的数据库，单击"打开"按钮。

（2）菜单方式：选择"文件"→"打开"菜单命令。

（3）命令方式。

命令：OPEN DATABASE [Filename|?] [EXCLUSIVE| SHARED] [NOUPDATE] [VALIDATE]

① Filename 是数据库名，若使用"？"则显示打开对话框。
② EXCLUSTVE|SHARED：以独占或共享方式打开数据库。
③ NOUPDATE：以只读方式打开指定数据库。
④ VALIDATE：检查在数据库中引用的对象是否合法。

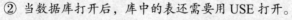

① NOUPDATE 实际不起作用。
② 当数据库打开后，库中的表还需要用 USE 打开。
③ 当 USE 打开一个表时，首先在当前库中查找，找不到时会继续在库外查找并打开表。
④ 指定当前库命令为：SET DATABASE TO [DataBaseName]，若[DataBaseName]不指定，则所有打开数据库都不是当前数据库。

2. 数据库的修改

在 Visual FoxPro 中修改数据库实际就是打开数据库设计器，数据库设计器是用户交互修改数据库对象的界面和向导。在数据库设计器窗口活动时，VFP 显示数据库菜单和工具栏。

数据库设计器的打开有3种方法。

（1）从项目管理器中打开数据库设计器。
（2）从"打开"对话框中打开数据库设计器。
（3）用命令打开数据设计器。
命令：MODIFY DATABASE [数据库文件名|?][NOWAIT][NOEDIT]
功能：修改当前打开的数据库文件。

① 执行该命令后系统将打开指定数据库或当前数据库的数据库设计器，可以在其中修改数据库。
② [NOWAIT]表示在程序中继续执行此命令后的语句；若无，则关闭设计器后程序再继续执行。[NOEDIT]只是打开设计器，但禁止对 DB 修改。

3. 数据库的关闭
由于数据库使用过程中对用户连接数量的限制，当连接数超过限制时就会出现系统崩溃的现象，因此在使用数据库时，当应用程序启动时打开数据库，当应用程序结束时关闭数据库。
数据库的关闭有以下两种方式。
（1）项目管理器方式：选定要关闭的数据库，单击"关闭"按钮。
（2）命令方式。
命令 1：CLOSE DATABASE
功能：关闭当前打开的数据库文件和数据库表文件。
命令 2：CLOSE ALL
功能：关闭所有工作区的所有各类型文件，但不释放内存变量。

4. 数据库的删除
在开发过程中，当不再需要用户定义的数据库或者已将其移到其他数据库或服务器上时，即可删除该数据库。
数据库的删除有以下两种方式。
（1）项目管理器方式：从项目管理器中删除数据库比较容易，在工作界面先选择需要删除的数据库，然后单击"移动"按钮，将出现如图 3.3 所示的对话框，单击对话框中的 3 个按钮，执行相应功能。
① 移去：从项目管理器中删除数据库，但是并不从磁盘上删除相应的数据库文件。
② 删除：从项目管理器中删除数据库，并从磁盘上删除相应的数据库文件。
③ 取消：取消当前操作，即不进行任何操作。

VFP 的数据库文件并不真正含有数据库表或其他数据库对象，只是在数据库文件中登录了相关的条目信息，表、视图或其他数据库对象是独立存放在磁盘上的。所以，不管选择"移去"还是"删除"，都不会删除数据库中的表、视图等对象。

（2）命令方式。
命令：DELETE DATABASE DATABASENAME|? [DELETTABLES][RECYCLE]

① [DELETETABLES]删除数据库文件的同时删除该数据库包含的所有数据库表。若省略该可选项，仅删除指定数据库，数据库表成为自由表。
② [RECYCLE]将数据库文件和数据表文件放入 Windows 回收站，以便需要时还原它们。

在删除数据库时该数据库应处于关闭状态。正在使用的数据库文件不能被删除。

图 3.3　删除数据库时的提示对话框

3.2　创建数据库表

表文件（扩展名为.dbf）是存储数据的文件，是数据库文件的核心文件，全部数据内容都存储在表文件中，其他文件都是为表文件服务的。表文件分为自由表文件和数据库表文件，前者为普通的二维表，只有表的属性，而后者是由数据库管理的数据表，具有数据库的属性。本节将介绍数据库表的创建。

3.2.1　表结构的设计

计算机在数据处理、办公自动化、企事业管理等一系列领域中碰到的很多问题往往可以归结为对一张二维表格的处理。一般一个表对应于磁盘上的一个扩展名为.DBF 的文件。表是关系型数据库管理系统中处理数据的基本单元，通常用来描述一个实体。

定义表结构是根据二维表进行的。二维表由数据和结构两部分组成。此处默认建立表时数据库是打开的，建立的表为当前数据库的数据库表，否则建立的是自由表。二者的大多数操作相同，并且可以相互转换。

表结构的定义在"表设计器"中完成。打开表设计器的方法以下几种。

（1）菜单方式：选择"文件"→"新建"菜单命令。

（2）项目管理器：选择"数据库"→"表"命令，在打开的项目管理器中单击"新建"按钮，如图 3.4 所示。

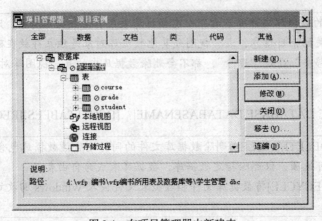

图 3.4　在项目管理器中新建表

（3）命令：CREATE <表文件名>。

定义表结构就是设置数据库表的字段属性（包括字段名、数据类型、字段宽度和小数位数等）、显示特性以及字段有效性等。

1. 定义字段

定义字段就是为每个字段指定名称、数据类型和宽度等，它们决定了表中的数据是如何被标识和保存的。

（1）字段名：以字母或汉字开头，由字母、汉字、数字或下划线组成，不能包含空格。数据库表字段名最长为 128 个字符，自由表字段名最长为 10 个字符。

（2）字段类型：决定了存储在字段中的值的数据类型。可以在下拉列表中选择数据类型，包括字符型、货币型、数值型、浮点型、日期型、日期时间型、双精度型、整数型、逻辑型、备注型、通用型，默认为字符型。特别地，备注型和通用型字段的宽度均为为 4 个字节，用于存储一个地址指针，该指针指向备注或者通用内容存放的地址，该内容存放在与表同名，扩展名为.FPT 的文件中，该文件随表的打开而自动打开。

（3）字段宽度：指能够容纳存储数据的长度，由字段类型而定。

（4）小数位：若字段的类型是数值型、浮点型或双精度型时，还需给出小数位数。小数位数不能大于 9，双精度型数据的小数位数不能大于 18。应注意小数点和正负号在字段宽度中各占一位。

（5）使用空值：在建立数据表时，可以指定字段是否接受空值（NULL）。空值就是缺值或不确定值，不同于零、空格或空串。如果字段的 NULL 列被勾选，表示该字段可以接受 NULL 值。

2. 显示组框

可以定义字段显示的格式、输入的掩码或字段标题。

（1）格式：实际上就是是输出掩码，指定字段在"浏览"窗口、表单或报表中显示时的样式。以下是常用的格式。

- A——表示只允许输出文字字符（禁止数字、空格或标点符号）。
- D——表示使用当前系统设置的日期格式。
- L——表示在数值前显示填充的前导零，而不是用空格字符。
- T——表示禁止输入字段的前导空格字符和结尾空格字符。
- !——表示把输入的小写字母字符转换为大写字母。

例如，将姓名的显示格式指定为 AT，表示姓名两个字段只能接受字母或汉字输入，而不能输入空格字符、数字。

（2）输入掩码：用于限制或控制用户输入的格式，屏蔽非法输入，减少人为的数据输入错误。以下是常用的输入掩码。

- X——表示可输入任何字符。
- 9——表示可输入数字和正负符号。
- #——表示可输入数字、空格和正负符号。
- $——表示在固定位置上显示当前货币符号。
- $$——表示显示当前货币符号。
- *——表示在值的左侧显示星号。
- .——表示用点分隔符指定数值的小数点位置。
- ,——表示用逗号分隔小数点左边的整数部分，一般用来分隔千分位。

例如，将年龄字段的输入掩码设置为 99，表示年龄字段只能接受数字输入，而不能输入空格字符、字母等。

（3）标题：字段在"浏览"窗口、表单或报表中显示时的标题。

3. 字段的有效性

（1）规则：指对字段进行有效性检查的表达式。该表达式必须为逻辑表达式。当字段输入完成后，系统计算表达式的值，如值为真，输入通过字段规则的验证；否则不允许将输入的值存储到字段中去。

（2）信息：违反有效性规则时显示的提示信息，该信息为字符类型，要加相应的定界符。

（3）默认值：新记录输入时设置的默认的字段值，它可以简化操作，提示输入格式，减少输入错误，提高输入速度。

例如，将图 3.5 中 student 表中"性别"字段的有效性规则设置为：sex="男" OR sex="女"，信息为："性别必须为男或女"，默认值为："男"。

4. 字段注释

字段注释主要起注释作用，进一步说明字段的含义。

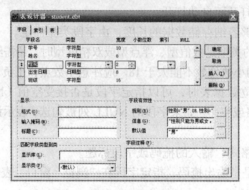

图 3.5　设置"字段有效性"

3.2.2　修改表结构

在 VFP 中，如果表是以独占方式（exclusive）打开的，可以通过表设计器或者命令方式修改表结构，包括增加、删除字段，修改字段名、字段类型、字段的有效性规则，以及建立、修改、删除索引等。但如果表是以共享方式（Shared）打开的，则不能对表结构进行修改。

修改表结构有两种方式。

（1）菜单方式。当处于数据设计器中时，用鼠标右键直接单击需要修改的表，然后从弹出的菜单项中选择"修改"命令则打开相应的表设计器，如图 3.6 所示。

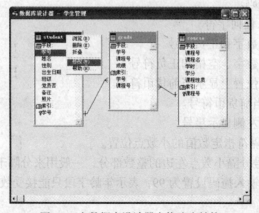

图 3.6　在数据库设计器中修改表结构

（2）命令方式。

命令：MODIFY STRUCTURE

功能：修改当前表结构，在使用之前必须打开相应的表。

3.2.3 复制表结构

命令：COPY STRUCTURE TO <目标文件名> [FIELDS<字段名表>]

功能：打开当前表文件，将当前表文件的结构复制到<目标文件名>指定的文件。

① 该命令能生成与源文件结构相同的文件，但没有数据。
② 可以在字段名表中选择源表文件中的部分字段复制。
③ 必须先打开源表文件，才能完成复制。

3.3 表的基本操作

表是处理数据和建立关系型数据库及应用程序的基本单元。换句话说，表是数据库的基础。表一旦建立起来，就需要对它进行相应的操作，表的操作包括表数据的输入，向表中添加新的记录、删除无用的记录、修改有问题的记录、查看记录等。

3.3.1 表数据的输入

1. 打开表数据输入界面

在录入表数据之前，必须要先打开录入界面。在初次创建完表结构之后，会出现如图 3.7 所示的对话框，单击"是"按钮之后就会进入数据输入的窗口界面。如果此时没有输入数据或者任务中断需要继续录入数据，可以通过如下两种方式打开输入界面。

（1）可以选择"显示"→"浏览"菜单命令。

（2）可以在数据库设计器的表上单击鼠标右键，在弹出的快捷菜单中，选择"浏览"命令。

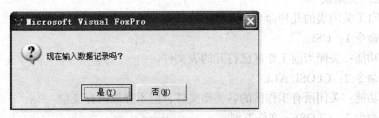

图 3.7 输入表数据提示框

2. 输入表数据

（1）一般数据的输入。字符型、数值型、逻辑型、日期型等字段类型数据可以直接在浏览窗口或编辑窗口中输入。逻辑型字段宽度为 1，只接受 T, Y, F, N 这 4 个字符之一（大小写均可）；日期型数据必须与系统日期格式相符，默认按美国日期格式 mm/dd/yy 输入日期即可。

（2）备注型字段数据的输入。双击名为"memo"的备注型字段标志，进入备注窗口，输入文本内容。

（3）通用型字段数据的输入。双击名为"gen"的通用型字段标志，进入通用型字段输入编辑窗口。选择"编辑/插入对象"菜单命令，在"插入对象"对话框中选择插入 OLE 对象。

（4）输入或编辑数据后，按 Ctrl+W 组合键或单击"关闭"按钮，以储存数据并返回数据输入窗口；如果按 Ctrl+Q 组合键或 Esc 键，则放弃当前所输入的信息并返回。

（5）在输入备注型或通用型字段数据后，该记录的"memo"或"gen"中的第一个字母被改写成大写，变为"Memo"或"Gen"。

（6）要删除备注字段或通用字段的内容，可双击字段名，打开编辑窗口，选择"编辑"→"清除"菜单命令。

3.3.2 打开与关闭表

1. 打开表

可以采用以下几种方式打开一个表。

（1）单击工具栏"打开"按钮或"文件"→"打开"命令。

（2）打开"数据库设计器"，右键单击相应的数据库表的子窗口，在快捷菜单中选择"浏览"命令。

（3）使用 Use 命令。

命令：Use [[<数据库文件名>!] <表文件名>[.dbf]] [In<工作区号>] [Alias<别名>] [Again] [Exclusive] [Shared] [Noupdate]

① 执行 USE 命令时，首先关闭当前工作区中原已打开的表文件，并打开由文件名指定的表文件，若该文件含有备注或通用型字段时，则也同时被打开相应的.FPT 文件。若数据表文件不在当前数据库中，要在表文件名前面加上"<数据库文件名>!"。

② In<工作区号>：指定数据表所在的工作区号；Alias<别名>：打开数据表的同时定义它的别名；Again：在不同工作区打开同一个数据表。

③ Exclusive：以独占方式打开数据表；Shared：以共享方式打开数据表；Noupdate：以只读方式打开数据表。

④ 用 Use 打开数据表时，记录指针指向表中的第一条记录。可以有多个表同时处于打开状态，但其中只有一个表为当前表。

2. 关闭表

（1）关闭表的几种命令如下所示。

命令 1：USE。

功能：关闭当前工作区已打开的表文件。

命令 2：CLOSE ALL

功能：关闭所有工作区的各类型文件，但不释放内存变量。

命令 3：CLOSE <文件类型>

功能：关闭由<文件类型>指定类型的文件。

命令 4：CLEAR ALL

功能：关闭所有工作区中所有表及各类型的文件，并且释放内存变量。

（2）菜单方式：单击"文件"→"退出"菜单命令或单击程序窗口的"关闭"按钮。

3.3.3 浏览表记录

1. 在浏览窗口中浏览表记录

（1）项目管理器：选定要浏览的表，单击"浏览"按钮即可。对于备注型字段或通用型字段内容，可以在浏览窗口中双击相应的字段标志("Memo"或"Gen")，打开编辑窗口浏览。

（2）菜单方式：选择"显示"→"浏览"命令，如图 3.8 所示，或者选择"显示"→"编辑"菜单命令打开浏览窗口。

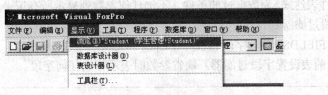

图 3.8　采用菜单方式浏览记录

（3）命令：BROWSE。

通过上述 3 种方式，都可以打开浏览窗口，浏览记录的界面如图 3.9 所示。

Student

学号	姓名	性别	出生日期	班级	党员否	备注	照片
2011064101	王静	女	09/21/90	市场营销11-1	T	Memo	gen
2011064102	李泽东	男	11/11/89	市场营销11-1	F	memo	gen
2011064103	邓玲玲	女	12/10/90	市场营销11-1	T	memo	gen
2011064112	叶问问	男	12/23/91	市场营销11-1	T	memo	gen
2011064119	徐田田	男	06/12/91	市场营销11-1	F	memo	gen
2012063103	王雪	女	04/20/92	工商管理12-1	T	memo	gen
2012063111	朱贝贝	女	01/15/93	工商管理12-1	T	memo	gen
2012063205	上官小梅	女	08/27/92	工商管理12-2	F	memo	gen
2012063207	王萌萌	女	09/10/92	工商管理12-2	F	memo	gen
2012064211	孙通	男	12/30/91	市场营销12-2	T	memo	gen
2012064221	冯国栋	男	10/25/92	市场营销12-2	T	memo	gen
2012064229	杨洋	女	09/10/90	市场营销12-2	F	memo	gen

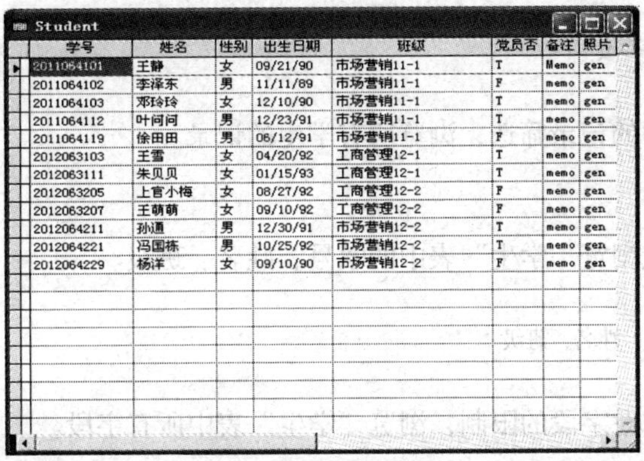

图 3.9　student 表浏览窗口

2. 在浏览窗口中有选择地浏览记录

（1）菜单方式。打开浏览窗口，选择"表"→"属性"菜单命令，在"工作区属性"对话框的"数据过滤器"框中输入筛选条件，如图 3.10 所示，可以只显示满足筛选条件的记录。删除筛选表达式，可恢复显示所有记录。

在"工作区属性"对话框中，选择"字段筛选指定的字段"选项，单击"字段筛选"按钮，在"字段选择器"对话框中选择要显示内容的字段；选择"工作区中的所有字段"选项，可取消对字段访问的限制，恢复显示所有字段。

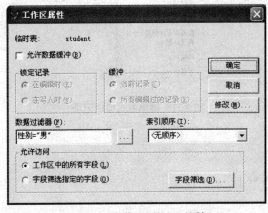

图 3.10　"工作区属性"对话框

（2）命令方式。

① 设置数据过滤器。

命令：SET FILTER TO [<条件表达式>]

功能：<条件表达式>为数据过滤条件，不加任何参数则显示所有记录。

② 设置字段过滤器。

命令：SET FIELDS TO [<字段名表>|ALL]

功能：为当前表设置字段过滤器。缺省参数时表示不选任何字段。

　　　<字段名表>为浏览器显示的字段，ALL 指显示所有字段。

例 3.1　用命令方式浏览"学生"表中所有女生的记录。

```
USE STUDENT
SET FILTER TO 性别='女'
BROWSE
```

例 3.2　取消上例中的记录筛选，浏览所有学生的记录。

```
SET FILTER TO
BROWSE
```

例 3.3　用命令方式浏览"学生"表中的学号、姓名、班级。

```
USE STUDENT
SET FIELDS TO 学号, 姓名, 班级
BROWSE
```

例 3.4　取消上例中对字段的限制，浏览"学生"表中所有字段。

```
SET FIELDS TO ALL
BROWSE
```

3.3.4　增加记录

1. 菜单方式

当数据表浏览窗口打开时，单击"显示"菜单中的"追加方式"命令，如图 3.11 所示，将在数据浏览窗口增加一条空白记录。

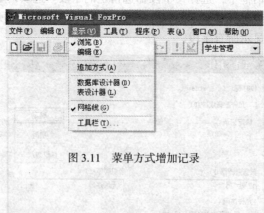

图 3.11　菜单方式增加记录

2. 命令方式

（1）APPEND 命令。

格式：APPEND [BLANK]

功能：

- 在表的尾部追加记录，可以连续输入多条。

- 使用[BLANK]则在表尾增加一条空白记录。
（2）INSERT 命令。
格式：INSERT [BEFORE]　[BLANK]
功能：在表的任意位置插入新的记录，不使用[BEFORE]则插在当前记录后，否则插在当前记录前。

 若表上建立了主索引或候选索引，则不能用 APPEND 或 INSERT 命令插入记录。

3.3.5　删除记录

1．逻辑删除

给记录加逻辑删除标记有以下 3 种方式。
（1）鼠标操作：在浏览窗口中，单击左侧白色方框使之变黑。
（2）菜单。选择"表"→"删除记录"菜单命令。
（3）命令方式。
命令：DELETE [<范围>]　[FOR <条件>]
功能：对符合<条件>的记录加删除标记。

2．恢复逻辑删除

取消逻辑删除标记，有以下 3 种方式。
（1）鼠标操作：单击逻辑删除标记，取消黑色方框。
（2）菜单方式：选择"表"→"恢复记录"菜单命令。
（3）命令方式。
格式：RECALL [<范围>]　[FOR <条件>]
功能：取消符合<条件>记录的删除标记。

3．物理删除

从磁盘上删除记录，不可恢复。物理删除有以下两种方式。
（1）菜单方式：选择"表"→"彻底删除"菜单命令。
（2）命令方式。
命令 1：PACK
功能：彻底删除带有删除标记的记录。
命令 2：ZAP
功能：此命令将一步全部清除表中记录，仅保留表结构。

例 3.5　逻辑删除"学生"表 1983 年以前出生的学生记录，再将其恢复。
```
DELETE FOR YEAR(出生日期)<1983
LIST 姓名,性别,出生日期,系别
RECALL ALL
```
例 3.6　逻辑删除"学生"表最后一条记录，再将其物理删除。
```
GO BOTTOM
DELETE
PACK
LIST 姓名,性别,系别
```
例 3.7　删除"课程"表中的所有记录。
```
? RECCOUNT( )
```

```
ZAP
? RECCOUNT()
```

3.3.6 修改记录

1. 交互式修改

命令：EDIT | CHANGE [<范围>] [FOR <条件>] [FIELDS<字段名表>]

功能：该命令在"编辑"窗口修改记录。

2. 批量修改

命令：REPLACE [ALL] 字段名 1 WITH 表达式 1[，字段名 2 WITH 表达式 2]……[FOR 条件]

功能：可以成批快速修改满足条件的一批记录的几个字段。用 WITH 后面表达式的值替换在 WITH 前面字段的内容。

不使用 ALL 或者 FOR 短语则只修改当前记录。如果使用 FOR 短语，可以修改满足条件的记录

例 3.8 将 teacher 表中职称是"讲师"的工资加 100。
```
use teacher
replace all 工资 with 工资+100 for 职称="讲师"
```
例 3.9 将 teacher 中 1975 年前出生的人的职称改为工程师，工资加 80。
```
use teacher
replace 职称 with "工程师",工资 with 工资+80 for 出生日期<{^1975-01-01}
```

3.3.7 显示记录

1. 方式一

命令：LIST|DISPLAY ALL [<范围>] [FOR|WHILE<条件>] [FIELDS<字段名表>] [OFF] [TO PRINT]

① DISPLAY 以分屏方式输出，在不设定范围时默认为当前记录；LIST 以滚动方式输出，在不设定范围时默认所有的记录。FIELDS 子句用于指定需要操作的字段，保留字 FIELDS 可以省略。字段名表用来列出需要的字段，子句省略时显示除备注型、通用型字段外的所有字段。

② <范围>指以下 4 种短语之一。
- ALL：全部记录。
- RECORD <n>：记录号为 n 的记录。
- NEXT <n>：从当前记录开始的 n 条记录。
- REST：从当前记录开始至最后一条记录。

③ FIELDS <字段名表>：按字段名表指定的字段及顺序显示记录。

④ FOR <条件表达式>：显示满足条件的记录。

⑤ OFF：显示结果不含记录号。

⑥ TO PRINT [PROMPT]|TO FILE <文件名>：显示结果输出到打印机或输出到指定的文件（默认.txt）。

例 3.10 输入以下命令查看显示结果。

```
use student
display
go 2
list next 3
list next 4 for 班级="工商管理12-1"
list fields 学号,姓名,党员否 for 性别="女" off
list for year(出生日期)<1991
```

2. 方式二

命令：BROWSE [FIELDS <字段名表>] [FOR<条件>] [FREEZE<字段名>]

功能：以浏览窗口的方式显示记录，[FOR<条件>]显示符合条件的记录；[FREEZE<字段名>]允许在浏览窗口中只修改所指定的一个字段，其他字段只可显示，不可编辑。如无此选项，则所有字段皆可编辑。

3.3.8 定位记录

在 VFP 系统环境下，表中的每一列数据是通过字段名来标识的，而每一行数据是通过记录号来标识的。用户对表中每一数据项的访问，是通过记录号和字段名来进行的。记录指针存放的是记录号。被记录指针指向的记录称为"当前记录"。向表中录入数据时，系统会按照录入次序为记录加上记录号。数据表刚打开时，记录指针总是指向首记录，通过移动记录指针可以指定当前要操作的记录。

表记录的基本结构如图 3.12 所示。

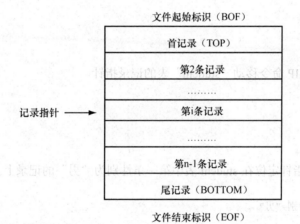

图 3.12 表记录的基本结构

可以采用以下几种方式定位记录。

1. 菜单方式

打开浏览窗口，选择"表/转到记录"菜单命令。

2. 命令方式

（1）绝对移动。

命令：GO [TOP|BOTTOM|数字|表达式|NEXT 数字]

功能：大括号表示在使用时，任取其中一个格式，其中 TOP 表示指向逻辑顺序第一条记录。BOTTOM 表示指向逻辑顺序最后一条记录。如"数字"或"表达式"的值为 N，表示指向物理第 N 条记录。NEXT 数字表示指向逻辑顺序当前记录之下第 N 条记录。例如，GO 10 表示指向记录号为 10 的记录。GO NEXT 10 表示指向逻辑顺序当前记录之下 10 条记录。

如果表的索引被打开，表内容的显示顺序称为逻辑顺序，记录实际存储顺序称为物理顺序。上例中 GO 10 指物理顺序为第 10 的记录。GO NEXT 10、GO TOP、GO BOTTOM 均指逻辑顺序。

（2）相对定位。

命令：SKIP [+|-][<算术表达式>]

功能：将记录指针从当前位置向前或向后移动若干条记录位置。如省略数字，则向下移一条。N 为负数时使指针上移 N 条。

（3）条件定位。

命令：LOCATE [<范围>] FOR <条件>

功能：查找满足条件的第一条记录，FOR<条件>是必须要的；若发现满足条件的记录，函数 FOUND()返回"真"（.T.）；函数 EOF()返回"假"（.F.），如欲查内容在表中不存在，则函数 EOF()返回"真"（.T.）。

当发现一条满足条件的记录之后，可执行 CONTINUE。每执行一次，将从满足条件的下一条记录开始搜索再下一条满足条件的记录，将指针定位在这条记录上。可重复执行 CONTINUE，直到达到范围边界或表层。

例 3.11 用命令方式定位并显示"student"表的指定记录。

```
USE STUDENT
GO TOP
DISPLAY
GO 6
DISPLAY
GO BOTTOM
DISPLAY
```

例 3.12 使用 SKIP 命令移动"student"表的记录指针。

```
GO 2
SKIP 5
DISPLAY
SKIP -3
DISPLAY
```

例 3.13 将记录指针定位在 student 表中第一条性别为"男"的记录上。

```
USE STUDENT
LOCATE FOR 性别="男"
?FOUND()
DISPLAY
CONTINUE
DISPLAY
```

本章小结

本章主要介绍以下内容。

（1）数据库的概念及创建方法。

（2）数据库表的创建及使用。

（3）数据库表的基本操作，包括表数据录入，表记录的浏览、显示、增加、删除、修改及定位。

习 题 三

一、选择题

1. CREATE DATABASE 命令用来建立（　　）。
   A. 数据库　　　　B. 关系　　　　C. 表　　　　D. 数据文件
2. 打开数据库的命令是（　　）。
   A. USE　　　　　　　　　　　　B. USE DATABASE
   C. OPEN　　　　　　　　　　　 D. OPEN DATABASE
3. 假设在数据库表的表设计器中，字符型字段"性别"已被选中，正确的有效性规则设置是（　　）。
   A. ="男".OR."女"　　　　　　　B. 性别="男".OR."女"
   C. $"男女"　　　　　　　　　　 D. 性别$"男女"
4. 在当前打开的表中，显示"书名"以"计算机"开头的所有图书，正确的命令是（　　）。
   A. list for left（书名，6）= "计算机"　　B. list for 书名= "计算机"
   C. list for 书名 like "计算机%"　　　　D. list where 书名 like "计算机"
5. 假设表文件 TEST.DBF 已经在当前工作区打开，要修改其结构，可使用命令（　　）。
   A. MODI STRU　　　　　　　　　B. MODI COMM TEST
   C. MODI DBF　　　　　　　　　　D. MODI TYPE TEST
6. 在数据库中建立表的命令是（　　）。
   A. CREATE　　　　　　　　　　　B. CREATE DATABASE
   C. CREATE QUERY　　　　　　　　D. CREATE FORM
7. 在表设计器的字段选项卡中，字段有效性的设置中不包括（　　）。
   A. 规则　　　　B. 信息　　　　C. 默认值　　　　D. 标题
8. 在 Visual FoxPro 中，下面描述正确的是（　　）。
   A. 数据库表允许对字段设置默认值
   B. 自由表允许对字段设置默认值
   C. 自由表或数据库表都允许对字段设置默认值
   D. 自由表或数据库表都不允许对字段设置默认值
9. 要为当前表所有性别为"女"的职工增加 100 元工资，应使用命令（　　）。
   A. REPLACE ALL 工资 WITH 工资+100
   B. REPLACE 工资 WITH 工资+100 FOR 性别="女"
   C. REPLACE ALL 工资 WITH 工资+100
   D. REPLACE ALL 工资 WITH 工资+100 FOR 性别="女"
10. MODIFY STRUCTURE 命令的功能是（　　）。
    A. 修改记录值　　　　　　　　　B. 修改表结构
    C. 修改数据库结构　　　　　　　D. 修改数据库或表结构
11. 下面有关数据库表和自由表的叙述中，错误的是（　　）。
    A. 数据库表和自由表都可以用表设计器来建立
    B. 数据库表和自由表都支持表间联系和参照完整性

C. 自由表可以添加到数据库中成为数据库表
   D. 数据库表可以从数据库中移出成为自由表
12. 有关 ZAP 命令的描述，正确的是（   ）。
   A. ZAP 命令只能删除当前表的当前记录
   B. ZAP 命令只能删除当前表的带有删除标记的记录
   C. ZAP 命令能删除当前表的全部记录
   D. ZAP 命令能删除表的结构和全部记录
13. 在 Visual FoxPro 中，以下叙述正确的是（   ）。
   A. 表也被称作表单
   B. 数据库文件不存储用户数据
   C. 数据库文件的扩展名是 DBF
   D. 一个数据库中的所有表文件存储在一个物理文件中
14. 将当前表中所学生的总分增加 10 分，可以使用的命令是（   ）。
   A. CHANGE 总分 WITH 总分+10   B. REPLACE 总分 WITH 总分+10
   C. CHANGE ALL 总分 WITH 总分+10   D. REPLACE ALL 总分 WITH 总分+10

二、填空题

1. Visual FoxPro 中数据库文件的扩展名（后缀）是_____。
2. 在 Visual Foxpro 中，职工表 EMP 中包含有通用型字段，表中通用型字段中的数据均存储到另一个文件中，该文件名为_____。
3. 所谓自由表就是那些不属于任何_____的表。
4. 在 Visual FoxPro 中，LOCATE FOR 命令按条件对某个表中的记录进行查找，若查不到满足条件的记录，函数 EOF( )的返回值应是_____。
5. 在基本表中，要求字段名_____重复。
6. 在 Visual FoxPro 中，在当前打开的表中物理删除带有删除标记记录的命令是_____。
7. 在 Visual FoxPro 中，修改表结构的非 SQL 命令是_____。

第4章 索引、排序与多表操作

记录按录入先后次序存储，数据维护比较方便，但检索速度较慢。其一是因为数据库的数据量比较大，在对它处理时，一般需经过多次内外存数据交换，多次访问磁盘与寻道的速度比机内数据传送和 CPU 处理速度要慢得多，检索速度一般取决于读写盘次数，访问次数越多，检索速度就越慢。每次读写盘交换的最大数据存储区称为块，在块内数据检索时间常可忽略不计。其二是因为对检索内容未进行排序，只能采用顺序查找方式。若供查询记录数为 N 时，平均查找到一条记录约需 N/2 次比较。

因此，数据库系统经常需要按照用户的要求对数据表文件中的记录进行重新组织排列。VFP 提供了两种重新组织数据的方法，即排序和索引。

4.1 排 序

通常记录是按输入的顺序（物理顺序）存放在数据表中的，排序是指表的所有记录按指定字段值的大小顺序进行重新排列到新的数据表文件中，是一种物理排序的方法。作为排序标准的字段，称为关键字段（又称关键字）。

按照关键字的值从小到大的排序称为升序，从大到小的排序称为降序。

排序后生成一个新的数据表文件，其结构和数据可以与源文件完全相同，也可以取自源文件的一部分字段。

命令：SORT To TableName ON　FieldName1[/A|/D][/C][,FieldName2[/A|/D][/C]]…
　　　　[ASCENDING|DESCENDING][FOR Lexpiession1]
　　　　[Fields FiledNameList]

① 排序后生成新表 Tablename，Fieldname1、Fieldname2…为排序的字段，可以在多个字段上进行排序。

② /A 表示升序；/D 表示降序；/C 表示排序时不区分大小写字母。

③ ASCENDING 或 DESCENDING 指出除用/A、/D 指明了排序方式的字段外，按其他排序字段的升序或降序排列。

④ FOR 给出参加排序的记录满足的条件。

⑤ [Fields fieldsnemelist]给出排序后表所包含的字段列表。

例 4.1 对"学生"表中所有是党员的学生按"班级"的升序排序，排序后的新表文件名为"学生党员"。

```
USE 学生
SORT TO 学生党员 ON 班级 FOR 党员否
```

例 4.2 将"学生"表按"班级"升序进行排序,班级相同者,按"学号"降序进行排序,排序后的新表文件名为"各班级学生"。

```
USE 学生
SORT TO 各班级学生 ON 班级,学号/D
```

4.2 索 引

4.2.1 索引的概念

与排序相比,索引是一种逻辑排序方法,它不改变记录在物理上的排列顺序,而是建立一个与原文件相对应的索引文件,索引文件中存储了一组记录指针,它指向原文件的记录。例如,按总分字段建立的索引文件中包含两列信息:第一列按序存放记录号,第二列则是对应的总分,如图 4.1 所示。

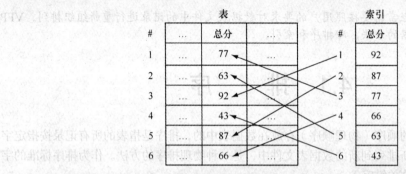

图 4.1 表和索引的对应关系

Visual FoxPro 中的索引和书的目录类似。书的目录是一份页码的列表,指向书中的页号。表索引是一个记录号的列表,指向待处理的记录,并确定了记录的处理顺序。对于已经建好的表,索引可以帮助我们对其中的数据进行排序,以便加速检索数据的速度;可以快速显示、查询或者打印记录;还可以选择记录、控制重复字段值的输入并支持表间的关系操作。

1. 索引的作用

索引具有如下作用。

(1)可使表文件按索引表达式的值进行逻辑排序。

(2)可以快速查询表中数据。

(3)要建立两数据库表间的永久性关系,必须建立索引文件。

2. 索引文件的构成

索引由以下两部分构成。

(1)索引关键字。

(2)记录号。

 索引文件是不能显示的。

4.2.2 索引的分类

1. 按照索引的组织类型分类

按索引的组织类型分类，VFP 系统支持两种不同的索引文件：单索引文件和复合索引文件。

（1）单项索引文件。单索引文件是根据一个索引关键字表达式建立的索引文件，文件的扩展名为.IDX。包含一个索引入口的索引文件，不会随着表的打开而自动打开。

（2）复合索引文件。复合索引文件中可以包含多个索引，每个索引与单索引文件类似，每个索引都有一个特殊的标识名。用户可以利用标识名来使用索引标识，向复合索引文件中追加标识。复合索引文件的扩展名为.CDX。包含多个索引入口的索引文件，在使用时需明确指定打开。

复合索引文件又分为两种：结构复合索引文件和独立复合索引文件。结构复合索引文件是由 VFP 自动命名的，其主文件名与相应的数据表文件的主文件名相同，扩展名为.CDX。当打开一个表文件时，VFP 自动查找与其对应的结构复合索引文件，如果找到则自动打开。结构复合索引文件随表文件的打开而打开，表文件关闭时该索引文件也随之关闭。独立复合索引文件的主文件名由用户指定，扩展名为.CDX。在打开表文件时独立复合索引文件不会自动打开，而需要使用命令进行打开操作。

一个数据表文件可以建立多个索引文件，也可以同时打开多个索引文件，但在同一时间内只有一个索引起作用，这个索引被称为主控索引。为了管理和使用索引，VFP 给索引编了序号，序号从 1 开始。当打开多个索引文件时，VFP 首先按打开.IDX 文件的顺序，给 IDX 文件中的索引编号。然后再对结构复合索引文件中的标识，按创建标识的先后顺序编号。最后，对一般的复合索引文件中的标识，按创建的顺序编号。

2. 按照索引的功能分类

索引关键字是指建立索引用的字段或字段表达式，可以是表中的单个字段，也可以是几个字段组成的表达式。

索引表达式通常为用字符串运算符"+"将几个字段连接起来的表达式。若组成表达式的字段具有不同类型时，则必须使用函数对字段进行类型转换，使其具有相同的数据类型。一般多字段排列时，都将相应的字段转换成字符型表达式。例如，STR()函数可将 N 型数据转换为 C 型数据，DTOC()函数可以把 D 型数据转换为 C 型数据。

按照索引的功能可以将索引分为以下几类。

（1）主索引（Primary Index）。主索引是指在指定字段或表达式中不允许出现重复值的索引。

① 只有数据库表可以创建主索引，一个表只能创建一个主索引，通常用表的主关键字作为主索引关键字。
② 主索引可以确保字段中输入值的惟一性，并决定了处理记录的顺序。
③ 如果某个表已经有了一个主索引，还可以为它添加候选索引。

（2）候选索引（Candidate Index）。候选索引同主索引一样，要求关键字段或表达式不能有重复值。要用候选关键字建立候选索引。

数据库表和自由表都可以建立候选索引，并且一个表可以建立多个候选索引。

（3）唯一索引（Unique Index）。

唯一索引是为了与 Foxbase 兼容而保留的一种索引。

① "唯一性"是指索引项的唯一，而不是字段值的唯一。

② 一个表中可以建立多个唯一索引，并且不要求索引字段值唯一，它以字段的首次出现值为基础，选定一组记录，并对记录进行排序。

（4）普通索引（Regular Index）。

普通索引也可以决定记录的处理顺序，可用来对记录排序和搜索记录，它不仅允许字段出现重复值，且允许索引项中出现重复值。在一个表中，可以建立多个普通索引。

4.2.3 索引的建立

1. 命令方式

命令：INDEX ON <索引关键字表达式> TO <单索引文件> | TAG <标识名>[OF <独立复合索引文件名>] [FOR <逻辑表达式>] [COMPACT] [ASCENDING | DESCENDING] [UNIQUE] [ADDITIVE]

功能：对当前表文件按指定的关键字建立索引文件。

① <索引关键字表达式>：指定建立索引文件的关键字表达式，可以是单一字段名，也可以是多个字段组成的字符型表达式，表达式中各字段的类型只能是数值型、字符型和日期型和逻辑型。

② TAG <标识名>：此选项只在建立复合索引文件时有效，指定建立或追加索引标识的标识名。

③ FOR <逻辑表达式>：表示只对满足条件的记录建立索引。

④ COMPACT：此选项只对单索引文件有效，表示建立压缩索引文件。

⑤ ASCENDING：表示按升序建立索引；DESCENDING 表示按降序建立索引。默认情况下按升序建立索引。单索引文件不能选用 DESCENDING 选项。

⑥ UNIQUE：表示建立的是惟一索引。

⑦ ADDITIVE：表示保留以前打开的索引文件。否则，除结构复合索引文件外，以前打开的其他索引文件都将被关闭。

⑧ 新建的索引文件自动打开，并开始起作用。

例 4.3 对 STUDENT.DBF 表文件建立以出生日期为索引关键字的单索引文件 CSRQ.IDX。

```
USE STUDENT
INDEX ON 出生日期 TO CSRQ
```

例 4.4 对表文件 STUDENT.DBF 建立一个以姓名为关键字的结构复合索引文件。

```
USE STUDENT
INDEX ON 姓名 TAG XM DESCENDING
```

2. 菜单方式

使用菜单方式建立索引如图 4.2 所示，具体操作步骤如下。

（1）打开表文件。

（2）选择"显示"→"表设计器命令，打开表设计器，选择"索引"标签，

（3）在"索引名"栏中输入索引标识名，在"类型"栏的下拉列表框中确定一种索引类型，在"表达式"栏中输入索引关键字表达式，在"筛选"栏中输入确定参加索引的记录条件，在排

序序列中默认的是升序按钮，单击可改变为降序按钮。

（4）确定好各项后，单击"确定"按钮，关闭表设计器，索引建立完成。

（5）采用同样的方法也可以在表设计器中显示以前建立的索引，可以利用表设计器上的"插入"或"删除"按钮进行插入或删除。

   用表设计器建立的索引都是结构复合索引文件。

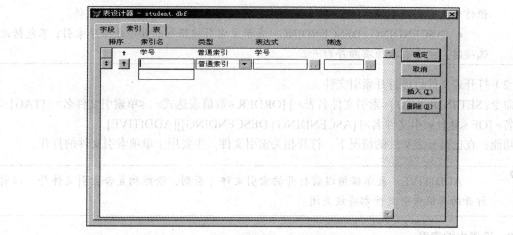

图 4.2 菜单方式建立索引

一般来说，主索引用于主关键字段；候选索引用于那些不作为关键字段值但又必须唯一的字段；普通索引用于一般地提高查询速度；惟一索引用于一些特殊的程序设计。

索引可以提高查询速度，但维护索引是要付出代价的，当对表进行插入、删除和修改操作时，系统会自动维护索引，即索引会降低插入、删除和修改等操作的速度。

4.2.4 索引的使用

1. 打开索引

（1）表文件与索引文件同时打开。

格式：USE <文件名> [INDEX <索引文件名表|? >] [ORDER <数值表达式 2> | <单索引文件> | [TAG] <标识名> [OF <复合索引文件名>][ASCENDING | DESCENDING]]

功能：打开指定的表文件及相关的索引文件。

   ① INDEX <索引文件名表> | ? ：表示打开的索引文件。如果选择"?"，则系统将出现"打开"对话框，供用户选择索引文件名。如果<索引文件名表>中的第一个索引文件是单索引文件，则它是主索引文件，若第一个索引文件是复合索引文件，则表文件的记录将以物理顺序被访问。

② <索引文件名表>：指定要打开的索引文件，索引文件中的文件扩展名可以省略，但如果存在同名的单索引文件和复合索引文件，必须带扩展名。

③ <索引文件名表>中的单索引文件和复合索引文件的标识有一个唯一的编号，编号最小值为 1，编号规则为：先将单索引文件按它们在<索引文件名表>中的顺序编号，再将结构复合索引文件按标识产生的顺序连续编号，最后将独立复合索引文件中的标识

69

先按它在<索引文件名表>中的顺序，再按标识产生的顺序连续编号。

④ [ORDER]子句：指定主索引。选择此选项时，主索引文件将不是<索引文件名表>中的第一个单索引文件，而是此选项指定的单索引文件或标识。[ORDER]子句中各选项的含义如下。

- <数值表达式2>：将指定主索引的编号，若<数值表达式2>的值为0，表示不设主索引。
- <单索引文件>：将指定的单索引文件设置为主索引。
- [TAG] <标识名> [OF <复合索引文件名>]：表示将<复合索引文件名>中的指定标识作为主索引。不设定[OF <复合索引文件名>]时表示为结构复合索引文件。
- ASCENDING | DESCENDING：表示主索引被强制以升序或降序索引；不包括此选项时，主索引按原有顺序打开。

（2）打开表文件后再打开索引文件

命令：SET INDEX TO [<索引文件名表>] [ORDER <数值表达式> | <单索引文件名> | [TAG] <标识名> [OF <复合索引文件名>] [ASCENDING | DESCENDING]][ADDITIVE]

功能：在已打开表文件的情况下，打开相关索引文件。主要用于单项索引文件的打开。

ADDITIVE：表示保留以前打开的索引文件。否则，除结构复合索引文件外，以前打开的其他索引文件都将被关闭。

2. 设置主控索引

在同时打开多个索引时，要设置主控索引（即，当前索引）。

（1）命令方式。

命令：SET ORDER TO<数值表达式>|<单项索引文件名>|[TAG] <索引标识符名>

① <数值表达式>：按索引文件中的序号指定当前索引。先按 Set Index To 命令中的文件列表顺序为单索引文件编号，再按创建时的先后顺序为结构复合索引文件中的索引编号。

② <单索引文件名>：将指定的单索引文件作为当前索引。

③ [Tag] <索引名>：将指定的复合索引名作为当前索引。

（2）菜单方式。

打开浏览窗口，选择"表"→"属性"菜单命令，在"工作区属性"对话框的"索引顺序"框中选择一个索引项，浏览窗口中的记录就会按照该索引顺序排列。

3. 关闭索引

命令1：USE

功能：关闭当前工作区中打开的表文件及其所有索引文件。

命令2：SET INDEX TO

功能：关闭当前索引文件。

命令3：CLOSE INDEX

功能：关闭当前工作区中打开的所有单索引文件和独立复合索引文件，而表文件和结构复合索引索引文件保持打开状态。

当表未关闭时，结构复合索引文件无法关闭。

4. 删除索引

命令：DELETE TAG ALL|<索引名1>[,<索引名2>][OF<独立复合索引文件名>]

① 若要删除全部索引，使用命令 DELETE TAG ALL。
② 若要从结构复合索引文件.CDX 中删除索引，可使用命令 DELETE TAG。
③ 若要删除非结构索引文件.CDX 中的索引，可使用 DELETE TAG 命令的 OF 子句，例如，DELETE TAG XINGMING OF 姓名。
④ 若要删除独立.IDX 文件，可使用 DELETE FILE 命令，例如，DELETE FILE CSRQ.IDX。

4.2.5 索引查询

在数据资源的管理过程中，使用最频繁的操作莫过于查询满足一定条件的一系列数据，从而为日常决策提供足够的判断依据。VFP 对表记录的查询系统提供了两类查询命令：顺序查询和索引查询，查询操作实际上就是起到了条件定位的作用。

1. 顺序查询

（1）命令方式。

命令：LOCATE FOR<逻辑表达式1> [<范围>] [WHILE <逻辑表达2>]

功能：在表指定范围中查找满足条件的记录。

① LOCATE 命令在表指定范围中查找满足条件的第一条记录。
② <逻辑表达式1>：表示所需满足的条件。
③ <范围>：指定查找范围，默认值为 ALL，即在整个表文件中查找。
④ 找到第一条满足条件的记录后，记录指针指向该记录，并将函数 FOUND( )（用于检测是否找到满足条件的记录）置为.T.；否则，记录指针指向<范围>的底部或文件结束标志，并且将函数 FOUND( )置为.F.，并在状态栏给出提示信息"已到定位范围末尾"。
⑤ 如果没有打开索引文件，查找按记录号顺序进行。若打开了索引，查找按索引顺序进行。
该命令的最大特点是可以在没有进行排序或索引的无序表中进行任意条件的查询，这是索引查询做不到的，但在大型表中查询速度和效率也是最低的。
⑥ CONTINUE 命令：LOCATE 找到第一条满足条件的记录后，可以用 CONTINUE 继续查找下一个满足条件的记录。CONTINUE 命令必须在 LOCATE 命令之后使用，否则会出错。在 CONTINUE 命令中实际隐含了前一个 LOCATE 命令中的条件。

例 4.5 在 STUDENT.DBF 中查找学号前四位为"2011"的同学记录。

```
USE STUDENT
LOCATE FOR 学号="2011"
DISPLAY
```

（2）菜单方式。
① 首先打开表文件。

② 选择"显示"→"浏览"命令。
③ 选择"表"→"转到记录"→"定位"命令，出现定位记录对话框。
④ 在"作用范围"下拉列表框中选择查询范围，在 FOR 或 WHILE 框中输入查询条件，单击"定位"按钮，系统将指针定位于符合条件的第一条记录上。

2. 索引查询

LOCATE 命令用于按条件进行顺序定位，无论索引文件是否打开都可使用。在打开索引文件后，还可以用 FIND、SEEK 命令进行快速检索。

（1）FIND 命令。

命令：FIND <字符串>|<数值常量>

功能：在表文件的主控索引中查找关键字值与<字符串>或<数值常量>相匹配的第一个记录。

① 必须打开相应的库文件、主索引文件。
② 查询字符串时，通常字符串可以不用定界符括起来，但字符串前后有空格时，则必须要括进来。查询常数时必须使用索引关键字的完整值。
③ 允许查询字符型内存变量，但必须使用宏替换函数。
④ 由于与索引文件中关键字表达式值相同的记录总是排在一起的，可用 SKIP、DISP 命令来逐个查询。
⑤ 查询完满足条件的记录后，不能自然给出提示，常借助于 EOF()函数来判断查询是否完成。
⑥ 多关键字查询中，建立索引时 STR 函数若没有指定小数位，则应补齐不足 10 位的空格。
⑦ 如果用 SET EXACT ON 命令，则匹配必须是精确的。即 FIND 命令中的查询内容必须与记录的关键字段值完全相等。如果用 SET EXACT OFF 命令，则匹配可以是不精确的，即只要 FIND 命令中的查询内容与记录的关键字段值的左侧相等即可。

例 4.6 打开表文件 STUDENT.DBF，查找姓"孙"的记录。

```
USE STUDENT
SET ORDER TO XM
FIND 孙
DISPLAY
```

（2）SEEK 命令。

命令：SEEK <表达式>

功能：在表文件的主索引中查找关键字值与<表达式>值相匹配的第一个记录。

① SEEK 命令可以查找字符型、数值型、日期型、逻辑型表达式的值。
② SEEK 命令中的表达式的类型必须与索引表达式的类型相同。
③ 可以查找字符型、数值型、日期型和逻辑型字段的值。
④ 内存变量可以直接进行查询，不用进行宏替换。
⑤ 表达式为字符串时，必须用定界符括起来。日期常量也必须用大括号括起来。
⑥ 表达式可以为复杂的表达式，计算机先计算表达式的值，然后用其值进行查询。
⑦ 由于索引文件中关键字表达式值相同的记录总是排在一起的，可用 SKIP、DISP 命令来逐个查询。
⑧ 如果用 SET EXACT ON 命令，则匹配必须是精确的。

例 4.7 用 SEEK 命令在 STUDENT.DBF 中查找姓名中含有"孙"的记录。

```
USE STUDENT
SET ORDER TO XM
SEEK "孙"
```

4.3 数据完整性

数据库中的数据是从外界输入的，而由于种种原因，可以会发生输入无效或输入错误信息。保证输入的数据符合规定成为了数据库系统，尤其是多用户的关系数据库系统首要关注的问题，因此提出数据完整性。

数据完整性（Data Integrity）是指数据的精确性（Accuracy）和可靠性（Reliability），它是指防止数据库中存在不符合语义规定的数据，并且要防止因错误信息的输入输出造成无效操作。数据完整性分为三类：实体完整性（Entity Integrity）、域完整性（Domain Integrity）、参照完整性（Referential Integrity）。

（1）实体完整性。

实体完整性是指保证表中记录的唯一性，即在一个表中不允许有重复的记录。在 VFP 中，利用主关键字或候选关键字来保证表中的记录唯一，即保证实体完整性。在 VFP 中将主关键字称作主索引，将候选关键字作为候选索引。

（2）域完整性。

域完整性规则也称作字段有效性规则，在插入或修改字段值时被激活，主要用于检验数据输入的正确性。字段有效性规则可以控制用户输入到记录中的信息类型，检验输入的整条记录是否符合要求。

（3）参照完整性。

参照完整性与表之间的关联有关，它的含义是：当插入、删除或修改一个表中的数据时，通过参照引用相互关联的另一个表中的数据，来检查对表的操作是否正确。在 VFP 中为了建立参照完整性，必须首先建立表之间的联系（关系）。在关系数据库中通过连接字段来体现和表示联系。

1. 表之间的关系

（1）表的关联。表间的逻辑连接又称作关联。所谓关联是把工作区中打开的表与另一个工作区中打开的表根据关键字段进行逻辑连接，而不生成新的表。两个表建立关联后，当前工作区中的表记录指针移动时，被关联工作区的表记录指针也将自动相应地移动，以实现对多表的同时操作。在多个表中，必须有一个表为关联表，此表常被称为父表或主表，而其他的表则成为被关联表，常被称为子表。在两个表之间建立关联，必须以某一个字段为标准，该字段称为关键字段。表文件的关联可分为一对一关联、一对多关联和多对多关联。

（2）联系的存在形式。VFP 允许用户在表之间建立临时关联和永久关联。

① 永久联系。数据库表之间的一种联系，体现为数据库中数据表索引之间的连线。数据表记录指针之间不产生联动。永久联系存储在数据库中，一次设置，反复使用。

② 临时联系。又称关联，它存在于任何表之间。关联建立后，数据表之间的指针将产生联动。

 在关系数据库中，一般通过连接字段来体现和表示联系。连接字段在父表中一般是主关键字，在子表中是外部关键字。

（3）永久关联的建立方法。要建立两表间的"一对一"关系：先要使两表都具有同一属性的字段，然后在父表中以该字段为关键字表达式建立主索引，在子表中使用与其同名的字段建立候选索引或主索引。

要建立两表间的"一对多"关系：先要使两表都具有同一属性的字段，然后在父表中以该字段为关键字表达式建立主索引，在子表中使用与其同名的字段建立普通索引。

建立索引后，只要把父表的主索引拖到子表的相应索引上，永久性关系便已建立。

2. 设置参照完整性

在一个关系中，给定属性集上的取值也在另一个关系的某一属性集的取值中出现，满足这一条件的称为参照完整性。

参照完整性规则设置方法为：打开数据库设计器，选择"数据库"→"清理数据库"菜单命令，再选择"数据库"→"编辑参照完整性"菜单命令，在显示的"参照完整性生成器"对话框中分别定义更新规则、删除规则和插入规则，如图4.3所示。

（1）更新规则。更新规则规定了当更新父表中的连接字段（主关键字）值时，如何处理相关的子表中的记录，有级联、限制和忽略3种规则。

（2）删除规则。删除规则规定当删除父表中的记录时，如何处理子表中相关的记录，有级联、限制和忽略3种规则。

（3）插入规则。插入规则规定当在子表中插入记录时，是否进行参照完整性检查，有限制和忽略两种规则。

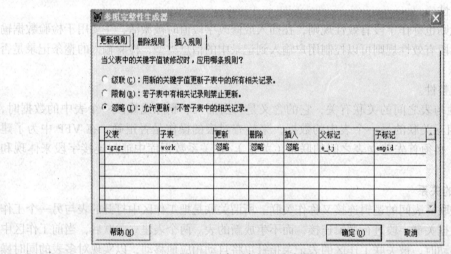

图4.3 "参照完整性生成器"对话框

4.4 多表操作

前面讲述对表的操作都是在一个工作区中进行的，每个工作区最多只能打开一个表文件。用USE命令打开一个新的表，同时也就关闭了前面已经打开的表。在实际应用中，用户常常需要同时打开多个表文件，以便对多个表文件的数据进行操作。例如，在多个表之间进行数据传递、让一个表与另一个表之间发生关联、将几个表按某种条件合并为一个新的表文件等。为了解决这一问题，VFP引入了工作区的概念。

4.4.1 工作区的概念

1. 工作区与当前工作区

工作区是 VFP 在内存中开辟的一块区域，用于存放打开的表。在一个工作区只能打开一个表文件。若想在同一个工作区内打开另一个表文件，则系统将在自动关闭前一个表文件后再打开第二个表文件。一个表文件只能在一个工作区打开（无 AGAIN）。若在同一时刻需要打开多个表，则只需要在不同的工作区中打开不同的表就可以了。

VFP 系统最多能同时使用 32 767 个工作区，在任意时刻每个工作区仅能打开一个表文件。

在每一个工作区中各有一个记录指针指向该区表文件的当前记录，使得各区的表文件可以独立操作。VFP 系统中，虽然可以在不同工作区打开多个表文件，但在任何时刻只能对一个工作区进行操作，这个工作区称为当前工作区或主工作区，又称活动工作区。当前工作区中打开的文件称为当前表文件，又称主表文件。在当前表文件进行操作时，可以引用其他工作区的表文件内容，但不影响其他工作区表文件的数据。

启动 VFP 后，系统默认 1 号工作区为当前工作区。利用选择工作区命令 SELECT 可以指定某个工作区为当前工作区。

2. 工作区的系统别名

VFP 为每个工作区规定了一个固定的系统别名，对应于 1～10 号工作区的系统别名分别为 A～J。1 号工作区也称为 A 工作区，2 号工作区也称为 B 工作区，依此类推。因此用户不能把 A～J 这 10 个字母作为表文件名使用。对应于 11～32 767 号工作区，它们的系统别名分别为 W11～W32767。

3. 工作区的用户别名

当用命令 USE <表文件名>打开表时，系统默认该表的别名就是表的主文件名。如果用户为工作区自定义一个别名，可使用 USE 命令。

命令：USE <表文件名> [ALIAS<别名>]

① 其中有 ALIAS 选择项时，<别名>就是用户为当前工作区定义的用户别名。若省略可选项时，系统将取表的主文件名作为该表文件的别名，并且在当前工作表中打开文件。

② <别名>以英文字母或下划线开头，由字母、数字、下划线组成，其命名规则与文件名的命名规则相同。

4. 选择当前工作区

命令：SELECT <工作区号>|<别名>

① SELECT 0 表示选当前未使用过的最小工作区号为当前工作区的区号。

② VFP 采用工作区号和工作区别名来区分各个工作区，用户利用工作区号和别名来选择、更改当前工作区。这 32 767 个工作区的区号分别用 1～32 767 表示。

③ 系统启动后，系统自动选择 1 号工作区为当前工作区，所以之前对表文件的所有操作都是在 1 号工作区中进行的。除了标号外，工作区还有自己的别名。系统为每个工作区规定了一个固定的别名，称为系统别名。用户也可以为工作区定义一个别名，称为用户别名。

④ 用 SELECT 选定的工作区为主工作区，在主工作区打开的表文件是主表。所有表文件的操作命令只能在当前工作区内进行。

⑤ 函数 SELECT( )可以返回当前工作区的区号。

⑥ 表文件操作完毕，可使用 USE 命令依次关闭当前表文件，也可使用 CLOSE ALL 命令关闭所有工作区的表文件。

例 4.8 在 1 号、2 号、3 号工作区分别打开学生表、课程表和成绩表。

```
open database 教学管理
select 1
use 学生
select 2
use 课程
select 3
use 成绩
```

例 4.9 在 1 号、2 号、3 号工作区分别打开学生表、课程表和成绩表。

```
open database 教学管理
use 学生 in 1 alias student
use 课程 in 2        &&注意当前工作区还是 1 号工作区
use 成绩 in 3        &&注意当前工作区还是 1 号工作区
```

4.4.2 使用不同工作区中的表

在主工作区访问其他工作区的数据，是实现多表文件之间数据处理的有效手段。VFP系统对当前工作区中打开的表可以进行任何操作，也可以对其他工作区中打开的表文件的数据进行访问。在当前工作区调用其他工作区中表文件的字段时，必须在其他表文件的字段名前面使用别名调用格式，以示区别。

在主工作区可通过以下两种格式访问其他工作区表中的数据。

命令：工作区别名-><字段名>或工作区别名.<字段名>

功能：通过用工作区别名指定要访问的工作区，所得到的字段值为指定工作区打开的表当前记录的字段值。

例 4.10 输入以下命令，然后查看结果。

```
close all
?select()
use student
select 2
use cj
disp A.姓名, A.性别, 学号
select  0
use course
?select( )
```

例 4.11 输入以下命令，然后查看结果。

```
Use student
Go 3
Use grade in 2
Select a
?学号,姓名,性别,b->成绩
```

4.4.3 建立表间的临时联系

永久联系在数据库设计器中体现为表索引间的连接线,虽然永久联系在每次使用表时不需要重新建立,但永久联系不能控制不同工作区中记录指针的关系。

设置表间临时关系的命令如下。

命令:SET RELATION TO <eExpression>|INTO <nWorkAreal>|<CtableAlas>

① <eExpression>指定建立临时联系的索引关键字,一般应是父表的主索引和子表的普通索引。

② 相关联的子表要在关联的关键子段上建立普通索引。

具体操作步骤如下。
① 打开子表。
② 为子表按要关联的字段建立索引。
③ 在新工作区打开父表。
④ 在父表所在工作区执行 SET RELATION TO 命令。

例 4.12 利用表文件 student.dbf, grade.dbf 和 course.dbf,显示学生选课的课程名称与该课程的成绩情况。

```
clear all
select 1
use student
index on 学号 tag xh
select 2
use course
index on 课程号 tag kch
select 3
use grade
set relation to 学号 into a
set relation to 课程号 into b additive
list all fields a->姓名, b->课程名, 成绩 off
```

4.5 自 由 表

4.5.1 数据库表与自由表

在 Visual FoxPro 6.0 中,根据一个表文件是否属于数据库来区分数据库表和自由表。自由表是独立于数据库之外的表,当它被添加到数据库中时,就成为数据库表;而一个数据库表是包含在某个数据库中的,当它从数据库中移出时,就成为自由表。

1. 自由表的建立

当没有打开任何数据库时,建立的表就是自由表。

建立自由表的方法如下。

(1) 在项目管理器中,执行"数据"→"自由表"→"新建"命令,打开"表设计器"建立自由表。

（2）菜单方式：在确认当前没有打开数据库后，执行"文件"→"新建"→"表"→"新建文件"命令，打开"表设计器"建立自由表。

（3）命令方式：在确认当前没有打开数据库时，使用 CREATE 命令。

命令 1：Create [<表文件名>|?]（打开表设计器）

命令 2：Create table<表文件名>(字段名 1<类型>([<宽度>])[,字段名 2<类型>([<宽度>])]]

2. 数据库表与自由表的区别

数据库表与自由表相比具有以下特性。

（1）数据库表可以使用长表名，字段定义可以使用长字段名（最长达 128 个字符）。而自由表不能使用长表名，字段名最多只能含 10 个字符。

（2）可以为数据库表中的字段指定标题和添加注释。

（3）可以为数据库表中的字段指定默认值和输入掩码。

（4）可以为数据库表规定字段级规则和记录级规则。

（5）数据库表可以定义包含主索引在内的四种类型的索引。

（6）同一个数据库中的数据库表之间可以建立永久关系以及参照完整性等。

4.5.2 将自由表添加到数据库

将自由表添加到数据库中的步骤如下。

（1）打开"数据库设计器"，单击"数据库"→"添加表"命令，或者单击其快捷菜单中的"添加表"命令，选择要添加的自由表，单击"确定"按钮，将它添加到当前数据库中。

（2）在项目管理器中进行添加。

（3）使用命令方式：ADD TABLE <TableName>|? [NAME LongTableName]。

一个自由表只能添加到一个数据库。

4.5.3 从数据库中移出表

从数据库中移出表的步骤如下。

（1）打开"数据库设计器"，选择要删除的数据表子窗口，单击鼠标右键，在快捷菜单中单击"删除"命令，在出现的对话框中选择"移去"或"删除"命令。

- "移去"指将数据表从数据库中移出，解除该表与数据库的链接，使其成为自由表。
- "删除"是将数据表从数据库中移出，并从磁盘上删除相应的数据表文件。

（2）命令方式：REMOVE TABLE <TableName>｜?[delete][recycle]。

一旦一个数据库表从数据库中移出，它与其他数据库表间建立的所有关系都会随之消失，数据库表的特征也将消失。

本章小结

本章主要介绍以下主要内容。

（1）排序及索引的基本概念。
（2）索引的分类、建立及使用。
（3）索引查询：FIND、SEEK。
（4）数据完整性：实体完整性、域完整性、参照完整性。
（5）多表操作：工作区及表间关系的建立。

习 题 四

一、选择题

1. 在建立表间一对多的永久联系时，主表的索引类型必须是（　　）。
   A. 主索引或候选索引　　　　　　　　B. 主索引、候选索引或唯一索引
   C. 主索引、候选索引、唯一索引或普通索引　　D. 可以不建立索引
2. 在表设计器中设置的索引包含在（　　）。
   A. 独立索引文件中　　　　　　　　B. 唯一索引文件中
   C. 结构复合索引文件中　　　　　　D. 非结构复合索引文件中
3. 假设表"学生.dbf"已在某个工作区打开，且取名为 student。选择"学生"表所在工作区为当前工作区的命令是（　　）。
   A. select 0　　　　　　　　　　　　B. USE 学生
   C. select 学生　　　　　　　　　　D. SELECT student
4. 如果指定参照完整性的删除规则为"级联"，则当删除父表中的记录时（　　）。
   A. 系统自动将父表中被删除记录备份到一个新表中
   B. 若子表中有相关记录，则禁止删除父表中记录
   C. 会自动删除子表中所有相关记录
   D. 不做参照完整性检查，删除父表记录与子表无关
5. 使用索引的主要目的是（　　）。
   A. 提高查询速度　　B. 节省存储空间　　C. 防止数据丢失　　D. 方便管理
6. 在 Visual FoxPro 中，若所建立索引的字段值不允许重复，并且一个表中只能创建一个，这种索引应该是（　　）。
   A. 主索引　　　　　B. 唯一索引　　　　C. 候选索引　　　　D. 普通索引
7. 执行 USE sc IN 0 命令的结果（　　）。
   A. 选择 0 号工作区打开 sc
   B. 选择空闲的最小号工作区打开 sc 表
   C. 选择第 1 号工作区打开 sc 表
   D. 显示出错信息
8. 在 Visual FoxPro 中，每一个工作区中最多能打开数据库表的数量是（　　）。
   A. 1 个　　　　　　　　　　　　　　B. 2 个
   C. 任意个，根据内存资源而确定　　　D. 35 535 个
9. 在 Visual FoxPro 中，有关参照完整性的删除规则正确的描述是（　　）。
   A. 如果删除规则选择的是"限制"，则当用户删除父表中的记录时，系统将自动删除子表中的所有相关记录

B. 如果删除规则选择的是"级联",则当用户删除父表中的记录时,系统将禁止删除与子表相关的父表中的记录

C. 如果删除规则选择的是"忽略",则当用户删除父表中的记录时,系统不负责检查子表中是否有相关记录

D. 上面 3 种说法都不对

10. 参照完整性规则的更新规则中,"级联"的含义是（　　）。
  A. 更新父表中连接字段值时,用新的连接字段自动修改子表中的所有相关记录
  B. 若子表中有与父表相关的记录,则禁止修改父表中连接字段的值
  C. 父表中的连接字段值可以随意更新,不会影响子表中的记录
  D. 父表中的连接字段值在任何情况下都不允许更新

11. 已知表中有字符型字段"职称"和"性别",要建立一个索引,要求首先按职称排序、职称相同时再按性别排序,正确的命令是（　　）。
  A. INDEX ON 职称+性别 TO ttt
  B. INDEX ON 性别+职称 TO ttt
  C. INDEX ON 职称,性别 TO ttt
  D. INDEX ON 性别,职称 TO ttt

12. 命令 SELECT 0 的功能是（　　）。
  A. 选择编号最小的未使用工作区　　B. 选择 0 号工作区
  C. 关闭当前工作区的表　　D. 选择当前工作区

13. 在数据库表上字段的有效性规则是（　　）。
  A. 逻辑表达式　　B. 字符表达式　　C. 数字表达式　　D. 以上 3 种都有可能

14. 在 Visual FoxPro 中,假定数据库表 S（学号,姓名,性别,年龄）和 SC（学号,课程号,成绩）之间使用"学号"建立了表之间的永久联系,在参照完整性的更新规则、删除规则和插入规则中选择设置了"限制",如果表 S 所有的记录在表 SC 中都有相关联的记录,则（　　）。
  A. 允许修改表 S 中的"学号"字段值　　B. 允许删除表 S 中的记录
  C. 不允许修改表 S 中的"学号"字段值　　D. 不允许在表 S 中增加新的记录

15. 在 Visual FoxPro 中,下面关于索引的正确描述是（　　）。
  A. 当数据库表建立索引以后,表中记录的物理顺序将被改变
  B. 索引的数据将与表的数据存储在一个物理文件中
  C. 建立索引是创建一个索引文件,该文件包含有指向表记录的指针
  D. 使用索引可以加快对表的更新操作

16. 在 Visual FoxPro 中,数据库表的字段或记录的有效性规则的设置可以在（　　）。
  A. 项目管理器中进行　　B. 数据库设计器中进行
  C. 表设计器中进行　　D. 表单设计器中进行

17. 在 Visual FoxPro 的数据库表中只能有一个（　　）。
  A. 候选索引　　B. 普通索引　　C. 主索引　　D. 唯一索引

18. 不允许出现重复字段值的索引是（　　）。
  A. 候选索引和主索引　　B. 普通索引和唯一索引
  C. 唯一索引和主索引　　D. 唯一索引

19. 允许出现重复字段值的索引是（　　）。
  A. 候选索引和主索引　　B. 普通索引和唯一索引

C. 候选索引和唯一索引 D. 普通索引和候选索引
20. 下面有关表间永久联系和关联的描述中，正确的是（　　）。
   A. 永久联系中的父表一定有索引，关联中的父表不需要有索引
   B. 无论是永久联系还是关联，子表一定有索引
   C. 永久联系中子表的记录指针会随父表记录指针的移动而移动
   D. 关联中父表的记录指针会随子表记录指针的移动而移动
21. 有一学生表文件，且通过表设计器已经为该表建立了若干普通索引，其中一个索引的索引表达式为"姓名"字段，索引名为 XM。现假设学生表已经打开，且处于当前工作区中，那么可以将上述索引设置为当前索引的命令是（　　）。
   A. SET INDEX TO 姓名 B. SET INDEX TO XM
   C. SET ORDER TO 姓名 D. SET ORDER TO XM
22. 在创建数据库表结构时，为该表指定了主索引，这属于数据完整性中的（　　）。
   A. 参照完整性 B. 实体完整性
   C. 域完整性 D. 用户定义完整性
23. 在创建数据库表结构时，为该表中一些字段建立普通索引，其目的是（　　）。
   A. 改变表中记录的物理顺序 B. 为了对表进行实体完整性约束
   C. 加快数据库表的更新速度 D. 加快数据库表的查询速度
24. 设有两个数据库表，父表和子表之间是一对多的联系，为控制子表和父表的关联，可以设置"参照完整性规则"，为此要求这两个表（　　）。
   A. 在父表连接字段上建立普通索引，在子表连接字段上建立主索引
   B. 在父表连接字段上建立主索引，在子表连接字段上建立普通索引
   C. 在父表连接字段上不需要建立任何索引，在子表连接字段上建立普通索引
   D. 在父表和子表的连接字段上都要建立主索引
25. Visual FoxPro "参照完整性"中"插入规则"包括的选择是（　　）。
   A. 级联和忽略 B. 级联和删除 C. 级联和限制 D. 限制和忽略
26. 在 Visual FoxPro 中，如果在表之间的联系中设置了参照完整性规则，并在删除规则中选择"限制"，则当删除父表中的记录时，系统反应是（　　）。
   A. 不做参照完整性检查
   B. 不准删除父表中的记录
   C. 自动删除子表中所有相关的记录
   D. 若子表中有相关记录，则禁止删除父表中记录

二、填空题
1. Visual Foxpro 的索引文件不改变表中记录的_____顺序。
2. 参照完整性规则包括更新规则、删除规则和_____规则。
3. 为表建立主索引或候选索引可以保证数据的_____完整性。
4. 在 Visual Foxpro 中，建立数据库表时，将年龄字段值限制在 18~45 岁之间的这种约束属于_____完整性约束。
5. 在 Visual Foxpro 中的"参照完整性"中，"插入规则"包括的选择是"限制"和_____。
6. 在定义字段有效性规则时，在规则框中输入的表达式类型是_____。
7. 每个数据库表可以建立多个索引，但是_____索引只能建立一个。
8. 在 Visual FoxPro 中，数据库表中不允许有重复记录是通过指定_____来实现的。

第 5 章
结构化查询语言 SQL

在 Visual FoxPro 数据库管理系统中,除了具有 Visual FoxPro 命令外,还支持结构化查询语言 SQL。SQL 是关系数据库的标准语言。查询是 SQL 语言的重要组成部分,但不是全部,SQL 还包含数据定义、数据操纵和数据控制等功能。本章将从数据查询、数据定义、数据修改这 3 个方面来介绍 Visual FoxPro 支持的 SQL 语言。

5.1 SQL 简介

SQL 来源于 20 世纪 70 年代 IBM 的一个被称为 SEQUEL(Structured English Query Language)的研究项目。20 世纪 80 年代,SQL 由美国国家标准局(简称 ANSI)进行了标准化。1989 年,国际标准化组织 ISO 将 SQL 定为国际标准,推荐它为标准关系数据库语言。1990 年,我国也颁布了《信息处理系统数据库语言 SQL》,将其定为中国国家标准。现在,SQL 语言已广泛应用于各大、中、小数据库,如 Oracle、Access、Sybase、SQL Server、FoxPro 等。

SQL 语言的主要特点如下。

(1)SQL 是一种一体化语言,它包括数据定义、数据查询、数据操纵和数据控制等方面的功能,可以完成数据库活动中的全部工作。包括对表结构的定义、修改,记录的插入、更新、删除和查询以及安全性控制等一系列操作,为数据库应用系统的开发提供了良好的环境。

(2)SQL 是一种高度非过程化语言,它没有必要一步步告诉计算机"如何"去做,而只需要描述清楚用户要"做什么",SQL 语言就可以将要求交给系统,系统自动完成全部工作。

(3)SQL 语言简洁,易学易用。虽然 SQL 语言功能很强,但它只有为数不多的几条命令,表 5.1 给出了分类的命令动词。另外,SQL 的语法也非常简单,接近于自然语言(英语),容易学习与掌握。

(4)统一的语法格式,不同的工作方式。不仅可以直接以命令的方式交互使用 SQL,也可以嵌入到程序设计语言中以程序方式使用 SQL。现在很多数据库应用开发工具,都将 SQL 语言直接加入进来,使用起来更方便。

表 5.1 　　　　　　　　　　　SQL 命令动词

SQL 功能	命令动词
数据查询	SELECT
数据定义	CREATE、DROP、ALTER
数据操纵	INSERT、UPDATE、DELETE
数据控制	GRANT、REVOKE

5.2 数据查询

SQL 语言的核心是数据查询。VFP 支持的 SQL 查询命令是 SELECT-SQL。SQL 语言的查询命令也称作 SELECT 命令，它的基本形式由 SELECT—FROM—WHERE 查询块组成，多个查询块可以嵌套执行。

SELECT 命令的具体格式如下。

```
SELECT [ALL|DISTINCT] [TOP <数值表达式>|[PERCENT]][<表别名 1>·]<检索项>[,<表别名 2> ·.] <检索项> …]
FROM[数据库名 1!] <表名 1> [<别名>] [,[数据库名 2!]<表名 2> [<别名>]…]
[INNER| LEFT| RIGHT|FULL JOIN[数据库名!]<表名> ON <连接条件>…]
[WHERE <连接条件 1> [AND <连接条件 2>…] [AND|OR<过滤条件 1> [AND |OR <过滤条件 2> …]]]
[GROUP BY <分组列 1> [,<分组列 2>…]][HAVING <分组条件>]
[UNION [ALL] <SELECT>]
[ORDER BY<排序项 1> [ASCENDING|DESCENDING] [,<排序项 2> [ASCENDING|DESCENDING …]]
[[INTO ARRAY<数组名>|INTO TABLE<表名>|INTO CURSOR <临时表名>]
[ TO FILE <文件名> [ADDITIVE] | TO PRINTER | TO SCREEN]]
```

其基本格式可以概括为：

```
SELECT <检索项> FROM <数据表> [WHERE <条件> ] [GROUP BY <分组表达式>]
[HAVING <分组条件>] [ORDER BY <排序项>] [ UNION [ALL] <SELECT>] [INTO <目标>]
```

功能：根据 WHERE 子句中的条件表达式，从一个或多个表中找出满足条件的记录，按照 SELECT 子句中的目标列，选出记录中的分量形成结果表。若有 ORDER BY 子句，则结果根据指定的表达式按升序或降序排序。若有 GROUP BY 子句，则结果按列名分组，根据 HAVING 指出的条件，选取满足条件的组予以输出。

① SELECT <检索项>：说明在查询结果中输出的内容，通常是字段或与字段相关的表达式，多个检索项之间用逗号分隔。当涉及多表查询时，需要通过别名来区分不同表文件中的字段。检索项主要是 FROM 子句中所给出的表文件中的字段名，选中的字段名可以和 SQL 函数一起使用。

常用到的库函数有 COUNT（计算查询结果的数目）、SUM（计算数值列的和）、AVG（计算数值列的平均值）、MAX（计算列的最大值）和 MIN（计算列的最小值）。

② FROM <数据表>：说明要查询的数据来自哪个表或那些表。SQL 可对单个表或多个表进行查询，多个表之间用逗号分隔，可以加上相应的别名。

③ WHERE <条件>：说明查询的条件，SQL 只查询数据表中符合指定条件的数据。其后若为<连接条件>，是指多表文件查询的条件；若为<过滤条件>，是指单表文件的查询条件。

④ GROUP BY <分组表达式>：用于对查询结果分组。

⑤ HAVING <分组条件>：只与 GROUP BY 配合使用，用于说明分组条件。

⑥ ORDER BY <排序项>：用于对查询结果进行排序。

⑦ [UNION [ALL] <SELECT>]：说明将两个查询结果合并在一起输出。若无 ALL，重复记录将被自动取消，若有 ALL 表示结果全部合并。

⑧ INTO <目标>：指定查询结果的输出去向，可以是数据表、临时表和数组。省略时默认输出到浏览窗口。

⑨ TO <目标>：指定查询结果的输出去向，可以是文本文件、屏幕和打印机。TO 子句和 INTO 子句如果同时存在，TO 子句不起作用。

SQL 命令还包括许多其他短语，格式较为复杂。下面以图 5.1 所示的教师管理数据库的 DEPARTMENT 表、TEACHER 表以及学生管理数据库的 STUDENT（学生表）、GRADE（成绩表）、COURSE（课程表）为例，通过大量的实例来介绍 SELECT 的命令的使用。

Department

系号	系名
01	机电工程系
02	信息工程系
03	自动化系
04	英语系
05	经济系
06	管理系

Teacher

教师编号	系号	教师姓名	出生日期	职称	工资
1986082	01	欧阳江	10/21/56	教授	3000.00
1990420	01	李冬萍	06/03/67	副教授	2500.00
1995011	02	张利	03/18/72	讲师	2200.00
1992048	03	楚天舒	12/15/70	讲师	2305.00
199163	02	常少乐	.NULL.	副教授	2513.25
2001361	03	赵小燕	06/11/75	讲师	2168.10
2004168	04	王大鹏	05/22/78	助教	1390.68
2005120	05	王彬彬	.NULL.	讲师	2175.50

Student

学号	姓名	性别	出生日期	班级	党员否	备注	照片
2011064101	王静	女	09/21/90	市场营销11-1	T	Memo	gen
2011064102	李泽东	男	11/11/89	市场营销11-1	F	memo	gen
2011064103	邓玲玲	女	12/10/90	市场营销11-1	T	memo	gen
2011064112	叶问问	男	12/23/91	市场营销11-1	T	memo	gen
2011064119	徐田田	男	06/12/91	市场营销11-1	F	memo	gen
2012063103	王雪	女	04/20/92	工商管理12-1	T	memo	gen
2012063111	朱贝贝	女	01/15/93	工商管理12-1	T	memo	gen
2012063205	上官小梅	女	08/27/92	工商管理12-2	F	memo	gen
2012063207	王萌萌	女	09/10/92	工商管理12-2	F	memo	gen
2012064211	孙通	男	12/30/91	市场营销12-2	T	memo	gen
2012064221	冯国栋	男	10/25/92	市场营销12-2	T	memo	gen
2012064229	杨洋	女	09/10/90	市场营销12-2	F	memo	gen

Grade

学号	课程号	成绩
2012063103	0200101	78.0
2012063103	0600101	82.0
2012063103	0600201	69.0
2012063205	0200101	90.0
2012063205	0600201	76.0
2011064112	0600101	96.0
2011064112	0600201	74.0
2012064211	0200101	94.0
2012064211	0600201	89.0
2012064221	0600101	86.0

Course

课程号	课程名	学时	学分	课程性质
0200101	计算机应用基础	32	2.0	选修
0200102	C语言程序设计	64	4.0	必修
0600101	管理学	48	3.0	必修
0600201	数据库管理系统	56	3.5	必修
0600202	管理信息系统	64	4.0	必修
0600203	运筹学	48	3.0	选修
0600301	市场营销	48	3.0	必修
0600302	消费者行为学	32	2.0	选修

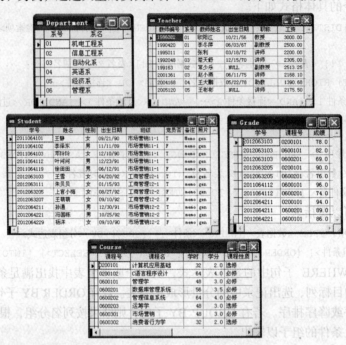

图 5.1　DEPARTMENT、TEACHER、STUDENT、GRADE 和 COURSE 表

5.2.1　简单查询

简单查询基于单个表，由 SELECT 和 FROM 短语构成无条件查询，或由 SELECT、FROM 和 WHERE 短语构成条件查询。

1. 查询表中的部分字段

例 5.1　查询 STUDENT 表中所有学生的学号、姓名。

```
SELECT 学号,姓名 FROM STUDENT
```

查询结果如图 5.2 所示。

学号	姓名
2011064101	王静
2011064102	李泽东
2011064103	邓玲玲
2011064112	叶问问
2011064119	徐田田
2012063103	王雪
2012063111	朱贝贝
2012063205	上官小梅
2012063207	王萌萌
2012064211	孙通
2012064221	冯国栋
2012064229	杨洋

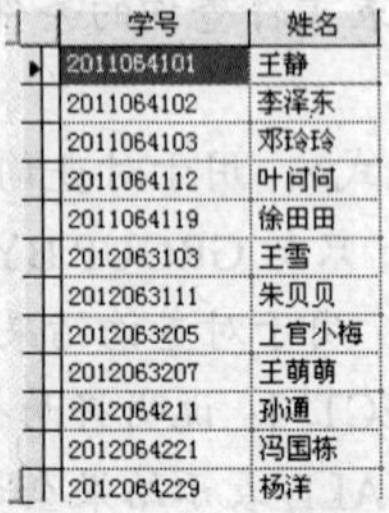

图 5.2　例 5.1 查询结果

2. 使用 DISTINCT 短语

例 5.2 查询 STUDENT 表中班级的名称。

`SELECT DISTINCT 班级 FROM STUDENT`

DISTINCT 短语可以去掉查询结果的重复记录。

查询结果如图 5.3 所示。

3. 查询表中所有的字段

例 5.3 查询 STUDENT 表中学生的全部信息。

`SELECT * FROM STUDENT`

图 5.3 例 5.2 查询结果

"*"是通配符，表示所有属性（字段）。

查询结果如图 5.4 所示。

图 5.4 例 5.3 查询结果

4. 查询满足条件的数据

例 5.4 查询 STUDENT 表中 1992 年 9 月 1 日以后出生的学生名单。

`SELECT 姓名 FROM STUDENT WHERE 出生日期>CTOD("09/01/92")`

或

`SELECT 姓名 FROM STUDENT WHERE 出生日期>{^1992-09-01}`

查询结果如图 5.5 所示。

例 5.5 列出 COURSE 表中选修课的课程名称和课程号。

`SELECT 课程名,课程号 FROM COURSE WHERE 课程性质="选修"`

图 5.5 例 5.4 查询结果

多个查询条件可以用 AND、OR 或者 NOT 连接。

查询结果如图 5.6 所示。

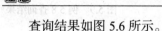

图 5.6 例 5.5 查询结果

5.2.2 简单连接查询

连接是关系的基本操作之一，连接查询是一种基于多个关系（表）的查询。对于连接查询，检索项来自不同的关系，在 FROM 短语后多个数据表的名称之间用逗号隔开，在 WHERE 短语中须指定数据表之间进行的连接条件。

1. 等值连接

对于等值连接，连接条件通常是两个数据表的公共字段的值相等。

例 5.6 找出成绩大于 90 分的学生的学号、姓名及成绩。

SELECT STUDENT.学号, 姓名, 成绩 FROM STUDENT ,GRADE;
WHERE (成绩>90) AND (STUDENT.学号=GRADE.学号)

在连接查询中引用两个表的公共字段时，必须在字段名前添加表名或表的别名作为前缀，否则系统会提示出错。本例中"学号"字段是两个表中共有的字段，引用时必须用前缀限定其所属的表，对于只在一个数据表中出现的字段，如姓名、成绩，则无须指定前缀。

此外，在 SELECT 查询的 FROM 子句中，可以对数据表指定别名。指定别名后，在引用该数据表的字段时，应以别名作为数据表的前缀。例如，若指定 STUDENT 表的别名为 S，GRADE 表的别名为 G，命令如下。

SELECT S.学号, 姓名, 成绩 FROM STUDENT S,;
GRADE G WHERE (成绩>90) AND (S.学号=G.学号)

查询结果如图 5.7 所示。

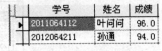

图 5.7 例 5.6 查询结果

例 5.7 查询上官小梅所学课程的课程名及其对应的成绩。

SELECT 姓名,课程名,成绩 FROM STUDENT S,COURSE C ,GRADE G;
WHERE 姓名="上官小梅" AND S.学号=G.学号 AND G.课程号=C.课程号

查询结果如图 5.8 所示。

图 5.8 例 5.7 查询结果

 对于 3 个表的连接查询，使用 WHERE 子句指定查询条件时，其形式为 FROM 数据表 1,数据表 2,数据表 3 WHERE <连接条件 1>AND<连接条件 2>。

2. 自连接查询

SQL 不仅可以对多个关系实行连接操作，也可以将同一个关系与自身进行连接，这种连接称为自连接。在可以进行自连接操作的关系上，实际存在着一种特殊的递归联系，即关系中的一些元组，根据出自同一值域的两个不同的属性，可以与另外一些元组有一种对应关系（一对多联系）。在关系的自连接操作中，别名是必不可少的。

例 5.8 查询至少选修 0200101 号课和 0600201 号课学生的学号。

SELECT X.学号 FROM GRADE X, GRADE Y WHERE X.学号=Y.学号;
AND X.课程号="0200101" AND Y.课程号="0600201"

查询结果如图 5.9 所示。

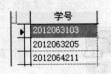

图 5.9 例 5.8 查询结果

5.2.3 嵌套查询

在一个 SELECT 命令的 WHERE 子句中，如果还出现了另一个 SELECT 命令，则这种查询称为嵌套查询。VFP 只支持单层嵌套查询。嵌套查询所要求的结果出自一个关系，但相关的条件却涉及多个关系：一般外层查询的条件依赖内层查询的结果，而内层查询与外层查询无关。

例 5.9　查询还没有被学生选修课程的课程号和课程名。

```
SELECT 课程号,课程名 FROM COURSE;
WHERE 课程号 NOT IN (SELECT 课程号 FROM GRADE)
```

查询结果如图 5.10 所示。

课程号	课程名
0200102	C语言程序设计
0600202	管理信息系统
0600203	运筹学
0600301	市场营销
0600302	消费者行为学

图 5.10　例 5.9 查询结果

例 5.10　查询选修“管理学”的所有学生的学号及成绩。

```
SELECT 学号,成绩 FROM GRADE WHERE 课程号=;
(SELECT 课程号 FROM COURSE WHERE 课程名="管理学")
```

查询结果如图 5.11 所示。

学号	成绩
2012063103	82.0
2011064112	96.0
2012064221	86.0

图 5.11　例 5.10 查询结果

例 5.11　查询选修了课程号为"0200101"和"0600201"的两门课程的学生姓名。

```
SELECT 姓名 FROM STUDENT WHERE 学号 IN (SELECT G1.学号 FROM
GRADE;G1,GRADE G2 WHERE G1.学号=G2.学号 AND G1.课程号='0200101' and
G2.课程号='0600201')
```

查询结果如图 5.12 所示。

姓名
王雪
上官小梅
孙通

图 5.12　例 5.11 查询结果

5.2.4　特殊运算符

在 SQL 命令中用 WHERE 指定查询条件时，可在条件中使用几个特殊的运算符，包括 BETWEEN…AND、IN、NOT、!=及 LIKE 等。

1. BETWEEN…AND

例 5.12　查询成绩在 80 分到 90 分之间的学生的得分情况。

```
SELECT * FROM GRADE WHERE 成绩 BETWEEN 80 AND 90
```

注意　BETWEEN…AND 的意思是在“…和…之间”。

这个查询等价于：

```
SELECT * FROM GRADE WHERE 成绩>=80 AND 成绩<=90
```

查询结果如图 5.13 所示。

学号	课程号	成绩
2012063103	0600101	82.0
2012063205	0200101	90.0
2012064211	0600201	89.0
2012064221	0600101	86.0

图 5.13　例 5.12 查询结果

2. IN

例 5.13　列出课程号是"0200101"和课程号是"0600201"的全体学生的学号、课程号和成绩。

```
SELECT 学号,课程号,成绩 FROM GRADE WHERE 课程号 IN ("0200101","0600201")
```

注意　IN 运算符后面接一个集合，集合中的元素可以是数值、字符、日期和逻辑表达式。

这个查询的等价语句为：

```
SELECT 学号, 课程号, 成绩 FROM GRADE;
WHERE 课程号= "0200101" OR 课程号="0600201"
```

查询结果如图 5.14 所示。

学号	课程号	成绩
2012063103	0200101	78.0
2012063103	0600201	69.0
2012063205	0200101	90.0
2012063205	0600201	76.0
2011064112	0600201	74.0
2012064211	0200101	94.0
2012064211	0600201	89.0

图 5.14　例 5.13 查询结果

3. !=和 NOT

例 5.14　查询班级不是市场营销 11-1 班学生的全部信息。

```
SELECT * FROM STUDENT WHERE 班级!="市场营销11-1"
```
或
```
SELECT * FROM STUDENT WHERE NOT 班级="市场营销11-1"
```

NOT 运算符为不满足后面的条件,可在 NOT 后面接逻辑表达式,也可以将 NOT 用于 NOT IN 和 NOT BETWEEN…AND。

查询结果如图 5.15 所示。

学号	姓名	性别	出生日期	班级	党员否	备注	照片
2012063103	王雪	女	04/20/92	工商管理12-1	T	memo	gen
2012063111	朱贝贝	女	01/15/93	工商管理12-1	T	memo	gen
2012063205	上官小梅	女	08/27/92	工商管理12-2	F	memo	gen
2012063207	王萌萌	女	09/10/92	工商管理12-2	F	memo	gen
2012064211	孙通	男	12/30/91	市场营销12-2	T	memo	gen
2012064221	冯国栋	男	10/25/92	市场营销12-2	T	memo	gen
2012064229	杨洋	女	09/10/90	市场营销12-2	F	memo	gen

图 5.15 例 5.14 查询结果

例 5.15 查询 GRADE 表成绩不在 80 分到 90 分之间的学生的得分情况。
```
SELECT * FROM GRADE WHERE 成绩 NOT BETWEEN 80 AND 90
```
查询结果如图 5.16 所示。

图 5.16 例 5.15 查询结果

4. 模糊查询 LIKE

例 5.16 在 STUDENT 表中,查询所有姓"王"的学生名单。
```
SELECT 姓名 FROM STUDENT WHERE 姓名 LIKE "王%"
```

LIKE 是字符串匹配运算符,后面接一个带有通配符的字符串。其中,通配符"%"表示 0 个或多个字符,"-"(下划线)表示一个字符。

查询结果如图 5.17 所示。

姓名
王静
王雪
王萌萌

图 5.17 例 5.16 查询结果

5.2.5 空值查询

SQL 支持空值,当然也可以利用空值来进行查询。

例 5.17 查询 TEACHER 表中出生日期为空值的教师信息。
```
SELECT * FROM TEACHER WHERE 出生日期 IS NULL
```
查询结果如图 5.18 所示。

图 5.18 例 5.17 查询结果

例 5.18 查询 TEACHER 表中已经确定了出生日期的教师的信息。
```
SELECT * FROM TEACHER WHERE 出生日期 IS NOT NULL
```
查询结果如图 5.19 所示。

图 5.19　例 5.18 查询结果

查询空值时要用"IS NULL",而"=NULL"是无效的,因为空值不是一个确定的值,所有不能用"="这样的运算符进行比较。

5.2.6　简单的计算查询

SQL 不仅具有一般的检索能力,而且还有计算方式的检索,用于计算检索的库函数有:COUNT(计算查询结果的数目)、SUM(计算数值列的和)、AVG(计算数值列的平均值)、MAX(计算列的最大值)和 MIN(计算列的最小值)。

例 5.19　统计 STUDENT 表中班级的个数。

```
SELECT COUNT( DISTINCT 班级) AS 班级个数 FROM STUDENT
```

查询结果如图 5.20 所示。

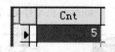

图 5.20　例 5.19 查询结果

AS 的作用是在查询结果中将指定列命名为一个新的名称。

例 5.20　统计 STUDENT 表中男生人数。

```
SELECT COUNT(*) FROM STUDENT WHERE 性别="男"
```

查询结果如图 5.21 所示。

图 5.21　例 5.20 查询结果

COUNT(*)是 COUNT( )函数的一种特殊形式,用来统计查询结果的记录个数。

例 5.21　查询 GRADE 表中成绩的最高分、最低分和平均分。

```
SELECT MAX(成绩) AS 最高分,MIN(成绩) AS 最低分,AVG(成绩) AS 平均分 FROM GRADE
```

查询结果如图 5.22 所示。

图 5.22　例 5.21 查询结果

例 5.22　查询 GRADE 表中所有选修课的成绩总和

```
SELECT SUM(成绩) FROM GRADE WHERE 课程号 IN;
(SELECT 课程号 FROM COURSE WHERE 课程性质="选修")
```

查询结果如图 5.23 所示。

图 5.23　例 5.22 查询结果

5.2.7　分组与计算查询

在 SELECT 命令中,利用 GROUP BY 子句可以进行分组查询。分组查询是将数据按某个字段进行分组,字段值相同的被分为一组,输出为一条数据。在分组查询中利用 HAVING 短语还可进一步限定分组的条件。

例 5.23 统计 STUDENT 表中男生和女生的人数。

`SELECT 性别,COUNT(*) AS 人数 FROM STUDENT GROUP BY 性别`

查询结果如图 5.24 所示。

图 5.24　例 5.23 查询结果

　COUNT(*)为每一组的记录个数。

例 5.24 列出 GRADE 表中各门课的平均成绩、最高成绩、最低成绩和选课人数。

`SELECT 课程号,AVG(成绩) AS 平均成绩,MAX(成绩) AS 最高分,MIN(成绩) AS 最低分,COUNT(学号) AS 选课人数 FROM GRADE GROUP BY 课程号`

查询结果如图 5.25 所示。

课程号	平均成绩	最高分	最低分	选课人数
0200101	87.33	94.0	78.0	3
0600101	88.00	96.0	82.0	3
0600201	77.00	89.0	69.0	4

图 5.25　例 4.24 查询结果

例 5.25 列出 GRADE 表中至少选修两门课程的学生的学号。

`SELECT 学号 FROM GRADE GROUP BY 学号 HAVING COUNT(*)>=2`

查询结果如图 5.26 所示。

例 5.26 求出总分大于 180 的学生的学号，姓名及总成绩。

`SELECT S.学号,姓名,SUM(成绩) AS 总成绩 FROM STUDENT S, GRADE G;`
`WHERE S.学号=G.学号 GROUP BY G.学号 HAVING SUM(成绩)>180`

图 5.26　例 5.25 查询结果

　当需要对分组的结果限定条件时，应使用 HAVING 短语，HAVING 短语必须与 GROUP BY 短语一起使用，不能单独使用。

查询结果如图 5.27 所示。

学号	姓名	总成绩
2012063103	王雪	229.0
2012064211	孙通	183.0

图 5.27　例 5.26 查询结果

5.2.8　排序

在 SQL SELECT 语句中可以使用 ORDER BY 子句对查询结果排序。

命令：ORDER BY<排序项> [ASC|DESC]

功能：指定按哪个字段对查询结果排序，ASC 为升序，DESC 为降序，未指明排序方式时，默认按升序排列。

　ORDER BY 是对最终的查询结果进行排序，不可以在子查询中使用该短语。

例 5.27　对 TEACHER 表按工资升序检索出全部教师信息。

```
SELECT * FROM TEACHER ORDER BY 工资
```

查询结果如图 5.28 所示。

教师编号	系号	教师姓名	出生日期	职称	工资
2004168	04	王大鹏	05/22/78	助教	1390.68
2001361	03	赵小燕	06/11/75	讲师	2168.10
2005120	05	王彬彬	.NULL.	讲师	2175.50
1995011	02	张利	03/18/72	讲师	2200.00
1992048	03	楚天舒	12/15/70	讲师	2305.00
1990420	01	李冬萍	06/03/67	副教授	2500.00
199163	02	常少乐	.NULL.	副教授	2513.25
1986082	01	欧阳江	10/21/56	教授	3000.00

图 5.28　例 5.27 查询结果

例 5.28　对 TEACHER 表先按系号升序排序，如果系号相同按工资降序排序输出全部教师信息。

```
SELECT * FROM TEACHER ORDER BY 系号,工资 DESC
```

查询结果如图 5.29 所示。

> **注意**　ORDER BY 短语后可接多列名称，表示首先按照第一列指定的顺序排列，第一列值相同的数据再按第 2 列指定的顺序排列，依此类推。

教师编号	系号	教师姓名	出生日期	职称	工资
1986082	01	欧阳江	10/21/56	教授	3000.00
1990420	01	李冬萍	06/03/67	副教授	2500.00
199163	02	常少乐	.NULL.	副教授	2513.25
1995011	02	张利	03/18/72	讲师	2200.00
1992048	03	楚天舒	12/15/70	讲师	2305.00
2001361	03	赵小燕	06/11/75	讲师	2168.10
2004168	04	王大鹏	05/22/78	助教	1390.68
2005120	05	王彬彬	.NULL.	讲师	2175.50

图 5.29　例 5.28 查询结果

有时人们只需要查找满足条件的前几个记录，这时使用 TOP <N> [PERCENT]子句非常有用，其中 N 是数字表达式，当不使用 PERCENT 时，N 是 1 至 32 767 之间的整数，说明显示前几个记录。当使用 PERCRNT 时，N 是 0.01 至 99.99 之间的实数，说明显示结果中前百分之几的记录。

例 5.29　在 GRADE 表中查询成绩最高的 5 位学生的得分情况。

```
SELECT * TOP 5 FROM GRADE ORDER BY 成绩 DESC
```

查询结果如图 5.30 所示。

学号	课程号	成绩
2011064112	0600101	96.0
2012064211	0200101	94.0
2012063205	0200101	90.0
2012064211	0600201	89.0
2012064221	0600101	86.0

图 5.30　例 5.29 查询结果

例 5.30　在 GRADE 表中查询成绩最低的 30%学生的得分情况。

```
SELECT * TOP 30 PERCENT FROM GRADE ORDER BY 成绩
```

查询结果如图 5.31 所示。

> **注意**　TOP 短语要与 ORDER BY 短语同时使用才有效。

学号	课程号	成绩
2012063103	0600201	69.0
2011064112	0600201	74.0
2012063205	0600201	76.0

图 5.31　例 5.30 查询结果

5.2.9 超链接查询

用 WHERE 指定的连接条件一般都是等值连接,即只有在满足连接条件的情况下,相应记录才会出现在查询结果中。在 SQL 标准中还支持表的超连接,使用下面的命令即可。

命令:SELECT … FROM <数据表 1> INNER | LEFT | RIGHT | FULL JOIN<数据表 2> ON <连接条件>

① INNER JOIN:普通连接,只有满足连接条件的记录才出现在查询结果中,等同于等值连接。

② LIFT JOIN:左连接。在进行连接运算时,首先将满足连接条件的所有元组放在结果关系中,再将第一个表(即 JOIN 左边的表)中不满足连接条件的元组也放入结果关系中,这些元组对应第二个表(即 JOIN 右边的表)的属性值为空值。

③ RIGHT JOIN:右连接。在进行连接运算时,首先将满足连接条件的所有元组放在结果关系中,再将第二个表(即 JOIN 右边的表)中不满足连接条件的元组也放入结果关系中,这些元组对应第一个表(即 JOIN 左边的表)的属性值为空值。

④ FULL JOIN:全连接。在进行连接运算时,首先将满足连接条件的所有元组放在结果关系中,同时将两个表中不满足连接条件的元组也放入结果关系中,这些元组对应另一个表的属性值为空值。

这一部分以 DEPARMENT 表和 TEACHER 表为例进行说明。

例 5.31 普通连接(即只有满足连接条件的记录才出现在查询结果中)。

```
SELECT DEPARTMENT.系号,系名,教师编号,教师姓名 FROM DEPARTMENT;
INNER JOIN TEACHER ON DEPARTMENT.系号=TEACHER.系号
```

等价于:

```
SELECT DEPARTMENT.系号,系名,教师编号,教师姓名 FROM DEPARTMENT;
JOIN TEACHER ON DEPARTMENT.系号=TEACHER.系号
```

还等价于:

```
SELECT DEPARTMENT.系号,系名,教师编号,教师姓名 FROM DEPARTMENT, TEACHER
WHERE DEPARTMENT.系号=TEACHER.系号
```

查询结果如图 5.32 所示。

系号	系名	教师编号	教师姓名
01	机电工程系	1986082	欧阳江
01	机电工程系	1990420	李冬萍
02	信息工程系	1995011	张利
03	自动化系	1992048	楚天舒
02	信息工程系	199163	常少乐
03	自动化系	2001361	赵小燕
04	英语系	2004168	王大鹏
05	经济系	2005120	王彬彬

图 5.32 普通连接

例 5.32 左连接(即除满足连接条件的记录出现在查询结果中外,第一个表中不满足连接条件的记录也出现在查询结果中,它所对应于第二个表的字段值为空值.NULL.)。

```
SELECT DEPARTMENT.系号,系名,教师编号,教师姓名 FROM DEPARTMENT;
LEFT JOIN TEACHER ON DEPARTMENT.系号=TEACHER.系号
```

查询结果如图 5.33 所示。

图 5.33 左连接

为了看到右连接和全连接的结果，假设 TEACHER 表中插入了如下一条记录。
"2006108 ", " 07 ", "刘丽", {^1972-06-24}, "副教授", 2500.00

例 5.33 右连接（即除即除满足连接条件的记录出现在查询结果中外，第二个表中不满足连接条件的记录也出现在查询结果中，它所对应于第一个表的字段值为空值.NULL.）。
```
SELECT DEPARTMENT.系号,系名,教师编号,教师姓名 FROM DEPARTMENT;
RIGHT JOIN TEACHER ON DEPARTMENT.系号=TEACHER.系号
```
查询结果如图 5.34 所示。

实际上"刘丽"所在的系并不存在，这在实际应用中是不允许的。

图 5.34 右连接

例 5.34 全连接。
```
SELECT DEPARTMENT.系号,系名,教师编号,教师姓名 FROM DEPARTMENT;
FULL JOIN TEACHER ON DEPARTMENT.系号=TEACHER.系号
```
查询结果如图 5.35 所示。

图 5.35 全连接

JOIN 连接格式在连接多个表时的书写方法要特别注意，在这种格式中 JOIN 和 ON 的顺序是很重要的，特别要注意 JOIN 的顺序要和 ON 的顺序（相应的连接条件）正好相反。

5.2.10 使用量词和谓词的查询

在嵌套查询中，还可以使用谓词和量词。

格式1：[NOT]EXIST<子查询>

格式2：<表达式><比较运算符>[ANY｜ALL｜SOME]<子查询>

[NOT]EXIST 为谓词，用来检查在子查询中是否有结果返回，即存在记录或不存在记录。要完成例5.9的查询（查询还没有被学生选修的课程的课程号和课程名），若使用 EXIST，则执行下列命令：

```
SELECT 课程号,课程名 FROM COURSE WHERE NOT EXIST;
 (SELECT * FROM GRADE WHERE COURSE.课程号=GRADE.课程号)
```

[NOT]EXISTS 只是判断子查询中是否有结果返回，它本身并没有任何运算或比较。

ANY、ALL 和 SOME 为量词。其中 ANY 和 SOME 为同义词，在进行比较运算时只要子查询中有一行能使结果为真，则结果就为真。而 ALL 则要求子查询中所有行都使结果为真时，结果才为真。

例5.35 求必修课程号是"0200101"的学生中成绩比必修课程号是"0600201"课的最低成绩要高的学生的学号与成绩。

```
SELECT 学号,成绩 FROM GRADE WHERE 课程号="0200101" AND 成绩>ANY;
 (SELECT 成绩 FROM GRADE WHERE 课程号="0600201")
```

该语句等价于：

```
SELECT 学号,成绩 FROM GRADE WHERE 课程号="0200101" AND 成绩>;
 (SELECT MIN(成绩)FROM GRADE WHERE 课程号="0600201")
```

查询结果如图5.36所示。

例5.36 求必修课程号是"0200101"的学生中成绩比必修课程号是"0600201"课的所有学生的成绩都要高的学生的学号与成绩。

```
SELECT 学号,成绩 FROM GRADE WHERE 课程号="0200101" AND 成绩>All;
 (SELECT 成绩 FROM GRADE WHERE 课程号="0600201")
```

学号	成绩
2012063103	78.0
2012063205	90.0
2012064211	94.0

图5.36 例5.35查询结果

该语句等价于：

```
SELECT 学号,成绩 FROM GRADE WHERE 课程号="0200101" AND 成绩>;
 (SELECT MAX(成绩)FROM GRADE WHERE 课程号="0600201")
```

学号	成绩
2012063205	90.0
2012064211	94.0

图5.37 例5.36查询结果

查询结果如图5.37所示。

5.2.11 集合的并运算

SQL 支持集合的并运算（UNION），通过集合的并运算，可将两个 SELECT 语句的查询结果合并为一个结果。为了进行并运算，要求两个查询结果具有相同的字段个数，且对应字段具有相同的数据类型和取值范围。

例5.37 将课程性质为"选修"的课程的课程名和课程号与课程性质为"必修"的课程名与课程号字段合并在查询结果中。

```
SELECT 课程名,课程号 FROM COURSE WHERE 课程性质="选修" ;
```

```
UNION;
SELECT 课程名,课程号 FROM COURSE WHERE 课程性质="必修"
```

5.2.12 查询结果的输出

在上面的查询中,查询结果默认显示在名为"查询"的浏览窗口中。在实际应用中,用户还可以通过 INTO 子句和 TO 子句,将查询结果保存在指定的目标中。若同时使用了 INTO 短语和 TO 短语,则 TO 短语将被忽略。

1. 将查询结果存放在数组

可以使用 INTO ARRAY<数组名>子句将查询结果存放到二维数组中,每行对应一条记录,每列对应于查询结果的一列。将查询结果存放在数组中后,可方便地在程序中使用。如果查询结果中不包含任何记录,则不创建这个数组。

如下语句将 COURSE 表中选修课程的课程号和课程名存放在二维数组 XX 中。

```
SELECT 课程名,课程号 FROM COURSE WHERE 课程性质="选修" INTO ARRAY XX &&执行此命令后,不会在
浏览窗口中显示查询结果
```

执行命令?XX(1,1),XX(1,2),屏幕显示出 BX 数组的第一行元素,XX(1,1)存放的是第一条记录的课程名字段值,XX(1,2)存放的是第一条记录的课程号字段值。

2. 将查询结果存放到临时表文件

使用 INTO CURSOR <文件名>短语可以将查询结果存放到一个临时表文件中。该短语产生的临时表文件是只读的.DBF 文件,当查询结束后该临时文件是当前文件,可以像一般的.DBF 文件一样使用,当该临时文件被关闭后,文件将被自动删除。

如下语句将查询到的选修课的相关课程信息存放在临时.DBF 文件 XX 中。

```
SELECT 课程名,课程号 FROM COURSE WHERE 课程性质="选修" INTO CURSOR XX
```

执行上述命令后,系统将产生并打开一个只读的数据表文件 XX,并设其为当前数据表。但是此表是临时文件。当该表被关闭后,文件将被自动删除。

3. 将查询结果存放到永久表文件

使用子句 INTO DBF│TABLE <文件名>可将查询结果保存到永久表文件中。如果指定的表已经打开,并且将 SAFETY 设置为 OFF,则 VFP 在不给出任何警告信息的情况下改写该表。执行完 SELECT 语句后,该表仍然保持打开活动状态。

如下语句将查询到的选修课的相关课程信息存放在永久.DBF 文件 YY 中。

```
SELECT 课程名,课程号 FROM COURSE WHERE 课程性质="选修" INTO TABLE YY
```

执行上述命令后,系统将在默认路径下建立数据表文件 YY,打开该文件,并将其设为当前数据表。与临时文件不同,该表文件存放在磁盘中,关闭后不会被自动删除。

4. 将查询结果存放到文本文件

如果命令中包含了 TO 子句,但没有包括 INTO 子句,则 TO 子句起作用。

使用子句 TO FILE<文件名>[ADDITIVE]可将查询结果保存到一个文本文件中,文本文件默认扩展名为.TXT,如果使用 ADDITIVE 可将查询结果追加在原文本文件的尾部,否则将覆盖原有文件。

以下语句将查询结果以文本的形式存储在文本文件 XX.TXT 中。

```
SELECT 课程名,课程号 FROM COURSE WHERE 课程性质="选修" TO FILE XX
```

5. 将查询结果直接输出到打印机

使用子句 TO PRINTER [PROMPT]可以直接将查询结果输出到打印机,若使用了 PROMPT 选项,则在打印之前还会打开打印机设置对话框。

5.3 数据操作

SQL 的数据操作功能是指对数据库中的数据进行操作的功能，主要包括数据的插入、更新和删除，对应的 SQL 命令动词分别是 INSERT、UPDATE 和 DELETE。

5.3.1 插入数据

对数据表设置了有效性规则或主索引后，将无法通过 INSERT[BEFORE][BLANK] 或 APPEND[BLANK]命令来插入记录，此时可使用 INSERT INTO 命令向数据表插入记录。

命令 1：INSERT INTO <表名>[(<字段 1>[,<字段 2>] …)];
　　　　VALUES (<表达式 1>[,<表达式 2> …])

功能：向指定的数据表插入一条记录，并用指定的表达式对字段赋值。

① 当对新记录的所有字段都赋值时，可省略字段名。若只对某些字段赋值，即插入的不是完整的记录时，则需指定要赋值的字段名称（<字段 1>,<字段 2>…）。
② VALUES 子句中各个表达式的值为赋给每个字段的值。表达式和对应字段的数据类型、取值范围必须一致。

命令 2：INSERT INTO <表名> FROM ARRAY <数组名> | FROM MEMVAR
功能：向指定的数据表插入一条新记录，插入新记录的字段值来自于数组元素或内存变量。

例 5.38　在课程表中插入记录。
```
INSERT INTO COURSE VALUES("0600010","",48,3,"选修")
```
&&在课程表中插入记录，课程号为"0600010"，课程名为空，学时为48，学分为3，课程性质"选修"
```
INSERT INTO COURSE (课程号，课程名) VALUES("0600020","信息资源管理")
```
&&在课程表中插入记录，课程号为"0600020"，课程名为"信息资源管理"

例 5.39　输入以下命令并查看输出结果。
```
DIMENSION B(4)
B(1)="2012052101"
B(2)="张珊"
B(3)="女"
B(4)=.null.
```
&&定义一个数组 B，并对各个数组元素赋值
```
INSERT INTO STUDENT FROM ARRAY B
```
&&在 STUDENT 表中插入一条记录，数组 B 赋值给记录中的各字段

例 5.40　输入以下命令并查看输出结果。
```
学号="2012052102"
姓名="黎明"
性别="男"
出生日期={^1986-09-10}
```
&&定义 4 个内存变量，并分别赋值
```
INSERT INTO STUDENT FROM MEMVAR
```
&&在 STUDENT 表中插入一条记录，内存变量的值赋值给记录的相应字段

5.3.2 更新数据

在 VFP 中，不仅可以使用 REPLACE 命令来修改记录，还可以使用 UPDATE 命令来修改记录。

命令：UPDATE <表名> SET <字段名> = <表达式> [WHERE <条件>]

功能：对于指定表中满足条件的记录，用指定的表达式的值来更新指定的字段。

① 使用 UPDATE 命令可以一次更新多个字段的值。
② WHERE <条件>用来指定更新的条件。若不使用 WHERE 子句，则更新表的所有记录。

例 5.41 将 COURSE 表中所有选修课的学时增加 5 个学时。

```
UPDATE COURSE SET 学时=学时+5 WHERE 课程性质="选修"
```

5.3.3 删除数据

在 VFP 中，可以使用 DELETE 命令来逻辑删除记录，若要物理删除，还要执行 PACK 命令。

命令：DELETE FROM <表名> WHERE <条件>

功能：对于指定数据表中满足条件的记录，进行逻辑删除。

WHERE<条件>用来指定删除的条件。若不使用 WHERE 子句，则删除表中的全部记录。

例 5.42 删除 COURSE 表中课程性质为选修的记录。

```
DELETE FROM COURSE WHERE 课程性质="选修"
```

5.4 数据定义

SQL 的数据定义功能主要包括数据库、表、视图、存储过程、规则和索引等对象的定义。本节主要介绍使用 CREATE TABLE 命令建立数据表结构，使用 ALTER TABLE 命令修改数据表结构以及使用 DROP TABLE 命令删除数据表。

5.4.1 表的定义

前面介绍了通过表设计器建立表的方法，在 VFP 中也可以通过 SQL 的 CREATE TABLE 命令建立表，同时还可以建立索引以及表之间的永久性关联。

```
命令：CREATE TABLE | DBF <表名>[Name<长表名>] [Free]
      (<字段名 1> <字段类型> [(<字段宽度>[,<小数位数>])]
      [NULL| NOT NULL]
      [CHECK<字段有效性规则> [ERROR <出错信息>]]
      [DEFAULT<默认值>]
      [PRIMARY KEY | UNIQUE]
      [REFERENCES<数据表 1> [Tag<索引标识>]]
```

```
[, <字段名 2>...])
[, PRIMARY KEY <索引表达式 1> TAG<索引标识 1>]
[, UNIQUE <索引表达式 2> TAG <索引标识 2> ]
[, FOREIGN KEY <索引表达式 3> TAG <索引标识 3>
REFERENCES<数据表 2> [TAG <索引标识 4>]]
[, CHECK <表记录有效性规则> [ERROR<出错信息>]] )
```

功能：创建一个由指定字段组成的数据表。

① 用 CREATE TABLE 命令可以完成表设计器所能完成的所有功能。命令关键字 CREATE TABLE 与 CREATE DBF 功能相同。

② NAME <长表名>：为所创建的表定义长表名，只有当前有打开的数据库时，才能使用此选项。

③ FREE：创建自由表。

④ <字段名 1> <字段类型> [(<字段宽度>[,<小数位数>])]：4 个选项依次定义字段名、字段类型，数值型和字符型字段的宽度，数值型字段的小数位宽度。

⑤ NULL|NOT NULL：定义本字段是否可以为空。

⑥ CHECK<字段有效性规则> [Error<出错信息>]：定义本字段的有效性规则和出错时的提示信息字符串。

⑦ DEFAULT <默认值>：定义字段的默认值。

⑧ PRIMARY KEY：以本字段作为索引表达式创建主索引，索引名与字段名相同。
UNIQUE：以本字段作为索引表达式创建候选索引，索引名与字段名相同。

⑨ REFERENCES<数据表 1> [TAG<索引标识>]：说明本表与之建立永久联系的父表及父表的索引名。如使用该项的默认值，则与父表的主索引建立关联。

⑩ PRIMARY KEY <索引表达式 1> TAG <索引标识 1>：定义完所有的字段后，若数据库表还没有建立主索引，则可以使用该选项。该选项含义是：以索引表达式 1 作为索引表达式建立主索引，索引名为索引标识 1。

⑪ UNIQUE <索引表达式 2> TAG <索引标识 2>：以索引表达式 2 作为索引表达式建立候选索引，索引名为索引标识 2。

⑫ FOREIGN KEY <索引表达式 3> TAG <索引标识 3> REFERENCES <数据表 2> [TAG <索引标识 4>]：以索引表达式 3 作为索引表达式建立普通索引，索引名为索引标识 3，同时以该字段（索引表达式 3）为连接字段，通过引用数据表 2 里面的索引标识 4 建立两数据表之间的永久性关联。

⑬ CHECK <表记录有效性规则> [ERROR<出错信息>]：定义完所有的字段后，通过 CHECK 短语可建立表一级的有效性规则和出错信息。

① 用 SQL CREATE 命令新建的表自动在最低可用工作区打开，并可用通过别名引用，新表的打开方式为独占方式（忽略 SET EXCLUSIVE 的当前设置）。

② 若建立的是自由表（当前没有打开的数据库或使用了 FREE），则很多选项在命令中不能使用，如 NAME、CHECK、DEFAULT、FOREIGN KEY、PRIMARY KEY 和 REFERENCES 等。

表 5.2 列出了在 CREATE TABLE 命令中可以使用的数据类型及说明。

表 5.2　　　　　　　　CREATE TABLE 命令中可用数据类型及其说明

数据类型	字段宽度	小数位数	说明
C	n	-	字符型字段的宽度为 n
D	-	-	日期类型
T	-	-	日期时间型
N	n	d	数值字段类型，宽度为 n，小数位数为 d
F	n	d	浮点数值字段类型，宽度为 n，小数位数为 d
I	-	-	整数类型
B	-	d	双精度型
Y	-	-	货币类型
L	-	-	逻辑类型
M	-	-	备注类型
G	-	-	通用类型

例 5.43　建立一个自由表 KZS。
CREATE TABLE KZS FREE(学号 C(6)，姓名 C(8)，性别 C(2)，年龄 N(3) NULL，入学年月 D)

例 5.44　建立教学管理数据库，再使用 SQL 命令建立学生表、课程表和成绩表。
CREATE DATABASE 教学管理
CREATE TABLE 学生(学号 C(8) PRIMARY KEY，姓名 C(8) NOT NULL，;
性别 C(2)，CHECK 性别="男" OR 性别="女" ;
ERROR "性别只能为男或女，请输入正确的值" DEFAULT "男"，;
是否团员 L，出生日期 D，备注 M)
&&建立学生表，定义学号、姓名、性别、是否团员、出生日期、备注 6 个字段，并根据学号字段建立了主索引，不允许姓名为空值 NULL，设置了性别字段的有效性规则、错误信息和默认值。
CREATE TABLE 课程(课程号 C(4) PRIMARY KEY，;
课程名 C(12) NOT NULL，学分 N(2)，课程性质 C(4))
&&建立课程表，定义课程号、课程名、学分、课程性质 4 个字段，并根据课程号字段建立主索引，不允许课程名为空值 NULL 值。
CREATE TABLE 成绩(学号 C(8) REFERENCES 学生，课程号 C(4)，成绩 N(5,2)，;
PRIMARY KEY 学号+课程号 TAG 学号课程号，;
FOREIGN KEY 课程号 TAG 课程号 REFERENCES 课程)
&&建立成绩表，定义学号、课程号和成绩 3 个字段，根据学号字段建立普通索引，与学生表建立关联。根据课程号建立普通索引，索引名为课程号，与课程表的主索引课程号建立关联。同时以学号+课程号作为索引表达式建立主索引，索引名为学号课程号。

建立的数据库及 3 个数据库表如图 5.38 所示。

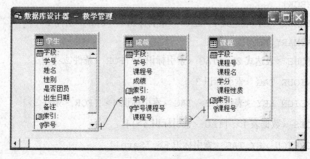

图 5.38　教学管理数据库

5.4.2 表的修改

在 VFP 中，ALTER TABLE 命令用于修改表结构，可以增添字段、删除字段、改变字段的定义、增添或删除约束等。ALTER TABLE 命令有 3 种格式。

格式 1：ALTER TABLE<表名>
```
          ADD|ALTER [COLUMN] <字段名1> <字段类型>[(<字段宽度> [,<小数位数>])]
          [NULL | NOT NULL]
          [CHECK<字段有效性规则>[Error <错误信息>]]
          [DEFAULT <默认值>]
          [PRIMARY KEY | UNIQUE]
          [REFERENCES<数据表1> [TAG<索引标识>]]
```

功能：这种格式用来添加字段或修改字段的参数。可以修改字段的类型、宽度、有效性规则等，但不能修改字段名，不能删除字段及已定义的字段有效性规则。不管是否修改字段类型，必须将字段名和类型一同在命令中列出。

例 5.45 为课程表增加一个新的字段"学时"（数值型，宽度为 2）。
```
ALTER TABLE 课程 ADD 学时 N(2)  CHECK 学时>0 ERROR "学时应该大于0"
```

例 5.46 将课程表的"课程名"字段的宽度改为 14。
```
ALTER TABLE 课程 ALTER 课程名 C(14)
```

格式 2：ALTER TABLE<表名>
```
          ALTER [COLUMN] <字段名>
          [NULL | NOT NULL]
          [SET CHECK<字段有效性规则>[ERROR <错误信息>]]
          [SET DEFAULT <默认值>]
          [DROP DEFAULT]
          [DROP CHECK]
```

功能：这种格式主要用于定义、修改和删除字段的有效性规则和默认值定义。

例 5.47 修改课程表字段"学时"的有效性规则。
```
ALTER TABLE 课程 ALTER 学时 SET CHECK 学时>30 error "学时应该大于30"
```

例 5.48 删除课程表字段"学时"的有效性规则。
```
ALTER TABLE 课程 ALTER 学时 DROP CHECK
```

格式 3：ALTER TABLE<表名>
```
          [DROP [COLUMN] <字段名>]
          [SET CHECK <记录有效性规则>[ERROR <出错信息>]]
          [DROP CHECK]
          [ADD PRIMARY KEY<表达式1> TAG <索引标识1>[FOR <条件1>]]
          [DROP PRIMARY KEY]
          [ADD UNIQUE <表达式2> [TAG <索引标识2>[FOR <条件2>]]]
          [DROP UNIQUE TAG <索引标识3>]
          [ADD FOREIGN KEY <表达式3> TAG <索引标识4> [FOR <条件3>]
          REFERENCES <数据表1> [TAG <索引标识5>]]
          [DROP FOREIGN KEY TAG <索引标识6> [Save]]
          [RENAME COLUMN <字段名1> TO <字段名2>]
```

功能：这种格式可以删除字段（DROP [COLUMN]），可以为字段改名（RENAME COLUMN <字段名 1> TO <字段名 2>），可以增加或删除表一级的有效性规则，还可以定义和删除数据表的索引及与其他表的关联。

例 5.49 将课程表的"学时"字段名改为"总学时"。

ALTER TABLE 课程 RENAME COLUMN 学时 TO 总学时

例 5.50 删除课程表中的"总学时"字段。

ALTER TABLE 课程 DROP COLUMN 总学时

例 5.51 将学生表的"姓名"和"出生日期"作为组合关键字定义为候选索引，索引名为 XMCSRQ。

ALTER TABLE 学生 ADD UNIQUE 姓名+DTOC（出生日期）TAG XMCSRQ

例 5.52 删除学生表中的候选索引 XMCSRQ。

ALTER TABLE 学生 DROP UNIQUE TAG XMCSRQ

5.4.3 表的删除

删除数据表的命令如下。

命令：DROP TABLE <表名>

功能：删除指定的数据表。

命令说明：删除数据库表时，应先打开所属的数据库，否则虽然从磁盘上删除了.DBF 文件，但是在数据库中（记录在.DBC 文件中）的信息却没有被删除，此后会出现错误提示。即将造成数据库中的信息不一致。

本章小结

本章主要包括以下内容。

（1）数据查询功能 SELECT 语句，即实现对表的选择、投影与连接操作。WHERE 子句对应选择操作（选择行），SELECT 子句对应投影操作（选择列），FROM 子句对应连接操作（多表连接）。

（2）SELECT 语句中条件表达式用到的所有运算符（关系、逻辑、特殊）、消除重复行的 DISTINCT 子句、库函数、分组 GROUP BY 子句、分组条件 HAVING 子句，对查询结果进行排序的 ORDER BY 子句，嵌套查询、连接查询等。

（3）数据操作功能的 INSERT、UPDATE 以及 DELETE 命令动词的格式和功能。

（4）数据定义功能的 CREATE、ALTER 以及 DROP 命令动词的格式和功能。

习 题 五

一、选择题

1. SQL 的数据操作语句不包括（　　）。
   A．INSERT　　　　　　　　　　B．UPDATE
   C．DELETE　　　　　　　　　　D．CHANGE

2. SQL 语句中条件短语的关键字是（　　）
   A. WHERE　　　　　　　　　　　　B. FOR
   C. WHILE　　　　　　　　　　　　D. CONDITION
3. SQL 语句中修改表结构的命令是（　　）。
   A. MODI STRU　　　　　　　　　　B. ALTER TABLE
   C. ALTER STRUCTURE　　　　　　　D. MODI TABLE
4. SQL 语句中删除表的命令是（　　）。
   A. DROP TABLE　　　　　　　　　　B. ERASE TABLE
   C. DETETE TABLE　　　　　　　　　D. DELETE DBF
5. 在 SQL 的 SELECT 查询结果中，消除重复记录的方法是（　　）。
   A. 通过指定主关系键　　　　　　　　B. 通过指定唯一索引
   C. 使用 DISTINCT 子句　　　　　　　D. 使用 HAVING 子句
6. SQL 查询语句中 ORDER BY 子句的功能是（　　）。
   A. 对查询结果进行排序　　　　　　　B. 分组统计查询结果
   C. 限定分组检索结果　　　　　　　　D. 限定查询条件
7. SQL 查询语句中 HAVING 子句的作用是（　　）。
   A. 指出分组查询的范围　　　　　　　B. 指出分组查询的值
   C. 指出分组查询的条件　　　　　　　D. 指出分组查询的字段
8. 下列选项中，不属于 SQL 数据定义功能的是（　　）。
   A. SELECT　　　　　　　　　　　　B. CREATE
   C. ALTER　　　　　　　　　　　　D. DROP
9. 嵌套查询命令中的 IN 相当于（　　）。
   A. 等号=　　　　　　　　　　　　B. 集合运算符∈
   C. 加号+　　　　　　　　　　　　D. 减号 –
10. 关于命令 INSERT-SQL 描述正确的是（　　）。
    A. 在表中任何位置插入一条记录　　　B. 可以向表中输入若干条记录
    C. 在表头插入一条记录　　　　　　　D. 在表尾插入一条记录
11. 在 SQL 语句中，与表达式"工资 BETWEEN 1210 AND 1240"功能相同的表达式是（　　）。
    A. 工资>=1210 AND　工资<=1240
    B. 工资>1210 AND　工资<=1240
    C. 工资>1210 AND　工资<1240
    D. 工资>=1210 OR　工资<=1240
12. 在 SQL 语句中，与表达式"仓库号　NOT IN("wh1","wh2")"功能相同的表达式是（　　）。
    A. 仓库号="wh1" AND　仓库号="wh2"
    B. 仓库号!="wh1" OR　仓库号 "wh2"
    C. 仓库号<>"wh1" OR　仓库号!="wh2"
    D. 仓库号!="wh1" AND　仓库号!="wh2"
13. 在 VFP 中，执行 SQL 的 DELETE 命令和传统的非 SQL DELETE 命令都可以删除数据库表中的记录，下面对它们正确的描述是（　　）。
    A. SQL 的 DELETE 命令删除数据库表中的记录之前，不需要用命令 USE 打开该表
    B. SQL 的 DELETE 命令和传统的非 SQL DELETE 命令删除数据库表中的记录之前,都需要用命令 USE 打开该表

C. SQL 的 DELETE 命令可以物理地删除数据库表中的记录,而传统的非 SQL 的 DELETE 命令只能逻辑删除数据库表中的记录

D. 传统的非 SQL DELETE 命令可以删除其他工作区中打开的数据库表中的记录

14. 设有 s(学号,姓名,性别)和 sc(学号,课程号,成绩)两个表,如下 SQL 语句检索选修的每门课程的成绩都高于或等于 85 分的学生的学号、姓名和性别,正确的是 SQL 语句是(　　)。

A. SELECT 学号,姓名,性别 FROM s WHERE EXISTS;
(SELECT* FROM SC WHERE SC.学号=s.学号 AND 成绩<=85)

B. SELECT 学号,姓名,性别 FROM S WHERE NOT EXISTS;
(SELECT * FROM SC WHERE SC.学号=s.学号 AND 成绩<=85)

C. SELECT 学号,姓名,性别 FROM S WHERE EXISTS;
(SELECT * FROM SC WHERE SC.学号=S.学号 AND 成绩>85)

D. SELECT 学号,姓名,性别 FROM S WHERE NOT EXISTS;
(SELECT * FROM SC WHERE SC.学号=S.学号 AND 成绩<85)

15. 数据库表"评分"有歌手号、分数和评委号 3 个字段,假设某记录的字段值分别是 1001、9.9 和 105,插入该记录到"评分"表的正确的 SQL 语句是(　　)。

A. INSERT VALUES("1001", 9.9, "105")INTO 评分(歌手号, 分数, 评委号)

B. INSERT TO 评分(歌手号, 分数, 评委号)VALUES("1001", 9.9, "105")

C. INSERT INTO 评分(歌手号, 分数, 评委号)VALUES("1001", 9.9, "105")

D. INSERT VALUES("1001",9.9,"105")TO 评分(歌手号,分数,评委号_)

16. "图书"表中有字符型字段"图书号",要求用 SQL-DELETE 命令将图书号以字母 A 开头的图书记录全部打上删除标记,正确的命令是(　　)。

A. DELETE FROM 图书 FOR 图书号 LIKE "A%"

B. DELETE FROM 图书 WHILE 图书号 LIKE "A%"

C. DELETE FROM 图书 WHERE 图书号="A*"

D. DELETE FROM 图书 WHERE 图书号 LIKE "A%"

17. 要使"产品"表中所有产品的单价上浮 8%,正确的 SQL 命令是(　　)。

A. UPDATE 产品 SET 单价=单价+单价*8% FOR ALL

B. UPDATE 产品 SET 单价=单价*1.08 FOR ALL

C. UPDATE 产品 SET 单价=单价+单价*8%

D. UPDATE 产品 SET 单价=单价*1.08

18. 假设同一名称的产品有不同的型号和产地,则计算每种产品平均单价的 SQL 语句是(　　)。

A. SELECT 产品名称, AVG(单价) FROM 产品 GROUP BY 单价

B. SELECT 产品名称, AVG(单价) FROM 产品 ORDER BY 单价

C. SELECT 产品名称, AVG(单价) FROM 产品 ORDER BY 产品名称

D. SELECT 产品名称, AVG(单价) FROM 产品 GROUP BY 产品名称

19. 假设有如下 SQL 语句

SELECT DISTINCT 歌手号 FROM 歌手 WHERE 最后得分>=ALL;
(SELECT 最后得分 FROM 歌手 WHERE SUBSTR(歌手号,1,1)="2")

与之等价的 SQL 语句是(　　)。

A. SELECT DISTINCT 歌手号 FROM 歌手 WHERE 最后得分>=;

    (SELECT MAX（最后得分）FROM 歌手 WHERE SUBSTR（歌手号,1,1）="2"）
  B. SELECT DISTINCT 歌手号 FROM 歌手 WHERE 最后得分>=;
    (SELECT MIN（最后得分）FROM 歌手 WHERE SUBSTR（歌手号,1,1）="2"）
  C. SELECT DISTINCT 歌手号 FROM 歌手 WHERE 最后得分>=ANY;
    (SELECT 最后得分 FROM 歌手 WHERE SUBSTR（歌手号,1,1）="2"）
  D. SELECT DISTINCT 歌手号 FROM 歌手 WHERE 最后得分>=SOME;
    (SELECT 最后得分 FROM 歌手 WHERE SUBSTR（歌手号,1,1）="2"）

20. 假设"评分"表中有"分数"字段，为其添加有效性规则："分数必须大于等于0并且小于等于10"，正确的 SQL 语句是（　　）。
  A. CHANGE TABLE 评分 ALTER 分数 SET CHECK 分数>=0 AND 分数<=10
  B. ALTER TABLE 评分 ALTER 分数 SET CHECK 分数>=0 AND 分数<=10
  C. ALTER TABLE 评分 ALTER 分数 CHECK 分数>=0 AND 分数<=10
  D. CHANGE TABLE 评分 ALTER 分数 SET CHECK 分数>=0 OR 分数<=10

21. 假设数据库中有"歌手"表，为其增加一个字段"最后得分"的 SQL 语句是（　　）。
  A. ALTER TABLE 歌手 ADD 最后得分 F(6,2)
  B. ALTER DBF 歌手 ADD 最后得分 F 6,2
  C. CHANGE TABLE 歌手 ADD 最后得分 F(6,2)
  D. CHANGE TABLE 学院 INSERT 最后得分 F 6,2

22. 有 SQL 命令：ALTER TABLE S ADD 年龄 I CHECK 年龄>15 AND 年龄<30，该命令的含义是（　　）。
  A. 给数据库表 S 增加一个"年龄"字段
  B. 将数据库表 S 中"年龄"字段取值范围修改为 15 至 30 岁之间
  C. 给数据库表 S 中"年龄"字段增加一个取值范围约束
  D. 删除数据库表 S 中的"年龄"字段

23. SQL 的查询结果可以存放到多种类型的文件中，下列都可以用来存放查询结果的文件类型是（　　）。
  A. 临时表、视图、文本文件
  B. 数组、永久性表、视图
  C. 永久性表、数组、文本文件
  D. 视图、永久性表、文本文件

第 24～27 题使用如下的"仓库表"和"职工表"。

仓库表

仓库号	所在城市
A1	北京
A2	上海
A3	天津
A4	广州

职工表

职工号	仓库号	工资
M1	A1	2000.00
M3	A3	2500.00
M4	A4	1800.00

M5	A2	1500.00	
M6	A4	1200.00	

24. 检索在广州仓库工作的职工记录，要求显示职工号和工资字段，正确的命令是（   ）。
    A. SELECT 职工号,工资 FROM 职工表
         WHERE 仓库表.所在城市="广州"
    B. SELECT 职工号,工资 FROM 职工表;
         WHERE 仓库表.仓库号=职工表.仓库号 AND 仓库表.所在城市="广州"
    C. SELECT 职工号,工资 FROM 仓库表,职工表;
         WHERE 仓库表.仓库号=职工表.仓库号 AND 仓库表.所在城市="广州"
    D. SELECT 职工号,工资 FROM 仓库表,职工表;
         WHERE 仓库表.仓库号=职工表.仓库号 OR 仓库表.所在城市="广州"

25. 有如下 SQL 语句：
    SELECT SUM(工资) FROM 职工表 WHERE 仓库号 IN;
    (SELECT 仓库号 FROM 仓库表 WHERE 所在城市="北京" OR 所在城市=; "广州")
    执行语句后，工资总和是（   ）。
    A. 1500.00   B. 3000.00
    C. 5000.00   D. 10500.00

26. 求至少有两个职工的每个仓库的平均工资的正确 SQL 语句是（   ）。
    A. SELECT 仓库号,COUNT(*),AVG(工资) FROM 职工表;
         HAVING COUNT(*)>=2
    B. SELECT 仓库号,COUNT(*),AVG(工资) FROM 职工表;
         GROUP BY 仓库号 HAVING COUNT(*)>=2
    C. SELECT 仓库号,COUNT(*),AVG(工资) FROM 职工表;
         GROUP BY 仓库号 SET COUNT(*)>=2
    D. SELECT 仓库号,COUNT(*),AVG(工资)FROM 职工表;
         GROUP BY 仓库号 WHERE COUNT(*)>=2

27. 有如下 SQL 语句：
    SELECT DISTINCT 仓库号 FROM 职工表 WHERE 工资>=ALL;
    (SELECT 工资 FROM 职工表 WHERE 仓库号="A1")
    执行语句后，显示查询到的仓库号有（   ）。
    A. A1   B. A3
    C. A1，A2   D. A1，A3

二、填空题
1. 在 SQL 中，用_____子句来完成集合的并运算。
2. 在 SQL 查询语句中，显示部分结果的 TOP 短语必须要与_____短语一起来使用。
3. SQL SELECT 语句的功能是_____。
4. "职工"表有工资字段，计算工资合计的 SQL 语句是：SELECT_____FROM 职工。
5. 要在"成绩"表中插入一条记录，应该使用的 SQL 语句是：INSERT INTO 成绩(学号,英语,数学,语文) _____("2001100111",91,78,86)
6. 在 Visual FoxPro 支持的 SQL 语句中，可以从数据库删除表的命令是_____；可以修改表结构的命令是_____。

7. 在 SQL 语句中空值用_____表示。

8. 在 VFP 中，SQL DELETE 命令是_____删除记录。

9. SQL SELECT 语句为了将查询结果存放到临时表中应该使用_____子句。

10. SQL SELECT 语句为了将查询结果存储到永久表中应该使用_____子句。

11. 在 SQL-SELECT 语句的 ORDER BY 子句中，加上子句 DESC 表示按_____输出，省略 DESC 表示按_____输出。

12. 在 SELECT-SQL 语句中可以包含一些统计函数，这些函数包括_____函数、_____函数、_____函数、MAX 函数和 MIN 函数等。

13. 设有学生选课表 SC(学号,课程号,成绩)，用 SQL 语言检索每门课程的课程号及平均分的语句是：
SELECT 课程号,AVG(成绩) FROM SC_____

14. 将学生表 STUDENT 中的所有学生的年龄（字段名是 AGE）增加 1 岁，应该使用的 SQL 命令是：
UPDATE STUDENT_____

15. 在 Visual FxoPro 中，使用 SQL 语言的 ALTER TABLE 命令给学生表 STUDENT 增加一个 Email 字段，长度为 30，命令是：
ALTER TABLE STUDENT_____Email C(30)

16. 将"产品"表的"名称"字段名修改为"产品名称"，命令是：
ALTER TABLE 产品 RENAME _____ 名称 TO 产品名称

17. 在 Visual FxoPro 中，用 SQL 语句创建表时定义主索引，实现实体完整性规则使用的子句是_____。

18. 在 Visual FxoPro 中，如果要将学生表 S(学号,姓名,性别,年龄)中"年龄"属性删除，正确的 SQL 命令是：
ALTER TABLE S _____ 年龄

19. 假设"歌手"表中有"歌手号"、"姓名"和"最后得分"3 个字段，"最后得分"越高名次越靠前，查询前 10 名歌手的 SQL 语句是：
SELECT *_____ FROM 歌手 ORDER BY 最后得分_____

20. SQL SELECT 语句中的_____子句用于实现关系的连接操作。

21. 在 SQL 的 CREATE TABLE 语句中，为属性说明取值范围（域完整性约束）的子句是_____。

三、上机题

针对学生管理数据库中的表，使用 SQL 完成以下操作。

1. 数据查询

① 查询 COURSE 表中所有选修课的课程名称、学时和学分。

② 查询 STUDENT 表中所有 2012 级学生的名单。

③ 查询 STUDENT 表中 1992 年 9 月 1 日以后出生的学生人数。

④ 查询 STUDENT 表中学生的姓名，性别和出生日期，要求按性别升序排列，性别相同的再按出生年月降序排列。

⑤ 查询必修课程的课程号、课程名称、最高成绩、最低成绩和平均成绩，要求将结果输出到文本文件"必修课成绩"中去。

⑥ 查询"数据库管理系统"课程的成绩高于"数据库管理系统"课程平均成绩的学生的学号和成绩。

2. 数据操作

① 在 STUDENT 表中插入一条新的记录，学号为"2012064108"，姓名为"章青"，性别为"女"。

② 将 COURSE 表中所有课程性质为"选修"的学时减少 5 个学时。

③ 删除 STUDENT 表中所有性别为"女"的记录。

3. 数据定义

① 使用建立数据库和数据表的命令，建立学生管理数据库以及图 4.1 所示的学生、课程、成绩 3 个数据表。要求学生表中"学号"字段为主索引，设置"性别"字段的有效性规则，默认值，错误信息；课程表的"课程号"为主索引，成绩表的"学号"参照学生表为外索引，"课程号"参照课程表为外索引，"成绩"字段允许为空值。

② 在成绩表增加"选课时间"字段，日期型，默认值为当前日期。

③ 删除学生表中"性别"字段的有效性规则。

④ 将学生表的"出生日期"字段改名为出生年月。

⑤ 删除学生表中的"出生年月"字段。

⑥ 给成绩表增加一个主索引，索引表达式为"学号+课程号"，索引名为 xhkch。

⑦ 删除成绩表的主索引 xhkch。

第 6 章
查询与视图

查询是数据库管理系统中最常用,也是最重要的功能,它为用户快速、方便地使用数据库中的数据提供了一种有效的方法。

查询和视图是检索和操作数据库的两个基本手段,两者都可以从一个或多个相关联的数据表中提取有用的信息。两者的区别主要体现在以下两个方面。

(1)查询可以根据表或视图的定义完成,它可以不依赖于数据库而独立存在,可以显示但不能更新由查询检索到的数据(查询结果是只读的)。

(2)视图兼有表和查询的特点,它可以更改数据源中的数据,但不能独立存在,必须依赖于某一个数据库。

6.1 查 询

查询就是预先定义好的一个 SQL SELECT 语句,是从指定的表或视图中提取的满足条件的记录,然后按照需要的输出类型定向输出查询结果。它可以在不同的场合直接或反复使用,从而提高效率。

通过查询可以按指定的条件和内容对几个相关联的表或视图中的数据进行检索,得到需要的信息并能对原始数据进行某些统计计算。

1. 启动查询设计器

若要使用数据库表,应在启动查询设计器之前先打开数据库。可以采用以下方式启动查询设计器。

(1)项目管理器方式:选择"查询"数据项,单击"新建"按钮,在"新建查询"对话框中选择"新建查询"命令,打开"查询设计器"及"添加表或视图"对话框。

(2)菜单方式:选择"文件"→"新建"菜单命令,在"新建"对话框中选择"查询"文件类型,然后单击"新建文件"按钮。

(3)命令方式:CREATE QUERY <查询文件名>。

2. 查询设计器的使用

(1)添加数据源。在"添加表或视图"对话框中选定要添加的表或视图后,单击"添加"按钮,可将选定表或视图添加到"查询设计器"中如图 6.1 所示。

在"查询设计器"的数据源中显示了所有添加的表和查询,并且显示了它们之间的永久关系。若没有建立永久关系,会显示"联接条件"对话框,要求建立表之间的联接,如图 6.2 所示。

第 6 章 查询与视图

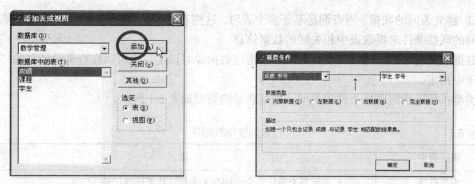

图 6.1 "添加表或视图"对话框　　　　图 6.2 "联接条件"对话框

（2）"查询设计器"中的选项卡。"查询设计器"对话框分上下两部分，上面是数据源，下面有"字段"、"联接"、"筛选"、"排序依据"、"分组依据"和"杂项"6 个选项卡，如图 6.3 所示。只要根据实际需求对不同的选项卡进行相应的设置，即可完成查询的设计。

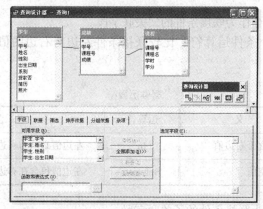

图 6.3 "查询设计器"对话框

① 选择输出字段。在"查询设计器"的"字段"选项卡中可以指定查询要输出的字段、函数或表达式。

在"选定字段"列表框中，可以用鼠标拖动的方法来调整字段的输出顺序，也可以单击"移去"按钮，将所选项从"选定字段"列表框中移去。若查询输出的是一个表达式时，可以在"函数和表达式"框中输入，或在"表达式生成器"中生成一个相应的表达式。

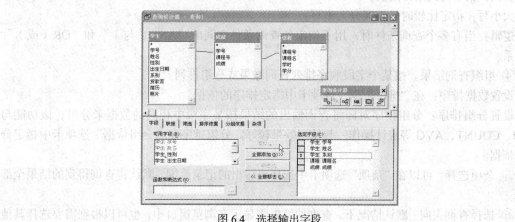

图 6.4 选择输出字段

109

② 建立表间的联接。当查询是基于多个表时，这些表之间必须是有联系的，系统就是根据它们之间的联接条件来提取表中相关联的数据信息。

数据表间的联接条件可以在查询刚开始指定数据源时设定，也可以在查询设计器的"联接"选项卡中指定。

类型：用于指定联接条件的类型，表间联系的类型如表 6.1 所示。

表 6.1　　　　　　　　　　　　　表间联系的类型

联接类型	含　义
内部联接	只返回两个表中完全（同时）满足联接条件的记录
右联接	返回右侧表中所有记录以及左侧表中相匹配的记录
左联接	返回左侧表中所有记录以及右侧表中相匹配的记录
完全联接	返回两个表中的所有记录

字段名：用于指定一个作为联接条件的父关联字段。

条件：用于指定一个条件运算符，比较联接条件左边与右边的值。条件运算符如表 6.2 所示。

表 6.2　　　　　　　　　　　　　条件运算符

运算符	含　义	运算符	含　义
Like	左边值包含于右边值	In	左边值必须与右边几个值中的一个相匹配
IS NULL	左边值是空值	Between	左边值包含在右边的两个值之间

值：用于指定一个作为联接条件的子关联字段。

逻辑：用于指定各联接条件之间的"AND（与）"和"OR（或）"的关系。

③ 指定查询条件。查询通常都是按某个或某几个条件来进行的，可以在"筛选"选项卡中建立筛选表达式，以选择满足查询条件的记录。

字段名：指定用于筛选条件的字段名。

条件：指定比较操作的运算符。

实例：指定查询条件的值。

大小写：指定比较时是否区分大小写。

逻辑：当有多个查询条件时，用于指定各查询条件之间的"AND（与）"和"OR（或）"的关系。

④ 组织查询结果。按某个字段顺序排列查询结果或分组排列。

设置数据排序：在"排序依据"选项卡中指定排序的依据。

设置分组排序：分组排序对即将查询输出的结果按某字段中相同的数据来分组，该功能与 SUM、COUNT、AVG 等统计操作一起使用效果较好。分组排序在"分组依据"选项卡中指定分组的依据。

⑤ 杂项选择。可以在"杂项"选项卡中选择要输出的记录范围，默认将查询得到的结果全部输出。

⑥ 选择查询去向。默认情况下，查询的结果将显示在浏览窗口中，也可以根据需要选择其他

输出形式。选择时,打开查询设计器,选择"查询/查询去向"菜单命令,在"查询去向"对话框中选择输出去向,如图 6.5 所示。

浏览:查询结果输出到浏览窗口(默认)。
临时表:查询结果存入一个临时的只读数据表中,关闭此数据表时,查询结果将丢失。
表:查询结果存入表文件,可以作为一个自由表使用。
图形:查询结果以图形方式输出。
屏幕:查询结果输出到主窗口。
报表:查询结果输出到一个报表文件中。
标签:查询结果输出到一个标签文件中。

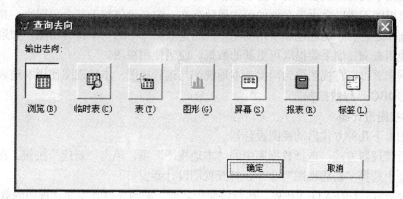

图 6.5　"查询去向"对话框

3. 保存查询文件

选择菜单"文件/另存为",在弹出的"打开"对话框中输入文件名之后单击"确定"按钮即可。

4. 运行查询

查询文件保存了建立查询时的各种设置信息,通过运行查询文件,可以按指定的查询去向输出查询结果。可以采用以下几种方式运行查询。

(1)项目管理器方式:选定要运行的查询,然后单击"运行"按钮。
(2)菜单方式:选择"查询/运行查询"命令,或单击工具栏"!(运行)"按钮。
(3)命令方式:DO <查询文件名.QPR>。

命令方式中扩展名.QPR 不能省略。

5. 修改查询

可以采用以下几种方式修改查询。
(1)项目管理器方式:选中要修改的查询文件,单击"修改"按钮。
(2)命令方式:MODIFY QUERY <查询文件名>。

6. 查看查询

利用查询设计器得到的查询文件是一个文本文件,用户可以查看其内容。打开查询设计器,选择"查询"→"查看 SQL"菜单命令,打开一个只读窗口,在其中显示了一条 SQL 语句,它包含了用户创建这个查询的所有信息。

6.2 视　　图

视图是 VFP 提供的一种定制的且可更改的数据集合。它兼有"表"和"查询"的特点。与查询类似的是,它可以从一个或多个相关联的表中提取有用信息;与表类似的是,它可以更新其中的信息,并将更新结果永久保存。

利用视图可以将数据暂时从数据库中分离出来成为自由数据,以便在主系统之外收集和修改数据,通过视图不仅可以从多个表中提取数据,还可以在改变视图数据后,把更新结果送回到数据源表中。但视图不能以自由表文件的形式单独存在,它必须依赖于某个数据库,并且只有在打开相关的数据库之后,才能创建和使用视图。视图是数据库中的一个特有功能,如果要保存检索结果,应当使用查询;如果要提取可更新的数据,应当使用视图。

依据数据来源可以将视图分为两类:本地视图与远程视图。本地视图使用本地表或视图,远程视图使用 ODBC 远程数据源。

1. 启动视图设计器

可以采用以下几种方式启动视图设计器。

(1)项目管理器方式:选择数据库中的"本地视图"项,单击"新建"按钮,在"新建本地视图"对话框中选择"新建视图"命令,打开视图设计器窗口。

(2)命令方式:CREATE VIEW。执行该命令之前,必须先打开要建立视图的数据库。

2. 视图设计器的使用

与查询设计器相比,视图设计器中只多了一个"更新条件"选项卡,其他都相同,两者的使用方式几乎完全一样。不同的是,当需要用视图中的数据更新源表时,必须通过"更新条件"选项卡设置更新属性,如图 6.6 所示。

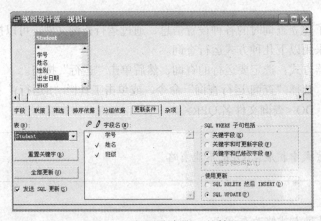

图 6.6　"视图设计器"对话框

在图 6.6 所示的"视图设计器"中,"更新条件"选项卡控制将对数据源的修改结果(如更改、删除、插入)发送回数据源的方式,而且还可以控制将表的特定字段定义为是否可修改字段,并能对用户的服务器设置合适的 SQL 更新方法。

"更新条件"对话框中各主要选项的含义如下。

① 指定可更新的表:可以在"表"下拉列表框中设置可选择的源表。

② 指定可更新的字段:可以在"字段列表框"此列表框中显示源表的所有字段、标记关键字

和可修改的字段。

③ 检查更新的合法性。

"钥匙"图标：标识关键字段列。在某字段的左边第一个按钮上单击，可设置或取消该字段为关键字。如果没有设置某个字段为关键字，则无法对源表进行更新。

"铅笔"图标：标识可修改的字段列。在某字段的左边第二个按钮上单击，可以设置或取消该字段为可修改字段。如果没有将某个字段设置为可修改字段，即使在"浏览"窗口中修改了字段的值，也不可能更改源表的数据。

"重置关键字"按钮：重新设置所有的关键字和可修改的字段。

"全部更新"按钮：使所有的字段都可以修改。

在多用户环境下，可能出现多人同时对相同的数据库进行修改操作的情况，这就可能发生冲突。冲突是指当前视图中的旧值与原始表中当前的值不相等。如果发生冲突，则不能实现将视图修改传送到原始表中。VFP 6.0 中文版通过"SQL WHERE 子句包括"区中的选项来设置检测冲突规则。

"关键字段"按钮：当源表中的关键字段被改变时，更新操作失败。

"关键字段和可更新字段"按钮：当源表中的关键字段或任何被标记为可修改的字段被修改时，更新操作失败。

"关键字段和已修改字段"按钮：当源表中的关键字段或任何被标记为可修改的字段被改变时，更新操作失败。

"关键字段和时间戳"按钮：如果从视图抽取此记录后，远程数据表中此记录的时标被改变，则更新操作失败。

④ 使用更新方式。

"SQL DELETE 然后 INSERT"按钮：采取先删除服务器上的原始表的相应记录，然后由在视图中修改的值取代该记录的更新方式。

"SQL UPDATE"按钮：采取通过服务器支持的 SQL UPDATE 命令用视图中字段的变化来修改服务器上的原始表的记录的更新方式。

例如，利用 STUDENT 表建立的视图更新字段"姓名"的字段值"叶问问"为"叶问"，观察源表的数据变化。

3. 查询与视图的比较

查询与视图的主要区别如表 6.3 所示。

表 6.3　　　　　　　　　　　　　查询与视图的主要区别

特　　征	查　　询	视　　图
文件属性	作为独立文件（.QPR）存储在磁盘中，不属于数据库	不是一个独立的文件，是数据库的一部分
数据来源	本地表、其他视图	本地表、其他视图、远程数据源
结果的存储格式	结果可以存储在数据表、图表、报表、标签等文件中	只能是临时的数据库
数据引用	不能被引用	可以作为表单、报表、查询或其他视图的数据源
更新数据	查询的结构是只读的	可以更新数据并回送到数据源表中

4. 视图使用

视图建立之后，就可以象数据表一样使用。视图在使用时，作为临时表在自己的工作区中打开,如果该视图基于本地表,则系统将同时在另一个工作区中打开源表。

视图的操作:

(1)使用 USE <视图名> 命令打开视图。

(2)使用 USE 命令关闭视图。

(3)在"浏览"窗口中显示或修改视图数据。

(4)使用 SQL 语句操作视图:create view…as select…。

(5)在文本框、表格控件、表单或报表中使用视图作为数据源。

5. 视图删除

由于视图是虚拟表,所以它不存在表结构,但是可以删除视图。删除视图的命令如下。

命令:DROP View <视图名>

功能:从数据库中删除指定的视图。

本章小结

本章主要介绍以下主要内容。

(1)查询设计器的使用及查询的特点。

(2)视图设计器的使用及视图的特点。

(3)查询与视图的比较。

习题六

一、选择题

1. 删除视图 myview 的命令是(　　)。
    A. DELETE myview
    B. DELETE VIEW myview
    C. DROP VIEW myview
    D. REMOVE VIEW myview
2. 以下关于视图描述错误的是(　　)。
    A. 只有在数据库中可以建立视图
    B. 视图定义保存在视图文件中
    C. 从用户查询的角度来看视图和表一样
    D. 视图物理上不包括数据
3. 以下关于视图的描述正确的是(　　)。
    A. 视图和表一样包含数据
    B. 视图物理上不包含数据
    C. 视图定义保存在命令文件中
    D. 视图定义保存在视图文件中
4. 以下关于查询的描述正确的是(　　)。
    A. 不能根据自由表建立查询
    B. 只能根据自由表建立查询
    C. 只能根据数据库表建立查询
    D. 可以根据数据库表和自由表建立查询
5. 以下关于"查询"的正确描述是(　　)。
    A. 查询文件的扩展名为 PRG
    B. 查询保存在数据库文件中
    C. 查询保存在表文件中
    D. 查询保存在查询文件中
6. 以下关于"视图"正确的描述是(　　)。
    A. 视图独立于表文件
    B. 视图不可更新

  C. 视图只能从一个表派生出来　　　　　D. 视图可以删除
7. 关于视图和查询，以下叙述正确的是（　　）。
  A. 视图和查询都只能在数据库中建立　　B. 视图和查询都不能在数据库中建立
  C. 视图只能在数据库中建立　　　　　　D. 查询只能在数据库中建立
8. 可以运行查询文件的命令是（　　）。
  A. DO　　　　　　　　　　　　　　　B. BROWSE
  C. DO QUERY　　　　　　　　　　　　D. CREATE QUERY
9. 在查询设计器环境中"查询"菜单中的"查询去向"命令指定了查询结果的输出去向，输出去向不包括（　　）。
  A. 临时表　　　　B. 表　　　　C. 文本文件　　　　D. 屏幕
10. 在视图设计器中有而在查询设计器中没有的选项卡是（　　）。
  A. 排序依据　　　B. 更新条件　　C. 分组依据　　　　D. 杂项
11. 在使用查询设计器创建查询时，为了指定在查询结果中是否包含重复记录（对应于DISTINCT），应该使用的选项卡是（　　）。
  A. 排序依据　　　B. 联接　　　　C. 筛选　　　　　　D. 杂项
12. 以纯文本形式保存结果的设计器是（　　）。
  A. 查询设计器　　　　　　　　　　　　B. 表单设计器
  C. 菜单设计器　　　　　　　　　　　　D. 以上三种都不是
13. 在 Visual FoxPro 中，要运行查询文件 query1.qpr，可以使用命令（　　）。
  A. DO query 1　　　　　　　　　　　B. DO query1.qpr
  C. DO QUERY query1　　　　　　　　D. RUN query1
14. 在 Visual FoxPro 中，关于查询和视图的正确描述是（　　）。
  A. 查询是一个预先定义好的 SQL SELECT 语句文件
  B. 视图是一个预先定义好的 SQL SELECT 语句文件
  C. 查询和视图是同一种文件，只是名称不同
  D. 查询和视图都是一个存储数据的表
15. 在 Visual FoxPro 中，以下关于视图描述中错误的是（　　）。
  A. 通过视图可以对表进行查询　　　　　B. 通过视图可以对表进行更新
  C. 视图是一个虚表　　　　　　　　　　D. 视图就是一种查询

二、填空题

1. 已有查询文件 queryone.qpr，要执行该查询文件可使用命令_____。
2. 查询设计器中的"分组依据"选项卡与 SQL 语句的_____短语对应。
3. 删除视图 MyView 的命令是_____。
4. 在数据库中可以设计视图和查询，其中_____不能独立存储为文件（存储在数据库中）。
5. 在 Visual FoxPro 中，视图可以分为本地视图和_____视图。
6. 在 Visual FoxPro 中，为了通过视图修改基本表中的数据，需要在视图设计器的_____选项卡设置有关属性。
7. 查询设计器的"排序依据"选项卡对应于 SQL SELECT 语句的_____短语。

第 7 章 程序设计基础

7.1 Visual FoxPro 的工作方式

Visual FoxPro 主要有以下几种工作方式。

1．单命令方式

所谓单命令方式，是指输入一条命令即完成一个操作的工作方式。Visual FoxPro 单命令方式是利用 Command 窗口来实现的。用户通过 Command 窗口输入命令，并执行操作。在 Command 窗口中，可以输入单个的操作命令和系统命令，完成对数据库的操作管理和系统环境的设置，也可以建立命令文件及运行命令文件。

Command 窗口不仅是 Visual FoxPro 命令的执行窗口，也是 Visual FoxPro 命令文件的编辑窗口。

2．菜单方式

在 Visual FoxPro 环境下，也可以通过系统提供的菜单选项，对数据库资源进行操作管理，并对系统环境进行设置，还可以通过菜单建立命令文件或运行命令文件。所谓菜单方式，即通过打开不同的菜单选择并完成不同的操作。

3．程序文件方式

程序文件（简称程序）也叫做命令文件。运用程序文件方式进行数据库管理，是通过程序文件编辑工具，将对数据库资源进行操作管理的命令和对系统环境进行设置的命令集中在一个以.PRG 为扩展名的命令文件中，然后再通过菜单方式或命令方式运行该命令文件。所谓命令方式，即通过程序文件中的命令完成不同的操作。

4．三种方式的特点

（1）单命令方式的特点。一次输入一条命令，只能完成一项操作，主要用于简单的运算及显示等，不能进行复杂的操作。每次都要输入命令，需要熟练记忆大多数命令及参数，效率较低，但它是编制程序的基础。

（2）菜单方式的特点。在系统提供的菜单中进行操作，一次完成一项操作。如果有的菜单具有复合功能，就可以完成复杂操作。菜单操作较直观，无须记忆命令，但过程比较繁琐，每次都要在对话框中选择，确定后再进行下一步。

（3）程序文件方式的特点。程序文件方式是效率最高的一种方式，可以把多个命令有序地组织起来，形成程序，达到多个操作、多项运算一次运行即可完成，充分体现出 VFP 的特点，是 VFP 运行的最佳方式。但程序文件方式需要事先编制程序并完成调试，才能正常运行。

7.2 程序及程序文件

1. 程序的概念

所谓程序就是由多条命令按一定规则，为完成一定任务而组织起来的一个有机的序列。简而言之，程序是一个命令序列。Visual FoxPro 源程序就是根据问题的处理要求，由用户使用 Visual FoxPro 提供的命令、函数和控制语句等组成的计算机执行序列。序列的设计、编码、调试过程称为程序设计，程序设计的产品就是程序。

执行程序就是依次执行程序中的每一条命令，直至全部命令执行完毕。程序通常以文件形式存放在磁盘上，在 Visual FoxPro 中，程序文件也称为命令文件，其扩展名为.PRG。程序文件一旦建立，可以多次重复执行。

2. 程序文件的建立、修改及运行

程序被存放在外存中时，这个程序就被称为程序文件，也称为 Visual FoxPro 的源程序文件，此类文件的文件属性为文本文件。当需要执行这个命令序列时，运行相应的程序，系统会按照一定的顺序自动执行相应程序文件中的命令。

（1）建立或修改程序文件。可用两种方式调用系统内置的文本编辑器建立或修改程序文件。

① 命令方式。

命令 1：MODIFY COMMAND [<盘符>] [<路径>]<程序文件名>

命令 2：MODIFY FILE [<盘符>] [<路径>]<程序文件名>

两种命令格式的作用基本相同，即在指定盘符、目录中建立或修改程序文件。命令 1 中可省略扩展名，扩展名为系统默认的.prg；命令 2 中文件名后必须指定扩展名.prg，否则省略后系统默认扩展名为.txt。如果省略盘符与路径，将在默认目录下建立或修改程序文件。省略文件名时，系统自动命名为 untitled.prg。

执行该命令时，系统首先检索磁盘文件，如果指定程序文件存在，则打开，否则系统新建一个指定文件名的程序文件。

② 菜单方式。打开"文件"菜单，选择"新建"命令，然后选择"程序"→"新建文件"命令。

（2）保存程序。程序输入、编辑完毕，单击"文件"→"保存"命令，或按 Ctrl+W 复合键，在"另存为"对话框中指定程序文件的存放位置和文件名，并单击"保存"按钮保存程序文件并退出文本编辑器。程序文件的默认扩展名是.PRG。

（3）执行程序。程序文件建立后，可以采用多种方式、多次执行它。下面是两种常用的方式。

① 菜单方式。

单击"程序"→"运行"菜单命令，打开"运行"对话框。从文件列表框中选择要运行的程序文件，并单击"运行"命令按钮，即可运行该程序文件。

② 命令方式。

命令：DO [<盘符>][<路径>\]<文件名>

功能：执行指定<盘符>、<路径>下的程序文件。

执行程序文件时,将依次执行文件中的命令,直到所有命令执行完毕,或者执行到以下命令。

- CANCEL:终止程序运行,清除所有的私有变量,返回命令窗口。
- RETURN:结束程序执行,返回调用它的上级程序,若无上级程序则返回命令窗口。
- QUIT:结束程序执行并退出 Visual FoxPro 系统,返回操作系统。

VFP 程序文件通过编译、连编,可以产生不同的目标代码文件,这些文件具有不同的扩展名。当用 DO 命令执行程序文件时,若没有指定扩展名,系统将按下列顺序寻找该程序文件的源代码或某种目标代码文件执行:.exe(VFP 可执行版本)、.app(vfp 应用程序文件)、.fxp(vfp 编译版本)、.prg(vfp 源程序文件)。

若寻找到的是.prg 源程序文件,系统会自动对其进行编译,产生相应的.fxp 文件。随后,系统载入新产生的.fxp 文件,并运行它。若寻找到的是.fxp 目标文件,且 DEVELOPMENT 设置设置为 ON(默认值),则系统会检查是否存在一个更新版本的.prg 源程序文件。若存在,系统会删除原有的.fxp 文件,然后重新编译该.prg 文件。

7.3 程序中常用的命令

7.3.1 简单的输入命令

1. ACCEPT 命令

命令:ACCEPT [<提示信息>] TO <内存变量>

功能:在程序执行过程中,将用户交互式输入的内容作为字符串赋值给指定内存变量。

执行此命令时,先在屏幕上显示<提示信息>,然后暂停程序运行,等待用户从键盘输入数据,并以回车键结束。系统将输入的数据存入指定的内存变量中,程序继续执行。<提示信息>一般为字符串或字符型表达式。ACCEPT 语句只能接收字符型数据,因此所有输入的数据都被当作字符串,并且不需要加定界符。如果内存变量未定义,将在执行此命令时建立内存变量。ACCEPT 语句所定义的内存变量为字符型。

例 7.1 编程从键盘输入某数据库的文件名,要求打开该数据库并显示其内容。程序文件名为 PROG1.PRG。

```
SET TALK OFF                    &&关闭对话窗口
CLEAR                           &&清屏
ACCEPT "请输入数据库名:" TO AA   &&将文件名存入变量 AA
OPEN DATABASE  &AA              &&打开文件
ACCEPT "请输入表名" TO  BB       &&将表名存入变量 BB
USE  &BB                        &&打开表
LIST                            &&显示表内容
USE                             &&关闭所有文件
SET TALK ON                     &&打开对话窗口
RETURN                          &&返回
```

2. INPUT 命令

命令：INPUT [<提示信息>] TO <内存变量>

功能：用于接收从键盘输入的表达式，并将其运算结果存入指定的内存变量中。

执行 INPUT 命令时，先在屏幕上显示<提示信息>，然后暂停程序的运行，等待从键盘输入数据。用户输入数据后，按回车键，系统将输入的数据保存到指定的内存变量中，程序继续执行。可选项[<提示信息>]是字符表达式，系统显示其值作为提示信息。INPUT 命令能够接收任意类型的 Visual FoxPro 表达式，计算出结果后，再赋值给内存变量。如果输入的表达式中有字符串、日期型、逻辑型常量，则必须使用相应的定界符。如果内存变量未定义，执行此命令时建立内存变量，类型取决于输入的数据类型。INPUT 语句每次只能为一个变量输入值。

在 INPUT 命令中，如果输入的是字符串，必须用定界符括起来；如果输入的是变量，该变量必须事先已经赋值；如果输入的是函数或表达式，INPUT 命令先计算求值后再将该值赋给内存变量。

例 7.2 从键盘输入两个任意正数，编程求以两数为边长的长方形面积。程序文件名为 PROG2.PRG。

```
SET TALK OFF
CLEAR
INPUT "长方形一边的长为: " TO A
INPUT "长方形另一边的长为: " TO B
S=A*B
? "长方形的面积为: ", S
SET TALK ON
RETURN
```

3. WAIT 命令

命令：WAIT [<提示信息>][TO<内存变量>] [WINDOW [AT<行>,<列>]] [NOWAIT] [CLEAR|NOCLEAR] [TIMEOUT<数值表达式>]

功能：执行该命令时，程序暂停运行，在屏幕上显示<提示信息>，并等待用户从键盘输入任意一个字符，之后将其赋值给指定的内存变量，程序继续执行。

① WAIT 语句主要用于以下两种情况：一是暂停程序的运行，以便观察程序的运行情况，检查程序的中间结果；二是根据实际情况输入某个字符，控制程序的执行流程。

② 若选择可选项[TO<内存变量>]，将输入的单个字符作为字符型数据赋值给指定的内存变量；若用户是按回车键或单击鼠标左键，<内存变量>的值为空串。

③ 通常，提示信息显示在 Visual FoxPro 主窗口或当前用户自定义窗口中，如果指定了 WINDOW 子句，则会出现一个 WAIT 提示窗口显示提示信息。提示窗口一般位于主窗口的右上角，也可用 AT 短语指定显示位置。

④ 若选择 NOWAIT 短语，系统将不等待用户按键继续执行。

⑤ 若选择 NOCLEAR 短语，则不关闭提示窗口，直到用户执行下一条 WAIT WINDOW 命令或 WAIT CLEAR 命令为止。

⑥ TIMEOUT 子句用来设定等待时间的秒数。选择此项设定，一旦超时就不再等待用户按键，自动往下执行。

⑦ 若省略所有可选项，屏幕显示"键入任意键继续…"默认提示信息。

例 7.3 在"教师管理"数据库的 TEACHER 表中显示任意一个系教师的情况,程序文件名为 PROG3.PRG。

```
SET TALK OFF
CLEAR
OPEN DATABASE 教师管理
USE TEACHER
WAIT "请输入待查教师的系号(1-5): " TO N
IF  VAL(N)<1 .OR. VAL(N)>5
    WAIT "输入无效,结束程序运行!" WINDOW  TIMEOUT 5
    RETURN
ELSE
    STORE  "0"+N  TO  AAA
    LIST FOR 系号=AAA
ENDIF
CLOSE DATABASE
SET TALK ON
RETURN
```

4. 三个输入命令的特点

① ACCEPT:只接受字符型数据,不需要定界符,输入完毕按回车键结束。

② WAIT:只能输入单个字符,且不需要定界符,输入完毕不需要按回车键。

③ INPUT:可接受数值型、字符型、逻辑型、日期型和日期时间型数据,数据形式可以是常量、变量、函数和表达式,如果是字符串,需用定界符,输入完毕按回车键结束。

7.3.2 简单的输出命令

1. 非格式输出命令

命令 1:?<内存变量名>

命令 2:??<内存变量名>

功能:显示内存变量、常量或者表达式的值。单问号是在光标所在行的下一行开始显示,而双问号是在光标位置开始显示。

2. 格式输出命令

命令:@<X,Y> SAY<表达式>

功能:是在屏幕的第 X 行,第 Y 列上显示表达式的内容,该表达式可以是常量或变量。利用屏幕输出格式命令,用户可以在桌面的任何一个坐标点上显示有关的内容。

7.3.3 其他命令

1. 清屏命令

命令:CLEAR

功能:清除屏幕上的所有显示内容,光标回到屏幕左上角。该命令通常用于命令文件的开头或需要清除屏幕信息之处。

2. 注释语句

命令 1:NOTE <注释内容>

命令 2:*<注释内容>

命令 3:&& <注释内容>

功能:增强程序文件的易读性或放弃<注释内容>中语句的执行。"NOTE"常放在程序的开头,"*"常放在一行的开始,"&&"常放在一行的尾部。

3. 对话开关语句
命令:SET TALK OFF|ON

功能:关闭或打开命令执行时的对话开关。通常情况下,为使程序运行时屏幕上不出现大量的中间结果,并且提高运行速度,每个程序的前面一般都要加上这条命令。系统默认值是 ON。

4. 设置删除记录标志状态
命令:SET DELETED ON|OFF

功能:屏蔽或者处理有删除标记的记录。选择 ON 时,将不对有删除标志的记录进行操作,但索引命令除外。系统默认值为 OFF。

5. 设置系统默认目录
命令:SET DEFAULT TO <驱动器号:\目录>

功能:用来指定驱动器号及不指定目录时的磁盘目录。

7.4 程序的基本结构

Visual FoxPro 系统提供的命令丰富,且功能强大,把这些命令和程序设计语句有效地组织在一起,就形成了实现某一特定功能的程序。

程序的结构就是指程序中命令或语句执行的流程结构。程序的基本结构有 3 种:顺序结构、选择结构和循环结构。

Visual FoxPro 系统的程序有两个特点。

(1)VFP 的程序是程序控制流模式,由顺序、分支、循环 3 种基本结构构成。

(2)VFP 的程序是面向对象可视化的结构程序模块,在每个模块的内部也是由程序控制流组成。

7.4.1 顺序结构

顺序结构是最简单的程序结构,它按命令在程序中出现的先后次序依次执行。也就是说,在一般情况下,从头至尾按序执行每一行语句或命令,直到遇到结束语句停止执行为止。

例 7.4 已知圆的半径,求圆面积,其源程序清单如下。

```
SET TALK OFF
CLEAR
pi=3.14
INPUT "请输入半径r=" TO r
s=pi*r*r
?"半径=",r
?"圆面积=",s
SET TALK ON
RETURN
```

7.4.2 选择结构

数据处理过程往往是非常复杂的,应用程序运行时常常需要根据是否满足一定的条件,做出相应的逻辑判断和选择,决定程序如何运行。选择结构又称分支结构,就是为了满足这类运算而提供的程序执行方式。分支结构一般分为单向分支、双向分支和多向分支三种形式。

1. 单向分支

单向分支即根据用户设置的条件表达式的值,决定是否执行某一操作。

语句:

  IF<条件表达式>

    <命令行序列>

  ENDIF

功能:该语句首先计算<条件表达式>的值,当<条件表达式>的值为真时,执行<命令行序列>,否则,执行 ENDIF 后面的第一条命令。

例 7.5 求一元二次方程 $AX^2 + BX + C=0$ 的实根,程序名为 PROG4.PRG。

```
SET TALK OFF
CLEAR
INPUT TO A
INPUT TO B
INPUT TO C
Z=B^2-4*A*C
IF  Z>=0
  X1=(-B+SQRT(Z))/(2*A)
  X2=(-B-SQRT(Z))/(2*A)
  ? X1,X2
ENDIF
SET TALK ON
RETURN
```

2. 双向分支

双向分支即根据用户设置的条件表达式的值,选择两个操作中的一个来执行。

语句:

  IF<条件表达式>

    <命令行序列 1>

  ELSE

    <命令行序列 2>

  ENDIF

功能:该语句首先计算<条件表达式>的值,当<条件表达式>的值为真时,执行<命令行序列 1>中的命令,否则,执行<命令行序列 2>中的命令。执行完<命令行序列 1>或<命令行序列 2>后都将执行 ENDIF 后面的第一条命令。IF 与 ENDIF 必须各占一行,且 IF、ELSE 和 ENDIF 必须配对使用,<命令序列>可以嵌套。

例 7.6 编写一个密码校验程序(假设密码为 ABC),程序名为 PROG5.PRG。

```
SET TALK OFF
CLEAR
ACCEPT  "请输入您的密码: " TO AAA
IF  AAA="ABC"
    CLEAR
    ? "欢迎使用本系统!"
ELSE
    ?"密码错误!"
    WAIT
    QUIT
ENDIF
SET TALK ON
```

例 7.7 编写程序完成根据输入的考试成绩,显示相应的成绩等级。
```
CLEAR
INPUT "请输入考试成绩: " TO CHJ
IF CHJ<60
     DJ="不合格"
Else
     IF CHJ<90
          DJ="通过"
     ELSE
          DJ="优秀"
     ENDIF
ENDIF
?"成绩等级: "+DJ
return
```

3. 多分支语句

在实际问题中,常常会有多种情况可供选择,虽然 IF 语句的嵌套形式可以解决许多复杂的问题,但是当选择的条件太多时,IF 语句的结构将会变得复杂,难以编写和并且很难读懂,还容易出错。为此,Visual FoxPro 提供了另一种功能更强、结构更清晰的结构分支语句,即 CASE 语句。

语句:
```
DO CASE
CASE <条件表达式 1>
     <命令行序列 1>
CASE <条件表达式 2>
     <命令行序列 2>
… …
CASE <条件表达式 N>
     <命令行序列 N>
[OTHERWISE
     <命令行序列 N+1> ]
ENDCASE
```

功能:执行该语句时,根据 N-1 个条件表达式的逻辑值,选择 N 个语句行序列中的一个,即所测试的条件表达式的值为"真"的那个语句行序列执行,执行完毕,继续执行 ENDCASE 的后续语句。如果有[OTHERWISE]子句,当所有的条件表达式的值为"假"时,执行<语句行序列 N+1>中的语句,执行完毕,继续执行 ENDCASE 的后续语句。

DO CASE 和 ENDCASE 必须配对出现,缺一不可。CASE 语句允许嵌套,但不能交叉嵌套。在 DO CASE 与第一个 CASE 子句之间的任何语句,永远不会执行。DO CASE… …ENDCASE 命令,每次最多只能执行一个命令行序列。在多个 CASE 项的条件表达式值为真时,只执行第一个条件表达式值为真的命令行序列,然后执行 ENDCASE 的后面的第一条命令。

例 7.8 编写程序计算分段函数 $f(x) = \begin{cases} 2x+1 & (x<0) \\ 3x+5 & (0 \leqslant x < 3) \\ x+1 & (3 \leqslant x < 5) \\ 5x-3 & (5 \leqslant x < 10) \\ 7x+2 & (x \geqslant 10) \end{cases}$ 。

```
SET TALK OFF
INPUT "请输入X的值:" TO X
DO CASE
   CASE X<0
      F=2*X-1
   CASE X<3
      F=3*X+5
   CASE X<5
      F=X+1
   CASE X<10
      F=5*X-3
   OTHERWISE
      F=7*X+2
   ENDCASE
?"F"+"("+"X"+")"+"=",F
SET TALK ON
RETURN
```

例 7.9 编写程序根据输入的考试成绩，显示相应的成绩等级。

```
CLEAR
INPUT "请输入考试成绩: " TO CHJ
    DO CASE
    CASE CHJ<60
        DJ="不合格"
    CASE CHJ<90
        DJ="通过"
    OTHERWISE
        DJ="优秀"
    ENDCASE
?"成绩等级: "+DJ
RETURN
```

7.4.3 循环结构

在解决实际问题时，经常要求程序在某个给定的条件为真时重复执行一组相同的命令序列，而顺序结构和分支结构所组成的命令序列，每个语句最多执行一次。为了解决这类需要重复执行某组命令序列的问题，Visual FoxPro 提供了循环结构语句。

循环结构是一种重复结构，某一程序段将重复执行若干次，可以预先指定要循环的次数。也可以预先不指定要循环的次数，只要某个条件成立，就可以循环下去，直到该条件不成立。

循环结构可分为单向循环结构和多循环结构，循环还可以嵌套。

通常，一个循环结构应包含下列几个条件。

（1）循环的初始条件。经常设置一个称为"循环控制变量"的变量，并赋予初值。

（2）循环头。循环语句的起始，设置并判断循环条件，如各循环语句的开始句。

（3）循环尾。循环语句的结尾，如各循环语句的结束句，它具有无条件转向功能，转向循环头，去再次测试循环条件。

（4）循环体。位于循环头和循环尾之间，即需重复执行的语句行序列，它可以由任何语句组成。

Visual FoxPro 提供了 3 种循环结构的语句：DO WHILE…ENDDO、FOR…ENDFOR、SCAN…ENDSCAN。

1. 条件循环结构（"当"型循环结构）

语句：

```
DO WHILE <条件表达式>
   <语句序列 1>
   [LOOP]
   <语句序列 2>
   [EXIT]
   <语句序列 3>
ENDDO
```

功能：重复判断<条件表达式>的逻辑值，当其值为"真"时，执行<语句行序列>（也称循环体），直到<条件表达式>的逻辑值为"假"时结束该循环语句的执行，继续执行 ENDDO 的后续语句。在该语句中，循环头语句为 DO WHILE <条件表达式>，其中条件表达式可以是逻辑表达式或关系表达式；循环尾语句为 ENDDO，也就是每次执行循环体的终点语句。

① LOOP 语句。只能在循环体中使用，是一种特殊的循环终止语句，其功能是终止本轮循环的执行，返回到本循环的循环开始语句，继续测试条件表达式。LOOP 语句可以出现在循环体的任何位置，并且可以应用在任何一种循环语句中。

② EXIT 语句。只能在循环体中使用，是一种强制退出当前循环的循环结束语句。执行到该语句时，程序被强制转向当前循环的 ENDDO 语句的后续语句执行。EXIT 语句可以出现在循环体的任何位置，并且可以应用在任何一种循环语句中。

③ DO WHILE 循环结构是一种常用的循环结构，它主要用于对那些事先不知道循环多少次的事件进行处理。

例 7.10 编程求 1+2+3+……+100 之和，程序文件名为 PROG6.PRG。

```
SET TALK OFF
S=0
I=1
DO WHILE I<=100
   S=S+I
   I=I+1
ENDDO
? "1+2+3+……+100 = ",S
SET TALK ON
RETURN
```

例 7.11 编写程序逐条显示在学生管理数据库的 STUDENT 表中性别为"男"的所有记录，程序文件名为 PROG7.PRG。

```
SET TALK OFF
CLEAR
OPEN DATABASE 学生管理
USE STUDENT
DO WHILE .NOT. EOF()
   IF 性别="男"
      DISPLAY
   ENDIF
   SKIP
ENDDO
CLOSE DATABASE
SET TALK ON
```

RETURN

例 7.12 编程显示"学生管理"数据库的 STUDENT 表中除"上官小梅"以外的所有记录，程序文件名为 PROG8.PRG。

```
SETTALK OFF
CLEAR
OPEN DATABASE 学生管理
USE STUDENT
DO  WHILE .NOT. EOF( )
    IF 姓名="上官小梅"
        SKIP
        LOOP
    ENDIF
    DISPLAY
    SKIP
ENDDO
CLOSE DATABASE
SET TALK on
RETURN
```

2. FOR 循环结构

对那些事先已经知道某一个事件需要循环多少次的问题，往往使用 FOR 循环结构语句。

语句：

```
FOR <循环变量>=<初值表达式> TO <终值表达式> [STEP <步长>]
    <语句序列 1>
    [LOOP]
    <语句序列 2>
    [EXIT]
    <语句序列 3>
ENDFOR|NEXT
```

功能：有限次地重复执行<语句行序列>。其执行次数由循环变量的初值、终值和步长决定。其执行流程如下。

① 先计算初值表达式，并将其值赋给循环变量。

② 判断循环变量中的值是否超过终值，若超过则结束循环，继续执行 ENDFOR 的后续语句，否则转入③。

③ 执行循环体——语句行序列。

④ 循环变量加步长。

⑤ 转入②继续处理。

① <步长>的默认值为 1。步长可正可负。一般正常的循环中，当步长为正值时，初值应小于等于终值；当步长为负值时，初值大于等于终值。

② <初值>、<终值>和<步长>都可以是数值表达式，但这些表达式仅在循环语句开始执行时计算一次。循环语句执行过程中，初值、终值和步长是不会改变的，并由此确定循环的次数。

③ 可以在循环体内改变循环变量的值，但会改变循环执行次数。

④ EXIT 和 LOOP 命令可以出现在循环体内。执行 LOOP 命令时，结束本次循环，循环变量增加一个步长值，返回 FOR 循环头判断循环条件是否成立。执行 EXIT 命令时，程序跳出循环，执行循环尾后面的语句。

例 7.13 编程从键盘输入 10 个数，找出其中的最大值和最小值。程序文件名为 PROG9.PRG。

```
SET TALK OFF
CLEAR
INPUT "请从键盘输入一个数: " TO A
STORE A TO MAX,MIN
FOR I=2 TO 10
    INPUT "请从键盘输入一个数: " TO A
    IF MAX<A
        MAX=A
    ENDIF
    IF MIN>A
        MIN=A
    ENDIF
ENDFOR
?"最大值为: ", MAX
?"最小值为: ", MIN
SET TALK ON
RETURN
```

例 7.14 编程实现利用循环产生 10 个随机数，范围由用户输入确定。

分析：

（1）在闭区间[N,M]，且 N（下限）<M（上限）中产生随机数的公式如下。

X=Int((M-N+1)* RAND( )+N)

（2）在开区间(N,M)，且 N>M 中产生随机数的公式如下。

X=INT((M-N)*RAND( )+N)

程序如下：

```
SET TALK OFF
CLEAR
INPUT "请输入下限数值: " TO N
INPUT "请输入上限数值: " TO M
FOR I=1 TO 10
    ?INT ( ( M-N+1)* RAND( )+N)
ENDFOR
SET TALK ON
```

3. "指针"型循环控制语句

"指针"型循环控制语句指根据用户设置的表中的当前记录指针，决定循环体内语句的执行次数据。

语句：

SCAN[<范围>][FOR <条件表达式 1> [WHILE <条件表达式 2>]
    <命令行序列>
ENDSCAN

功能：重复循环于数据库中指定的一组记录之间，并对数据库进行操作。

对当前打开的表在指定范围、满足条件的记录中进行自上而下逐个扫描，随着记录指针的移动，SCAN 循环允许对指定的每条记录执行相同的<语句序列>操作。当遇到 ENDSCAN 时，程序就返回到循环的顶部，同时测试是否存在文件结束条件。若 SCAN 后面的所有选项都不选时，SCAN 对当前表文件中所有的记录扫描。其功能相当于 LOCATE、CONTINUE 和 DO WHILE…ENDDO 语句功能的合并。

例 7.15 编程输出学生管理数据库的 STUDENT 表中所有党员的姓名和班级，程序文件名为 PROG10.PRG。

```
SET TALK OFF
CLEAR
OPEN DATABASE 学生管理
USE STUDENT
SCAN  FOR 党员否
     ? 姓名,班级
ENDSCAN
CLOSE  DATABASE
SET TALK ON
RETURN
```

4. 多重循环

多重循环即循环的嵌套,是在一个循环结构的循环体中又包含另一个循环。通常称外层循环为外循环,被包含的循环为内循环。嵌套层数一般没有限制,但内循环的循环体必须完全包含在外循环的循环体中,不能相互交叉。正确的嵌套关系如下所示。

```
DO WHILE   <条件表达式 1>
    <语句序列 11>
    DO WHILE  <条件表达式 2>
        <语句序列 21>
        DO WHILE   <条件表达式 3>
            <语句序列 3>
        ENDDO
        <语句行序列 22>
    ENDDO
    <语句行序列 12>
ENDDO
```

例 7.16 编程输出下三角形乘法口诀表,程序文件名为 PROG12.PRG。
```
SET TALK OFF
CLEAR
X=1
DO  WHILE  X<=9
   Y=1
   DO  WHILE  Y<=X
     S=X*Y
     ?? STR(Y,1)+" *"+STR(X,1)+"="+STR(S,2)+"    "
     Y=Y+1
   ENDDO
   ?
   X=X+1
ENDDO
SET TALK ON
RETURN
```

7.5 过程及过程调用

7.5.1 过程简介

由于实际应用的复杂性,应用程序往往是庞大而复杂的。为了简化编程过程,在应用程序编辑过程中，常常将那些经常出现在程序中且具有某些特定功能或进行某些特定操作的代码段单独组成一个模块，并称其为子程序（或过程自定义函数）。这些模块可以被其他程序调用，在程序运行过程中，可以反复多次地调用"子程序"（或"过程"、"函数"），从而有利于程序的维护，简化程序的编写，并且能增强可读性。

1. 调用过程语句

调用过程即执行已有的过程。

语句：DO <过程名> WITH <参数表>

功能：执行以<过程名>指定的过程。

主程序可以调用任何子程序，子程序不能调用主程序，但是子程序与子程序之间是可以互相调用。子程序调用子程序后，可以返回到调用的子程序中，也可以直接返回到主程序中。主程序调用子程序后，必须要返回到主程序所调用的下一个语句中继续执行主程序中的各个语句，直到遇到 CANCEL 结束为止。

2. 过程返回语句

过程返回即返回过程的调用处。

语句：RETURN [<表达式>][To <程序文件名>][TO MASTER]

功能：在返回命令中，若选择可选项<表达式>，则将表达式的值返回给调用程序；选择[TO <程序文件名>]，可直接返回指定的程序文件；选择[TO MASTER]，则不论前面有多少级调用都直接返回到第一级主程序。

7.5.2 过程类型

1. 外部过程

外部过程也叫子程序，和主程序一样以程序文件（.PRG）的形式单独存储在磁盘上。凡是调用子程序的程序，并且该程序中结束语句为 CANCEL 的程序称为主程序，主程序也称为主模块。主程序不被任何其他程序所调用，而它可以调用其他程序。

子程序与主程序的区别如下。

（1）子程序的最后一条语句通常为 RETURN，该语句将控制转到调用它的上级程序，而在主程序不必包含 RETURN 语句。

（2）子程序的第一条语句可以是 PARAMETERS 命令，用来实现参数的传递，而主程序中通常没有这一条命令。

例 7.17 分别建立如下程序文件。

```
* MAIN.PRG
SET TALK OFF
? "正在执行主程序"
DO SUB1
SET TALK ON
*SUB1.PRG
? "正在执行 SUB1"
RETURN
```

2. 内部过程

子程序是独立存储在磁盘上的程序文件，每调用一个子程序就要打开一个磁盘文件，增加了系统处理时间，降低了程序运行速度，并增加了系统打开的文件数目，而系统能打开的文件数目总是有限的。解决上述问题的方法是，把多个过程组织在一个文件中，这个文件称为过程文件。或者把过程放在调用它的程序文件的末尾，这个过程叫做内部过程。这样，在打开过程文件或程序文件的同时，所有过程都调入了内存，以后可以任意调用其中的过程，从而减少打开文件的数目和访问磁盘的次数。

Visual FoxPro 为了识别过程文件或者程序文件中的不同过程，规定过程文件或者程序文件中的过程必须用 PROCEDURE 语句说明。

语句：

PROCEDURE <过程名>
    <命令序列>
[RETURN [<表达式>]]

例 7.18 建立如下程序文件。

```
* MAIN.PRG
SET TALK OFF
? "正在执行主程序"
DO SUB1
SET TALK ON
Procedure SUB1
? "正在执行SUB1"
RETURN
```

3. 程序文件中的过程

过程文件将多个子程序合并成一个文件，在这个文件中，每个子程序仍是相互独立的。程序执行时将过程文件一次调入内存，主程序调用子程序就直接在内存中的过程文件中去调用，这样避免了频繁调用子程序，提高了系统运行效率。

（1）过程文件的建立。过程文件的建立方法与程序文件相同。可用 MODIFY COMMAND <过程文件名>命令或调用其他文字编辑软件来建立。

过程文件的结构一般如下。

PROCEDURE <过程名 1>
    <命令序列 1>
RETURN
?
PROCEDURE <过程名 2>
    <命令序列 2>
RETURN
…
PROCEDURE <过程名 N>
    <命令序列 N>
RETURN

（2）过程文件的使用。调用某过程文件中的过程时，必须先打开该过程文件，打开过程文件命令如下。

SET PROCEDURE TO <过程文件名>

任何时候系统只能打开一个过程文件，当打开一个新的过程文件时，原已打开的过程文件自动关闭。

关闭过程文件可用下列命令。

命令 1：SET PROCEDURE TO
功能：关闭所有打开的过程文件。
命令 2：RELEASE PRODUCE<过程文件名>
功能：关闭指定的过程文件。

例 7.19 用过程文件实现对学生管理数据库的 STUDENT 表进行查询、删除和插入操作。
主程序如下：

```
* PROG15                          && 主程序文件名
SET TALK OFF
CLEAR
OPEN DATABASE 学生管理
SET PROCEDURE TO PROCE            && 打开过程文件
USE STUDENT
INDEX ON 姓名 TO XM
DO WHILE .T.                      && 显示菜单
   CLEAR
   @ 2,20 SAY  "学籍管理系统"
   @ 4,20 SAY  "A:按姓名查询"
   @ 6,20 SAY  "B:按记录号删除"
   @ 8,20 SAY  "C:插入新的记录"
   @ 10,20 SAY  "D:退出"
   "CHOICE="
   @ 12,20 SAY "请选择 A、B、C、D: "GET CHOICE
   READ
   DO CACE
      CASE CHOICE="A"
         DO PROCE1
      CASE CHOICE="B"
         DO PROCE2
      CASE CHOICE="C"
         DO PROCE3
      CASE CHOICE="D"
         EXIT
   ENDCASE
ENDDO
SET PROCEDURE TO                  && 关闭过程文件
CLOSE DATABASE
SET TALK ON
```

过程文件如下：

```
*PROCE.PRG                        && 过程文件名
PROCEDURE PROCE1                  && 查询过程
CLEAR
ACCEPT "请输入姓名：" TO NAME
SEEK NAME
IF FOUND()
   DISPLAY
ELSE
   ? "查无此人"
ENDIF
```

```
WAIT
RETURN
PROCEDURE PROCE2                        && 删除记录过程
CLEAR
INPUT "请输入要删除的记录号:" TO N
GO N
DELETE
WAIT "物理删除吗 Y/N:" TO FLAG
IF FLAG="Y" OR FLAG="y"
    PACK
ENDIF
RETURN
PROCEDURE PROCE3                        && 插入新的记录过程
CLEAR
APPEND
RETURN
```

7.5.3 过程的嵌套调用

Visual FoxPro 中允许一个过程调用第二个过程，第二个过程又可调用第三个过程，……，这种调用关系称为过程的嵌套调用。图 7.1 所示为子程序嵌套调用示意图。

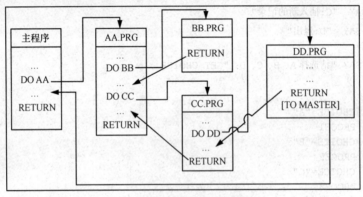

图 7.1　子程序嵌套调用示意图

7.6　自定义函数

Visual FoxPro 系统提供了丰富的内部函数，这些函数具有不同的功能，能够解决用户遇到的许多问题。但是在实际应用中，可能需要一些解决特殊问题的函数。为此，Visual FoxPro 允许用户自定义函数。

自定义函数和过程一样，可以以独立的程序文件形式单独存储在磁盘上，也可以放在过程文件或直接放在程序文件中。自定义函数必须用 FUNCTION 语句说明，而且在返回命令 RETURN 中，必须返回一个值作为函数的值。

自定义函数具有如下语法结构。

FUNCTION <函数名>
PARAMETER <参数表>
<函数体命令序列>

RETURN <表达式>

自定义函数的调用语法与系统函数的调用语法相同。

例 7.20　计算圆面积。
```
SET TALK OFF
CLEAR
INPUT "请输入圆的半径:" TO R
? "圆的面积为:",AREA(R)
SET TALK ON
FUNCTION  AREA          && 计算面积的函数
PARAMETER  X            && 形参说明
RETURN (3.1416*X**2)
```

7.7　过程调用中的参数传递

参数就是一个可变量，它随着使用者的不同而发生变化。形式参数就是在定义函数或过程的时候命名的参数，通俗地讲，形式参数就是一个记号。实际参数就是在调用函数或过程时，传递给函数或过程的参数，通俗地讲，实际参数就是实际值。形参和实参间的关系为：两者是在调用的时候进行结合的，通常实参会将取值传递给形参，形参接收之后进行函数过程运算，然后可能将某些值经过参数或函数符号返回给调用者。

Visual FoxPro 中的过程可分为有参过程和无参过程。利用内存变量的属性可以实现主程序与子程序之间的参数传递，但使用的变量必须同名。如果不想受变量名的限制又想传递参数，可利用 DO…WITH…命令。

1．有参过程中形式参数的定义

格式：PARAMETERS <形式参数(变量)列表>或 LPARAMETERS <形式参数(变量)列表>

功能：定义形式参数，以接收 DO 命令中实际参数所传送的数据。该语句必须是过程中的第一条语句。<参数表>中的参数可以是任意合法的内存变量名，变量之间用逗号间隔。

2．程序与被调用过程间的参数传递

程序与被调用过程间的参数是通过过程调用语句中的 WITH 子句来传递的，传递参数的命令如下。

命令 1：DO <文件名> WITH <实际参数表达式列表>

命令 2：<文件名>/<过程名>（实际参数表达式列表）

DO 命令<参数表>中的参数称为实际参数，PARAMATERS 命令<参数表>中的参数称为形式参数。两个<参数表>中的参数必须相容，即个数相同，类型和位置一一对应。实际参数可以是任意合法的表达式，形式参数是过程中的局部变量，用来接受对应实际参数的值。

3．参数定义命令说明

（1）参数表中可以有一个或多个参数，各参数之间用逗号分隔。编辑带参数的程序文件时，必须把参数定义命令作为程序中的第一条语句。

（2）参数不仅可以接收数据，还可以向调用程序时使用的变量回送数据。

（3）调用程序时，形式参数的数目必须等于或多于实际参数的数目，否则系统产生运行错误。如果形式参数多于实际参数，多余的形式参数取逻辑值.F.。

4. 参数传递与接收规则

传递参数命令可以出现在调用程序（主程序）的任何位置，而接收参数命令必须出现在被调用程序（子程序）中的第一行。

（1）传引用。当 WITH 后的<参数表达式列表>（参数表达式之间以逗号相隔）是内存变量列表时，那么传递的将不是变量的值，而是变量的地址。这时形参和实参实际上是同一个变量（尽管它们的名字可能不同），在模块程序中对形参值的改变同样是对实参值的改变。这种传递接收参数的方式称之为引用，即按引用传递。

（2）传值。当 WITH 后的<参数表达式列表>是内存变量表达式（由常量、变量、函数和运算符组成）列表或单个内存变量用圆括号括起来时，每个内存变量表达式的值传给 PARAMETERS 中对应的形参变量，而该调用程序（主程序）中出现在表达式中的内存变量不被隐藏，其值也不随着传给被调用程序（子程序）中的 PARAMETERS 中对应变量值的变化而变化。这种传递接收参数的方式称之为传值。

如果实际参数是内存变量而又希望进行数值的传递，则可以用圆括号将该内存变量括起来，强制该变量以数值方式传递数据。

采用命令 2 调用模块程序时，默认情况下都以按值方式传递参数。若实参是变量，可通过 SET UDFPARMS 命令重新设置参数传递的方式：SET UDFPARMS TO VALUE|REFERENCE。

to value：按值传递。形参值的改变不会影响实参值的改变。

to reference：按引用传递。实参值会随着形参值的改变而改变。

命令 1 不受 UDFPARAMS 的影响，用一对圆括号将一个变量括起来，始终是按值传递。

例 7.21 用参数传递编写程序，计算圆面积。
```
*主程序
SET TALK OFF
CLEAR
S=0
INPUT "请输入圆半径:" TO R
DO AREA WITH R,S
? "圆的面积为:",S
SET TALK ON
*子程序
PROCEDURE AREA         && 计算面积的过程
PARAMETER X,Y          && 形参说明
Y=3.1416*X**2
RETURN
```
例 7.22 参数传递数值与传递地址的区别。
```
*main2.prg
SET TALK OFF
CLEAR
x=5
```

```
y=5
DO sub1 WITH x, y+10
?"x=",x
?"y=",y
SET TALK ON
PROCEDURE sub1
PARAMETER x , y
x=x+10
y=y+10
RETURN
```
程序运行后输出：
```
x=15
y=5
```

7.8　内存变量的作用域

虽然各个子程序或过程均能完成相对独立的功能，但主程序与子程序之间或过程与过程之间并非毫无关系，通过它们之间以互相传递参数来完成整体的操作。

变量的作用域是指变量在什么范围内是有效或能够被访问的。在 VFP 中，可分为全局变量、私有变量和局部变量 3 类。

1．全局变量

有时需要在一个子程序或过程中定义的内存变量，能在所有的程序中使用，并通过这种方式共享一些公用变量，这种能被共享的公用变量，称之是具有公用属性的内存变量，即全局变量。公用属性的内存变量必须先声明和定义后方能使用。

全局变量在程序或者过程结束后不会自动释放，它只能用 RELEASE 命令释放。

命令：PUBLIC <内存变量表>

① 当定义多个变量时，各变量名之间用逗号隔开。

② 用 PUBLIC 语句定义过的内存变量，在程序执行期间可以在任何层次的程序模块中使用。

③ 变量定义语句要放在使用此变量的语句之前，否则会出错。

④ 任何已经定义为全局变量的变量，可以用 PUBLIC 语句再定义，但不允许重新定义为局部变量。

⑤ 使用全局变量可以增强模块间的通信，但会降低模块间的独立性。

例 7.23　公共变量使用示例。
```
*P1.PRG*
PUBLIC A,B
A=1
B='GOOD'
? '程序 P1 中初始变量：'
LIST MEMO LIKE ?
DO P2
? '程序 P1 中执行 P2 后变量：'
```

```
List memo like ?
return
*p2.prg*
Public C
C=5
A=A+C
B=DATE( )
? '程序 p2 中初始变量：'
LIST MEMO LIKE ?
DO P3
? '程序 p2 中执行 p3 后变量：'
LIST MEMO LIKE ?
RETURN
*P3.PRG*
A="12345"
B=YEAR(B)
C=STR(C,1)
Public D
D=56
?"程序 p3 中初始变量："
LIST MEMO LIKE ?
RETURN
```

显示结果如下。

```
程序 p1 中初始变量：
A           Pub       N        1                    (           1.00000000)
B           Pub       C        "good"
程序 p2 中初始变量：
A           Pub       N        6                    (           6.00000000)
B           Pub       D        06/23/13
C           Pub       N        5                    (           5.00000000)
程序 p3 中初始变量：
A           Pub       C        "12345"
B           Pub       N        2013                 (        2013.00000000)
C           Pub       C        "5"
D           Pub       N        56                   (          56.00000000)
程序 p2 中执行 p3 后变量：
A           Pub       C        "12345"
B           Pub       N        2013                 (        2013.00000000)
C           Pub       C        "5"
D           Pub       N        56                   (          56.00000000)
程序 p1 中执行 p2 后变量：
A           Pub       C        "12345"
B           Pub       N        2013                 (        2013.00000000)
C           Pub       C        "5"
D           Pub       N        56                   (          56.00000000)
```

例 7.24 用全局变量代替参数传递，改写求圆面积的程序。

```
SET TALK OFF
CLEAR
INPUT "请输入圆的半径：" TO r
DO AREA
?"圆的面积为：", y
SET TALK OFF
```

```
PROCEDURE area
PUBLIC y
y=3.1416*r*2
RETURN
```
程序运行结果如下：

请输入圆的半径：10

圆的面积为：314.16

2. 局部变量

有时需要在一个子程序或过程中定义一些临时内存变量，这些临时内存变量只能在其所处的程序中使用，而并不希望被上级主程序或下属子程序共享。也就是说，即使这些临时内存变量与上级主程序或下属子程序中的一些自然属性或公用属性的内存变量同名，彼此也互不影响。

当出现临时内存变量与上级主程序中的一些内存变量同名时，上级主程序中的同名内存变量将被隐藏起来，保持原有的值，而不受同名临时变量值的影响。当出现临时内存变量与下属子程序中的一些内存变量同名时，该临时内存变量保持原有的值，而不受下属子程序中同名内存变量值的影响。本地属性的内存变量也必须先定义后使用。

命令：LOCAL <内存变量列表>

功能：作用范围是该程序本身。

特殊作用：可屏蔽上级（主）程序中与当前程序同名的变量，即对当前程序中变量的操作，不影响上级（主）程序中与当前程序同名的变量值；同时也不受下属子程序中同名内存变量值的影响。用 LOCAL 定义过的变量的初始值为.F.。

例 7.25 有三个程序段，现在将其编成一个过程文件，并运行。

```
*p1.prg*
Public A,B
A=1
B='good'
? '程序 p1 中初始变量：'
List memo like ?
Do p2
? '程序 p1 中执行 p2 后变量：'
List memo like ?
return
*p2.prg*
local A
C=12
STORE DATE( ) to a,b
? '程序 p2 中初始变量：'
LIST MEMO LIKE ?
DO P3
? '程序 p2 中执行 p3 后变量：'
LIST MEMO LIKE ?
RETURN
*P3.PRG*
A="12345"
B=YEAR(B)
C=STR(C,1)
local C
Store 5 to a,b,c
?"程序 p3 中初始变量："
```

```
LIST MEMO LIKE ?
RETURN
```

显示结果如下。

程序 p1 中变量：

A	Pub	N	1	(	1.00000000)	
B	Pub	C	"good"			

程序 p2 中变量：

A	Pub	N	1	(	1.00000000)	
B	Pub	D	06/23/13			
A	本地	D	06/23/13 p2			
C	Priv	N	12	(	12.00000000)	p2

程序 p3 中变量：

A	Pub	N	5	(	5.00000000)	
B	Pub	N	5	(	5.00000000)	
A	本地	D	06/23/13 p2			
C	Priv	C	"*" p2			
C	本地	N	5	(	5.00000000)	p3

程序 p2 中执行 p3 后变量：

A	Pub	N	5	(	5.00000000)	
B	Pub	N	5	(	5.00000000)	
A	本地	D	06/23/13 p2			
C	Priv	C	"*" p2			

程序 p1 中执行 p2 后变量：

A	Pub	N	5	(	5.00000000)
B	Pub	N	5	(	5.00000000)

3. 私有变量

有时需要在一个子程序或过程中定义一些临时内存变量，这些临时内存变量能在其所有的下属子程序中使用，但并不希望被所有程序共享。也就是说，即使这些临时内存变量与上级主程序中的一些公用属性的内存变量同名，彼此也互不影响。

当出现临时内存变量与上级主程序中的一些内存变量同名时，上级主程序中的同名内存变量将被隐藏起来，保持原有的值，而不受下属程序中同名临时变量值的影响，这种既类似自然属性又能屏蔽上级同名内存变量的属性，称之为私有属性。

在程序中没有被说明为全局变量及局部变量的内存变量都被看作是私有变量。也可以使用如下语句进行声明。

语句：**private** <内存变量>或 **private all[like**<通配符>**]**

① 作用范围：该程序及其下属子程序。
② 传递方向：单向（由主程序到子程序）。
③ 变量寿命：所在程序运行结束后，该变量被自动删除。
④ 特殊作用：可屏蔽（隐藏）上级（主）程序中与当前程序同名的变量，即对当前程序中变量的操作不影响上级（主）程序中与当前程序同名的变量值。

例 7.26 有三个程序段，现在将其编成一个过程文件，并运行。

```
*p1.prg*
Public A,B
A=1
B='good'
```

```
? '程序 p1 中初始变量:'
List memo like ?
Do p2
? '程序 p1 中执行 p2 后变量:'
List memo like ?
return
*p2.prg*
Private A
C=12
STORE DATE( )to a,b
? '程序 p2 中初始变量:'
LIST MEMO LIKE ?
DO P3
? '程序 p2 中执行 p3 后变量:'
LIST MEMO LIKE ?
RETURN
*P3.PRG*
A="12345"
B=YEAR(B)
C=STR(C,1)
PRIVATE C
Store 5 to a,b,c
?"程序 p3 中初始变量:"
LIST MEMO LIKE ?
RETURN
```

显示结果如下。

程序 p1 中变量:
```
A           Pub     N   1              (         1.00000000)
B           Pub     C   "good"
```
程序 p2 中变量:
```
A           (hid)   N   1              (         1.00000000)
B           Pub     D   06/23/13
C           Priv    N   12             (        12.00000000)  p2
A           Priv    D   06/23/13  p2
```
程序 p3 中变量:
```
A           (hid)   N   1              (         1.00000000)
B           Pub     N   5              (         5.00000000)
C           (hid)   C   "*"  p2
A           Priv    N   5              (         5.00000000)  p2
C           Priv    N   5              (         5.00000000)  p3
```
程序 p2 中执行 p3 后变量:
```
A           (hid)   N   1              (         1.00000000)
B           Pub     N   5              (         5.00000000)
C           Priv    C   "*"  p2
A           Priv    N   5              (         5.00000000)  p2
```
程序 p1 中执行 p2 后变量:
```
A           Pub  N   1              (         1.00000000)
B           Pub  N   5              (         5.00000000)
```

例 7.27 运行以下程序,查看结果。
```
SET TALK OFF
PUBLIC X,Y
X=10
```

```
Y=100
DO PP
?X,Y
PROCEDURE PP
PRIVATE X
X=50
LOCAL Y
DO PP1
?X,Y
RETURN
PROCEDURE PP1
X=30
Y=40
RETURN
显示结果：
30   .F.
10   40
```

本章小结

本章主要介绍以下内容。
（1）程序和程序文件的概念及建立方法。
（2）程序中常用的命令：INPUT、ACCEPT、WAIT 以及其他常用命令。
（3）程序的基本结构，即顺序结构、分支结构及循环结构的用法。
（4）过程及过程调用、参数传递以及内存变量的作用域。

习 题 七

一、选择题

1. 假设新建了一个程序文件 myproc.prg（不存在同名的.exe、.app 和.fxp 文件），然后在命令窗口中输入命令 DO myproc，执行该程序并获得正常的结果。现在用命令 ERASE myproc.prg 删除该程序文件，然后再次执行命令 DO myproc，产生的结果是（   ）。
　　A. 出错（找不到文件）　　　　　　B. 与第一次执行的结果相同
　　C. 系统打开"运行"对话框，要求指定文件　　D. 以上都不对
2. 在 Visual Foxpro 中，编译后的程序文件的扩展名为（   ）。
　　A. PRG　　　　　　　　　　　　　B. EXE
　　C. DBC　　　　　　　　　　　　　D. FXP
3. 下列程序段的输出结果是（   ）。
```
ACCEPT TO A
IF A=[123]
    S=0
ENDIF
S=1
?S
```

A. 0   B. 1   C. 123   D. 由 A 的值决定

4. 下列程序段执行时在屏幕上显示的结果是（   ）。

```
DIME A(6)
A(1)=1
A(2)=1
FOR I=3 TO 6
    A(I)=A(I-1)+A(I-2)
NEXT
?A(6)
```

A. 5   B. 6   C. 7   D. 8

5. 下列程序段执行时在屏幕上显示的结果是（   ）。

```
X1=20
X2=30
SET UDFPARMS TO VALUE
DO test With X1,X2
?X1,X2
PROCEDURE test
PARAMETERS a,b
x=a
a=b
b=x
ENDPRO
```

A. 30 30   B. 30 20   C. 20 20   D. 20 30

6. 在 Visual FoxPro 中，用于建立或修改程序文件的命令是（   ）。

     A. MODIFY<文件名>

     B. MODIFY COMMAND <文件名>

     C. MODIFY PROCEDURE <文件名>

     D. 上面 B 和 C 都对

7. 在 Visual FoxPro 中，程序中不需要用 PUBLIC 等命令明确声明和建立即可直接使用的内存变量是（   ）。

     A. 局部变量   B. 私有变量   C. 公共变量   D. 全局变量

8. Modify Command 命令建立的文件的默认扩展名是（   ）。

     A. prg   B. app   C. cmd   D. exe

9. 下列程序段执行以后，内存变量 y 的值是（   ）。

```
x=76543
y=0
DO WHILE x>0
    y=x%10+y*10
x=int(x/10)
ENDDO
```

A. 3456   B. 34567   C. 7654   D. 76543

10. 欲执行程序 temp.prg，应该执行的命令是（   ）。

     A. DO PRG temp.prg   B. DO temp.prg

     C. DO CMD temp.prg   D. DO FORM temp.prg

11. 下列程序段执行以后，内存变量 X 和 Y 的值是（   ）。

```
CLEAR
STORE 3 TO X
STORE 5 TO Y
```

```
PLUS((X),Y)
?X,Y
PROCEDURE PLUS
PARAMETERS A1,A2
A1=A1+A2
A2=A1+A2
ENDPROC
```
  A. 8 13   B. 3 13   C. 3 5   D. 8 5

12. 下列程序段执行以后，内存变量 y 的值是（ ）。
```
CLEAR
X=12345
Y=0
DO WHILE X>0
y=y+x%10
x=int(x/10)
ENDDO
?y
```
  A. 54321   B. 12345   C. 51   D. 15

13. 下列程序段执行后，内存变量 s1 的值是（ ）。
```
s1="network"
s1=stuff(s1,4,4,"BIOS")
```
  A. network   B. netBIOS   C. net   D. BIOS

14. 在 Visual Foxpro 中，过程的返回语句是（ ）。
  A. GOBACK   B. COMEBACK   C. RETURN D. BACK

15. 在 Visual FoxPro 中，如果希望内存变量只能在本模块（过程）中使用，不能在上层或下层模块中使用，说明该种内存变量的命令是（ ）。
  A. PRIVATE   B. LOCAL
  C. PUBLIC   D. 不用说明，在程序中直接使用

16. 下列程序段执行以后，内存变量 A 和 B 的值是（ ）。
```
CLEAR
A=10
B=20
SET UDFPARMS TO REFERENCE
DO SQ WITH(A),B
? A,B
PROCEDURE SQ
PARAMETERS X1,Y1
X1=X1*X1
Y1=2*X1
ENDPROC
```
  A. 10 200   B. 100 200
  C. 100 20   D. 10 20

17. 如果有定义 LOCAL data，则 data 的初值是（ ）。
  A. 整数 0   B. 不定值   C. 逻辑真   D. 逻辑假

二、填空题

1. 在 Visual FoxPro 中，有如下程序：
```
*程序名: TEST.PRG
SET TALK OFF
```

```
PRIVATE X,Y
X= "数据库"
Y= "管理系统"
DO sub1
?X+Y
RETURN
*子程序: sub1
PROCEDU sub1
LOCAL X
X= "应用"
Y= "系统"
X= X+Y
RETURN
```
执行命令 DO TEST 后，屏幕显示的结果应是_____。

2. 在 Visual FoxPro 中，如果要在子程序中创建一个只在本程序中使用的变量 XL（不影响上级或下级的程序），应该使用_____说明变量。

3. 执行下列程序后，显示的结果是_____。
```
One="WORK"
Two=""
a = LEN ( one )
i=a
DO WHILE i>=1
two = two+SUBSTR ( one,I,1 )
i-i-1
ENDDO
?two
```

4. 在 Visual FoxPro 中，程序文件的扩展名是_____。

第8章
面向对象程序设计

Visual FoxPro 不但仍然支持标准的结构化程序设计,而且在语言上还进行了扩展,提供了面向对象程序设计的强大功能,具有更大灵活性。本章将介绍面向对象的几个基本概念及 VFP 中的基类。

8.1 面向对象程序设计的概念

面向对象程序设计(Object-Oriented Programming,简称 OOP)是当前程序设计方法的主流,是程序设计在思维方式和方法上的一次巨大进步。面向对象程序设计不再是单纯地从代码的第一行一直编写到最后一行,而是考虑如何将一个复杂的应用程序分解成简单的对象,然后创建对象,定义每个对象的属性和行为,利用对象来简化程序设计。

面向对象编程用"对象"表现事物,用"事件"表示处理事物的动作,用"方法"表现处理事物的过程。Visual FoxPro 是面向对象的,是以事件驱动为运行机制的。

8.1.1 对象

面向对象的理论首先把现实世界中的各种事物,划分为不同的类(Class),类是抽象的概念。类有"状态"和"行为","状态"是类的静态属性,但可以通过动态的"行为"来改变。一个类的具体实例就是对象(Object)。类是抽象的,而对象是具体的。对象具有该类的状态和行为。

1. 对象的概念

客观世界里的任何实体都可以被看作是对象,对象可以是具体的物,也可以指某些概念。例如,可以把一名学生或者一辆汽车看作是一个对象。一个对象还可以包含其他的对象,这样的对象叫做容器对象。在 VFP 中,一个表单可以看作一个对象,表单中包含的命令按钮、文本框等也都可以看作是对象。每个对象都具有自己不同的属性、行为和方法,例如,一辆汽车是黑色的,这是汽车的属性;汽车可以前进、后退,这是汽车的行为和方法。

在程序设计中,对象是一个具有各种属性与方法的实体。可以通过属性、事件、方法对对象进行描述和操作。从编程的角度来看,对象是一种将数据和操作过程结合在一起的数据结构,或者是一种具有属性(数据)和方法(过程和函数)的集合体。事实上,程序中的对象就是对客观世界中对象的一种抽象描述。

2. 对象的特性

一般对象具有如下特性。

(1)属性(Property):属性用来表示对象的状态。在程序设计中,类或对象的"状态"或特征称为属性。属性具有属性名和属性值，通过属性名可以访问属性值，或为属性赋值。

（2）事件（Event）：类或对象可能执行或发生的行为称为事件。如鼠标单击（Click）事件。

（3）事件过程（Event Procedure）：即对象响应某个事件所执行的程序代码。程序代码是为处理特定的事件而编写的一段程序，也称为事件代码。

面向对象的程序设计的核心思路就是为这些事件书写程序代码，在代码中改变对象的一些属性值，并让对象做出我们所期望的反应。

（4）方法（Method）：是描述对象行为的过程，指对象所固有的完成某种任务的功能，是对象能够执行的一个操作。因此，"方法"类似于面向过程程序设计中的"过程"或"函数"。

8.1.2 类

1. 类的概念

类是一组具有相同特性的对象的性质描述，是对具有相同或相似特征的对象的归纳与抽象。在现实世界中，可以将所有的电话看作一个类，它们都具有话筒和听筒，具备传递语音的功能，而某一部具体的电话机就是该类中的一个对象或实例。

在 VFP 中，类就是对象的框架和模板，定义了对象所拥有的属性、事件和方法。用户可以在类的基础上生成具有相同性质的很多对象。这些对象彼此之间是相互独立的。例如，移动电话、无绳电话机都是从电话类中创建的具体对象，它们之间是相互独立的。此外，类还具有封装性、继承性等特征，这些特征有利于提高程序代码的可重用性和易维护性。

通常，把基于某个类生成的对象称为这个类的实例。可以说，任何一个对象都是某个类的一个实例。

需要注意的是，方法尽管定义在类中，但执行方法的主体是对象。同一个方法，如果由不同的对象去执行，一般会产生不同的结果。

2. 子类与继承

在面向对象的方法里，继承就是可以在另一个类的基础上建立一个类，建立的类继承该类的所有属性和事件。被继承的类称为父类，继承父类建立的类称为子类。在子类中，不仅可以继承父类的所有特性，而且还可以增加自己的属性和方法程序。一个子类的成员一般包括以下内容。

（1）从其父类继承的属性和方法。

（2）由子类自己定义的属性和方法。

类可以实现多层次的继承关系。例如，类 B 继承了类 A，类 C 又继承了类 B。因此，类 B 既是类 A 的子类，也是类 C 的父类。

继承可以使在一个父类所做的改动自动反映到它的所有子类上。这种自动更新节省了用户的时间和精力。例如，当为父类添加一个属性时，它的所有子类也将同时具有该属性。同样，当修复了父类中的一个缺陷时，这个修复也将自动体现在它的全部子类中。

在一个层次结构中，如果有一个类，所有的其他的类都是由它直接或间接派生出来的，这个类就称为基类（Base Class）。

8.2 Visual FoxPro 中的类

8.2.1 基类

VFP 提供了一系列的基本对象类，简称基类（Base Class）。Visual FoxPro 基类是系统本身内含的,并不存放在某个类库中。用户可以基于基类生成所需要的对象,也可以扩展基类创建自己的子类。表 8.1 为 VFP 中的基类。

表 8.1　　　　　　　　　　　　　　Visual Foxpro 基类

类　名	含　义	类　名	含　义
ActiveDoc	活动文档	Label	标签
CheckBox	复选框	Line	线条
Column	(表格)列	Listbox	列表框
ComboBox	组合框	Olecontrol	OLE 容器控件
CommandButton	命令按钮	Oleboundcontrol	OLE 绑定控件
CommandGroup	命令按钮组	OptionButton	选项按钮
Container	容器类	Optiongroup	选项按钮组
Contorl	控件类	Page	页
Custom	定制	PageFrame	页框
EditBox	编辑框	ProjectHook	项目挂钩
Form	表单	Separator	分隔符
FormSet	表单集	Shape	图形
Grid	表格	Spinner	微调控件
Header	(列)标头	TextBox	文本框
HyperLink	超级链接	Timer	定时器
Image	图象	ToolBar	工具栏

每个 VFP 基类都有自己的一组属性、方法和事件。当扩展某个基类创建用户自定义类时,该基类就是用户自定义类的父类,用户自定义类继承该基类中的属性、方法和事件。

8.2.2　容器与控件

VFP 中的类一般可以分为两种类型:容器类和控件类。相应地,可以分别生成容器(对象)和控件(对象)。

控件是一个可以用图形化的方式显示出来,并能与用户进行交互的对象,例如一个命令按钮、一个文本框等。控件通常被放置在一个容器里。

容器可以被认为是一种特殊的控件,它能包容其他的控件或容器,例如一个表单、一个命令按钮组等。这里把容器对象称为那些被包容对象的父对象。表 8.2 列出了 VFP 中常用的容器及其所能包容的对象。

表 8.2　　　　　　　　　　　VFP 常用容器类及其所能包容的对象

容　器	能包容的对象
表单集	表单、工具栏
表单	任意控件以及页框、Container 对象、命令按钮组、选项按钮组、表格等对象
表格	列
列	标头和除表单集、表单、工具栏、定时器及其他列之外的任意对象
页框	页

续表

容　器	能包容的对象
页	任意控件以及 Container 对象、命令按钮组、选项按钮组、表格等对象
命令按钮组	命令按钮
选项按钮组	选项按钮
Container 对象	任意控件以及页框、命令按钮组、选项按钮组、表格等对象

从表 8.2 可以看出：

（1）不同的容器所能包含的对象类型不同。例如，表格容器中只能包容列对象，而页框容器中只能包容页对象。

（2）一个容器内的对象本身也可以是容器，这样就构成了对象的嵌套层次关系，它指的是包容与被包容的关系。而类的层次指的是继承与被继承的关系。例如，表单作为表单集容器内的对象，其本身也是一个容器对象，可包容页框等对象，而页框又可以包容页对象等。

8.2.3　属性、事件与方法

不同的对象具有不同的属性、事件与方法。可以把属性看作是对象的特征，把事件看作是对象能够响应和识别的动作，把方法看作是对象的行为。

1. 属性

属性（Property）用来描述对象的状态或特征，子类将继承父类的全部属性。对学生这一对象来说，学号、姓名、性别都可以看作是对象的属性。对于一段文本，可以用文本内容、字型、字体、字号、段落格式等属性来进行描述。

VFP 的所有基类都至少具有 4 个属性，如表 8.3 所示。

表 8.3　　　　　　　　　　　　VFP 基类的最小属性集

属　性	说　明
Class	类名，当前对象基于哪个类而生成
BaseClass	基类名，当前类从哪个 VFP 基类派生而来
ClassLibrary	类库名，当前类存放在哪个类库中
ParentClass	父类名，当前类从哪个类直接派生而来

如果一个对象基于 VFP 基类生成，那么该对象在属性 Class 和属性 BaseClass 上的取值相同，而在属性 ClassLibrary 和属性 ParentClass 上的取值为空串。如果一个对象基于 VFP 基类的直接子类生成，那么该对象在属性 ParentClass 和属性 BaseClass 上的取值相同。

例如，假设 objtb 是类 MyTextBox 的一个实例对象，类 MyTextBox 是基类 TextBox 的一个直接子类，则 objtb 对象的 BaseClass 属性值是 Textbox，ParentClass 属性值是也是 Textbox。

2. 事件

事件（EVENT）是一种由系统预先定义而由用户或系统发出的动作。事件作用于对象，对象识别事件并作出相应反应。即类或对象可能执行或发生的行为称为事件。例如，若用鼠标单击命令按钮，将会触发一个 Click 事件。一个对象可以有多个系统预先规定的事件。一个事件对应于一个程序，称为事件过程。事件一旦被触发，系统就会去执行与该事件对应的过程。等过程执行完以后，系统又处于等待某事件发生的状态，这种程序执行方式称为应用程序的事件驱动工作方式。

事件包括事件过程和事件触发方式两个方面。事件过程的代码应该事先编写好。事件触发方式可分为以下 3 种。

- 由用户触发。例如用户用鼠标单击程序界面上的一个命令按钮就引发了一个 Click 事件，命令按钮识别该事件并执行相应的 Click 事件代码。
- 由系统触发。例如生成对象时，系统就引发一个 Init 事件，对象识别该事件，并执行相应的 Init 事件代码。
- 由代码触发。即事件代码既能在事件引发时执行，也可以象方法一样被显式调用。例如，在产生一个表单对象 oForm 时，系统会自动执行 Init 事件代码，但用户也可以在随后用下面命令显式调用该表单对象的 Init 事件代码。

oForm.Init

在容器对象的嵌套层次中，事件的处理遵循独立性原则，即每个对象识别并处理属于自己的事件。例如，当用户单击表单中的一个命令按钮时，将引发命令按钮的 Click 事件代码，而不会引发表单的 Click 事件。如果没有指定命令按钮的 Click 事件代码，则该事件不会有任何反应。

但这个原则也有例外，它不适用于命令按钮组和选项按钮组。在命令按钮组或选项按钮组中，如果为按钮组编写了某事件代码，而组中的某个按钮没有与该事件相关联的代码，那么当这个按钮的事件引发时，将执行组事件代码。例如，一个选项按钮组包含两个选项按钮 Option1 和 Option2，其中按钮组和 Option1 都有 Click 事件代码，而 Option2 没有指定 Click 事件代码，则当用户单击按钮 Option1 时，将引发按钮 Option1 的 Click 事件，执行相应的事件代码。此时，不会引发按钮组的 Click 事件。但如果单击 Option2，则会引发按钮组的 Click 事件，执行按钮组中的相应事件代码。

与方法集可以无限扩展不同，事件集是固定的，用户不能定义新的事件。

VFP 中的每一个类，都至少具有 3 个事件，如表 8.4 所示。

表 8.4　　　　　　　　　　　　　　VFP 基类的最小事件集

事件	说明
Init	当对象生成时引发
Destroy	当对象从内存中释放时引发
Error	当方法或事件代码出现运行错误时引发

3．**事件循环**

VFP 6.0 中用 READ EVENTS 命令建立循环，用 CLEAR EVENTS 命令终止循环。

利用 VFP 6.0 设计应用程序时，必须创建事件循环，否则不能正常运行。READ EVENTS 命令通常出现在应用程序的主程序中，同时必须保证主程序调出的界面中有发出 CLEAR EVENTS 命令的机制，否则程序进入死循环。

4．**方法**

对象的行为或动作被称为方法（Methods），方法程序（Methods Program）是 VFP 为对象内定的通用过程，能使对象执行一个操作。方法程序过程代码由 VFP 定义，对用户是不可见的。VFP 有以下常见的方法。

- Release：从内存中释放表单或表单集。
- Show：显示表单。
- Setfocus：为一个控件指定焦点。
- Hide：隐藏表单、表单集和工具栏。

- Refresh：重画表单或控件，并刷新所有值。
- Setall("属性名"，值，"控件名称")：给当前对象所包含的所有指定类型控件赋值同样属性值。假如当前对象为一个 FORM，现在要将该 FORM 中所有包含的 Text 控件的 Enabled 属性设为不可用，则代码为：Thisform.SetAll("Enabled",.F.,"text")。
- Clear：清除组合框或列表框控件中的内容。
- Quit：退出 VFP 的一个实例。

8.3 Visual FoxPro 中对象的操作

8.3.1 创建对象

在程序设计中，可以使用 CREATEOBJECT 函数来直接生成基于某个类的对象。

命令：CreateObject(<类名>[, <参数 1>, <参数 2>, ……])

功能：该函数基于指定的类生成一个对象，并返回对象的引用。

说明：类名可以是基类，也可以是自定义类。用 CreateObject()函数创建的对象是不可见的，可以使用下面的语句使其可见。

Object.show 或 Object.visible=.T.

8.3.2 对象的引用

在面向对象的程序设计中常常需要引用对象，或引用对象的属性、事件与方法程序。容器对象作为父对象，可以包含子对象，子对象如果是容器对象，还可以包含下一级子对象，形成对象的层次关系。在 VFP 中，对象是通过容器的层次关系来引用的，引用分为绝对引用和相对引用。

对象属性访问以及对象方法调用的基本格式如下。

<对象引用>.<对象属性>

<对象引用>.<对象方法>[(参数列表)]

绝对引用：从最高容器开始逐层向下直到某个对象为止的引用称为绝对引用。

相对引用：从当前对象出发，逐层向高一层或低一层直到另一个对象的引用称为相对引用。使用相对引用时，常用到表 8.5 所列的属性或关键字。

表 8.5　　　　　　　　　　　　容器层次中对象引用的关键字

属性或关键字	引　用
Parent	当前对象的直接容器对象
This	当前对象
ThisForm	当前对象所在的表单
ThisFormSet	当前对象所在的表单集
ActiveControl	当前活动表单中具有焦点的控件
ActiveForm	当前活动表单，应用于表单、表单集、_Screen
ActivePage	当前活动表单中的活动页

例 8.1　基于 Visual FoxPro 的 FORM 类生成一个对象，然后访问该对象的一些属性和方法。

```
Oform=CreateObject("Form")            &&生成一个空白表单
Oform.show                            &&显示表单
Oform.caption="演示"                  &&修改表单的标题
?"这是一个生成对象的演示程序"         &&在表单上输出字符串
Oform.release                         &&释放表单
```

例 8.2 如果 Form1 中有一个命令按钮组 commandgroup1，该命令按钮组有两个命令按钮 command1 和 command2，label1 是表单 form1 上的一个标签控件，如图 8.1 所示。

如果要在命令按钮 command1 的事件（如单击事件）代码中修改该按钮的标题，可用下列命令。

```
this.caption="确定"
```

如果要在命令按钮 command1 的事件代码中修改命令按钮 command2 的标题，可用下列命令。

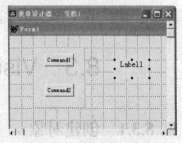

图 8.1 对象的层次实例

```
thisform.Commandgroup1.command2.caption="取消"
```

或者

```
this.parent.command2.caption="取消"
```

但不能写成下列命令：

```
thisform.command2.caption="取消"
```

如果要在命令按钮 command1 的事件代码中修改表单的标题，可用下列命令。

```
This.Parent.parent.Caption="测试窗口"
```

或者

```
thisform.caption="测试窗口"
```

本章小结

本章主要介绍以下内容。
（1）面向对象的程序设计的概念。
（2）类、对象、属性、事件、方法的概念。
（3）VFP 的常用基类，基类的最小属性集与最小事件集。
（4）对象的创建与对象的引用。

习 题 八

一、选择题

1. 对象的属性是指（　　　）。
   A. 对象所具有的行为　　　　　　　　B. 对象所具有的动作
   C. 对象所具有的特征和状态　　　　　D. 对象所具有的继承性

2. 下列关于事件的描述，不正确的是（　　　）。
   A. 事件可以由系统产生　　　　　　　B. 事件是由对象识别的一个动作

C. 事件可以由用户的操作产生　　　　　　　D. 事件就是方法
3. 如果要引用一个控件所在的直接容器对象，则可以使用关键字（　　）。
   A. ThisForm　　　　B. This　　　　C. Parent　　　　D. 以上都可以
4. 下列关于属性、方法和事件的叙述中，错误的是（　　）。
   A. 属性用于描述对象的状态，方法用于表示对象的行为。
   B. 基于同一个类产生的两个对象可以分别设置自己的属性值
   C. 事件代码也可以像方法一样被显式调用
   D. 在新建一个表单时，可以添加新的属性、方法和事件
5. 假定一个表单里有一个文本框 Text1 和一个命令按钮组 CommandGroup1，命令按钮组是一个容器对象，其中包含 Command1 和 Command2 两个命令按钮。如果要在 Command1 命令按钮的某个方法中访问文本框的 value 属性值，下面正确的是（　　）。
   A. ThisForm.Text1.value　　　　　　　　　B. This.Parent.value
   C. Parent.Text1.value　　　　　　　　　　D. this.Parent.Text1.value
6. 子类或对象具有延用父亲的属性、事件和方法的能力，称为类的（　　）。
   A. 继承性　　　　B. 抽象性　　　　C. 封闭性　　　　D. 多态性
7. 每个对象都可以对一个被称为事件的动作进行识别和响应。下面对于事件的描述中，错误的是（　　）。
   A. 事件是一种预先定义好的特定的动作，由用户或系统激活
   B. VFP 基类的事件集合是由系统预先定义好的，是唯一的
   C. 可以激活事件的用户动作有按键、单击鼠标、移动鼠标等
   D. VFP 基类的事件也可以由用户创建
8. 下面关于面向对象的叙述中，错误的是（　　）。
   A. 一个父类包括其所有子类的属性和方法
   B. 每个对象在系统中都有唯一的对象标识
   C. 一个子类能够继承所有父类的属性和方法
   D. 事件作用于对象，对象识别事件并做出相应反应
9. 执行命令 MyForm=CreateObject("Form")可以建立一个表单，为了让该表单在屏幕上显示，应该执行命令（　　）。
   A. Myporm.List　　　　　　　　　　　　B. Myform.Display
   C. Myform.Show　　　　　　　　　　　　D. Myform.ShowForm
10. 下列 Visual FoxPro 控件中，（　　）是容器类。
    A. EditBox　　　　B. OptionGroup　　　　C. Header　　　　D. Label
11. 关闭当前表单的程序代码是 ThisForm.Release，其中的 Release 是表单对象的（　　）。
    A. 标题　　　　B. 属性　　　　C. 事件　　　　D. 方法

二、填空题
1. 在面向对象的程序设计中，类的实例又称为_____。
2. 对象的引用可分为相对引用和_____引用。
3. 在面向对象的程序设计中，将对象可以识别的用户和系统的动作称为_____。
4. 在面向对象的程序设计中，对象的行为又称为对象的_____。
5. 表单 form1 上有一个命令按钮组控件 CG（容器控件），命令按钮组控件 CG 中包括两个命令按钮 Cmd1 和 Cmd2，若当前对象为 Cmd1，则 this.parent 所指的控件是_____。

第 9 章
表单设计与应用

表单（FORM）是应用程序中最常见的交互式操作界面，各种对话框和窗口都是表单不同的外观和表现形式。表单作为面向对象程序设计在 Visual FoxPro 中的一个重要应用类别，它拥有丰富的对象集，可以响应用户或系统事件，使用户尽可能方便、直观地完成各种信息的输入和输出。本章主要介绍表单的创建和管理，以及表单中各种常用控件的使用。

9.1 创建与运行表单

表单是 Visual FoxPro 提供的用于建立应用程序界面的最主要的工具之一。表单相当于 Windows 应用程序的窗口。

表单可以属于某个项目，也可以游离于任何项目之外，它是一个特殊的磁盘文件，其扩展名为.scx，表单备注文件的扩展名是.sct。在项目管理器中创建的表单自动隶属于该项目。

9.1.1 建立表单

创建表单一般有以下两种途径。
（1）使用表单向导创建简易的数据表单。
（2）使用表单设计器创建、设计新的表单或修改已有的任何形式的表单。

1. 使用表单向导创建表单

VFP 提供了两种表单向导来帮助用户创建表单。
（1）单表向导：适合于创建基于一个表的表单。
（2）一对多表单向导：适合于创建基于两个具有一对多关系的表的表单。
启动表单向导有以下 4 种途径。
（1）在"项目管理器"中，选择"文档"选项卡，并从中选择"表单"。然后单击"新建"按钮，在弹出的"新建表单"对话框中单击"表单向导"按钮，如图 9.1（a）所示。
（2）在系统菜单中选择"文件"→"新建"命令，或者单击工具栏上的"新建"按钮，打开"新建"对话框，在文件类型栏中选择"表单"，然后单击"向导"按钮。
（3）在系统菜单中选择"工具"→"向导"→"表单"命令，如图 9.1（b）所示。
（4）直接单击常用工具栏上的"表单向导"图标按钮，如图 9.1（c）所示。
表单向导启动时，首先弹出"向导选取"对话框，如图 9.2 所示。如果数据源只有一个表，应选取"表单向导"，如果数据源包括父表和子表，则应选取"一对多表单向导"。

不论调用哪种表单向导，系统都会打开相应的对话框，一步一步向用户询问一些简单的问题，并根据用户的回答自动创建表单。创建的表单将包含一些控件,用以显示表中记录和字段中的数据,表单还会包含一组按钮,用户通过这组按钮,可以实现对表中数据的浏览、查找、添加、编辑、删除以及打印等操作。

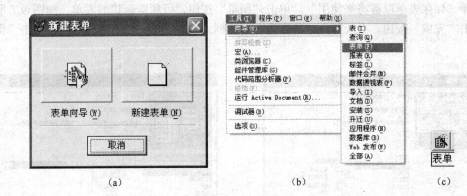

图 9.1 启动表单向导

例 9.1 利用"工具"菜单打开"表单向导",对"学生管理"数据库中表 STUDENT.DBF 创建表单。

在"工具"菜单选择"向导"子菜单,单击"表单"选项,出现"向导选取"对话框,选择"表单向导",打开"表单向导"对话框。

表单向导共有 4 个步骤,具体如下。

步骤 1:字段选取。如图 9.3 所示,从"数据库和表"列表框中选择作为数据源的数据库和表,本例选择"学生管理"数据库中的表"STUDENT",然后在"可用字段"列表框中选中需要的字段,单击向左的箭头按钮,或者直接双击字段名,该字段就移动到"可用字段"列表框中。

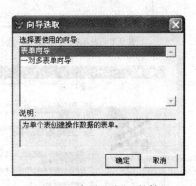

图 9.2 "向导选取"对话框

字段选定的先后顺序决定了向导在表达式中安排字段的顺序以及表单的默认标签顺序,通过移动"选定"字段列表框中各字段前面的按钮可以调整它们的顺序。单击"下一步"按钮,进入步骤 2。

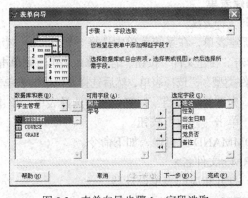

图 9.3 表单向导步骤 1—字段选取

步骤 2:选择表单样式。如图 9.4 所示,向导提供了标准式、凹陷式、阴影式等 9 种样式和 4 种按钮类型。本例选择"标准式"和"文本按钮",然后单击"下一步"按钮,进入步骤 3。

步骤 3:排序次序。如图 9.5 所示。选择排序记录的字段或索引标识,本例在"可用的字段或索引标识"列表框中选择"姓名"字段，选中"升序"单选按钮，单击"添加"按钮，将数据表中的记录按姓名升序排列。单击"下一步"按钮，进入步骤4。

步骤4：完成。如图9.6所示，输入表单标题"学生基本信息"，选择建立好表单后的动作，本例选择"保存表单以备将来使用"。单击"预览"按钮，可预览新建的表单，如图9.7所示。最后单击"完成"按钮。系统打开"另存为"对话框，输入表单文件名"xsxx"，单击"保存"按钮。

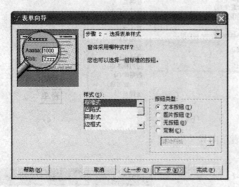

图9.4 表单向导步骤2—选择表单样式

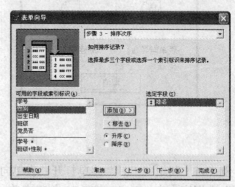

图9.5 表单向导步骤3—排序次序

图9.6 表单向导步骤4—完成

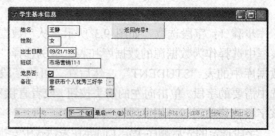

图9.7 表单运行结果

2. 使用表单设计器创建表单

启动表单设计器有以下3种方法。

（1）菜单方法：若是新建表单，在系统菜单中选择"文件"→"新建"命令，在"文件类型"对话框中选择"表单"，单击"新建文件"按钮。若是修改表单，则单击"文件"→"打开"命令，在"打开"对话框中的"文件类型"栏选择表单，然后选择要修改的表单文件名，单击"打开"按钮。

（2）在项目管理器中，先选择"文档"标签，然后选择表单，单击"新建"按钮。若是修改表单，选择要修改的表单，单击"修改"按钮。

（3）命令方式：在COMMAND窗口输入如下命令。

命令1：CREATE FORM <文件名>

功能：创建新的表单，打开相应的表单设计器。

命令2：MODIFY FORM <文件名>

功能：打开一个已有的表单。

不管采用上面哪种方法，都可以打开"表单设计器"窗口。系统自动生成一个标题为Form1的表单，其相应的属性都是系统默认的，如图9.8所示。在表单设计器环境下，用户可以交互式、可视化地设计完全个性化的表单。

在表单设计器环境下，也可以调用表单生成器方便、快速地产生表单。调用表单生成器的方法如下。

（1）选择"表单"菜单中"快速表单"命令。

（2）单击"表单设计器"工具栏中的"表单生成器"按扭。

（3）鼠标右键单击表单窗口，在弹出的快捷菜单中选择"生成器"命令。

采用上面任意一种方法后，系统都将打开"表单生成器"对话框，如图 9.9 所示。在对话框中，用户可以从某个表或视图中选择若干字段，这些字段将以控件形式被添加到表单上。要寻找某个表或数据库，可以单击"数据库和表"下拉列表框右侧的对话框按钮，弹出"打开"对话框，然后从中选定所需要的文件。在"样式"选项卡中可以为添加的字段控件选择它们在表单上的显示样式。

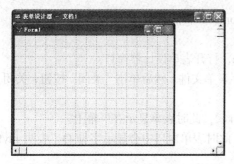

图 9.8 "表单设计器"窗口

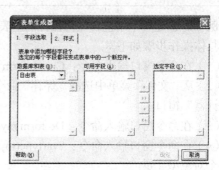

图 9.9 "表单生成器"对话框

利用表单生成器产生的表单一般不能满足特定应用的需求，还需要开发者在表单设计器中做进一步的调整和修改。

要保存设计好的表单，可在表单设计器环境中，选择"文件"→"保存"命令，然后在打开的"另存为"对话框中指定表单文件的文件名。设计的表单将被保存在一个表单文件和一个表单备注文件中。表单文件的扩展名是.scx，表单备注文件的扩展名是.sct。

9.1.2 运行表单

利用表单向导或表单设计器建立的表单文件，必须在运行表单文件后才能生成相应的表单对象。所谓运行表单，就是根据表单文件及表单备注文件的内容产生表单对象。

可以通过以下方法来运行表单文件。

（1）在项目管理器窗口中，选择要运行的表单，然后单击"运行"按钮。

（2）在表单设计器窗口中，在系统菜单中选择"表单"→"执行表单"命令，或单击常用工具栏上的"运行"按钮。

（3）在系统菜单中选择"程序"→"运行"命令，打开"运行"对话框，然后在运行对话框中选择要运行的表单文件，单击"运行"按钮。

（4）在程序中或命令窗口调用表单可用下列命令。

命令：DO FORM <表单文件名> [NAME<变量名>] [WITH<实参 1><,实参 2>,…] [LINKED] [NOSHOW]

① [NAME<变量名>]：若包含 NAME 子句，系统将建立指定名字的变量，并使它指向表单对象。否则，系统建立与表单文件同名的变量指向表单对象。

② [WITH <参数列表>]：用于向表单传递参数。若在表单运行时引发了 INIT 事件，系统会将各实参的值传递给该事件代码 PARAMETERS 或 LPARAMETERS 子句中的各形参。

③ [LINKED]：若包含 LINKED 子句，表单对象将随指向它的变量的清除而关闭（释放）。否则，即使变量已经清除，表单对象依然存在。但不管有没有 LINKED 子句，指向表单对象的变量并不会随表单的关闭而清除，此时该变量的取值为.NULL.。

④ [NOSHOW]：如果包含 NOSHOW 关键字，表单运行时将不显示，直到将表单的 Visible 属性被设置为.T.，或者调用表单的 Show 方法时再显示。

注意　表单文件及其表单备注文件必须同时存在才能运行表单。

例 9.2 新建一个不包含任何控件的空表单 myform.scx，然后用 do form 命令运行它。

具体操作步骤如下。

（1）在命令窗口输入命令：Create form myform，打开表单设计器窗口。

（2）从"文件"菜单中选择"保存"命令，保存表单文件，然后单击"关闭"按钮，关闭"表单设计器"窗口。

（3）在命令窗口输入命令：Do form myform linked，此时表单显示在屏幕上。

（4）在命令窗口输入命令：?vartype(myform)，此时表单窗口中会显示字母 O，表明 myform 是一个对象型变量。

（5）单击表单窗口的"关闭"按钮，释放表单。

（6）在命令窗口输入命令：?vartype(myform),myform。此时，主窗口中显示：X .NULL.。

9.2　表单设计器

9.2.1　表单设计环境

表单设计器启动后，在 VFP 主窗口上将出现"表单设计器"窗口、"属性"窗口、"表单控件"工具栏、"表单设计器"工具栏以及"表单"菜单。

1. "表单设计器"窗口

"表单设计器"窗口内包含正在设计的表单。用户可在表单窗口中可视化地添加和修改控件、改变控件布局，表单窗口只能在"表单设计器"窗口内移动。以新建方式启动表单设计器时，系统将默认为用户创建一个空白表单。

2. "属性"窗口

设计表单的绝大多数工作都是在属性窗口中完成的，因此用户必须熟悉属性窗口的用法。如果在表单设计器中没有出现"属性"窗口，可在系统菜单中单击"显示"→"属性"命令。

"属性"窗口如图 9.10 所示，包括对象框、属性设置框和属性、方法、事件列表框。

对象框：显示当前被选定对象的名称。单击对象框右端的下拉箭头将列出当前表单及表单中所有对象的名称，用户可以从中选择一个需要编辑修改的对象或表单。利用对象框可以很方便地查看各对象的容器层次关系，如图 9.11 所示。

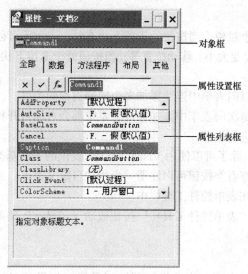
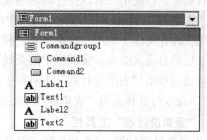

图9.10 "属性"窗口　　　　　　　图9.11 对象框

属性列表框：有5个选项卡分类显示当前被选定对象的所有属性、事件和方法程序。其中，"全部"选项卡列出全部属性、事件和方法程序；"数据"选项卡列出有关对象如何显示或怎样操纵数据的属性；"方法程序"选项卡列出对象的所有方法程序和事件；"布局"选项卡列出所有的布局属性；"其他"选项卡列出其他的和用户自定义的属性。

属性列表框包括两列，分别显示所有可在设计时更改的属性和它们的当前值。对于具有预定值的属性，在列表框中双击属性名可以依次显示所有可选项。对于设置为表达式的属性，它的前面显示有等号（=）。只读的属性、事件和方法程序以斜体显示。

属性设置框：当从属性列表框中选择一个属性项时，窗口将出现属性设置框，用户可以在此对选定的属性进行设置。

如果属性是以文本的形式来输入的，用户可以直接在属性设置框中输入属性值；如果属性值是一个文件名或一种颜色，可以单击设置框右边的"…"按钮，打开相应的对话框进行选择。如果属性值是系统预定值中的一个，可以单击设置框右边的下拉箭头，打开列表框从中选择。如果属性值是一个表达式，可以单击左边的"fx"函数按钮，打开表达式生成器，建立需要的表达式。在设置框中设置或修改相应的属性值后，单击"√"按钮或按回车即可确认，单击"×"按钮或按ESC键可取消修改，恢复原始值。

如果要将属性设置还原为系统默认值，可在属性列表框中右键单击该属性，从快捷菜单中选择"重置为默认值"命令。

对于表单及控件的绝大多数属性，其数据类型通常是固定的，如Width属性只能接收数值型数据，Caption属性只能接收字符型数据。但有些属性的数据类型是不固定的，如文本框Value属性可以是任意数据类型，复选框的Value属性可以是数值型，也可以逻辑型。

通常，要为属性设置一个字符型值，可以在设置框中直接输入，不需要加定界符。但对于那些既可以接收数值型数据又可以接收字符型数据的属性来说，若要设置数值格式的字符串，需要加定界符，例如，="123"。

3. 表单控件工具栏

设计表单的主要任务就是利用"表单控件"设计交互式用户界面。利用表单控件工具栏可以方便地向表单添加控件，"表单控件"工具栏是表单设计的主要工具，默认包含21个控件、4个辅助按钮，如图9.12所示。

157

4个辅助按钮分别介绍如下。

①"选定对象"按钮：用于选定一个或多个对象。当按钮处于按下状态时，表示不可创建控件，此时可以对已经创建的控件进行编辑，如改变大小、移动位置等；当按钮处于未按下状态时，表示允许创建控件。

②"按钮锁定"按钮：按下此按钮时，可以向表单中连续添加多个同种类型的控件。

③"生成器锁定"按钮：按下此按钮时，每次向表单中添加控件，系统都会自动打开相应的生成器对话框，以便用户对该控件的常用属性进行设置。

④"查看类"按钮：在可视化设计表单时，除了可以使用 Visual FoxPro 提供的一些基类，还可以使用保存在类库中的用户自定义类。利用查看类按钮可以注册一个用户自定义类库，或选择一个已注册的自定义类库，使类库中的类显示在表单控件工具栏中。

可以通过单击"表单设计器"工具栏中的"表单控件工具栏"按钮或通过"显示"菜单中的"工具栏"命令打开和关闭"表单控件"工具栏。

4. "表单设计器"工具栏

打开"表单设计器"时，主窗口中会自动出现"表单设计器"工具栏。如果该工具栏没有出现，可以通过选择"显示"菜单中的"工具栏"命令打开。"表单设计器"工具栏如图 9.13 所示，其中包含"设置 Tab 键次序"、"数据环境"、"属性窗口"、"代码窗口"、"表单控件工具栏"、"调色板工具栏"、"布局工具栏"、"表单生成器"和"自动格式"等按钮。

图9.12 "表单控件"工具栏

图9.13 "表单设计器"工具栏

5. 表单菜单

表单菜单中的命令主要用于创建、编辑表单或表单集，例如为表单增加新的属性或方法。

9.2.2 控件操作与布局

1. 控件的基本操作

（1）选定控件。用鼠标单击控件可以选定该控件，被选定的控件四周出现 8 个控点。也可以同时选定多个控件，如果是相邻的多个控件，只需在"表单控件"工具栏上的"选定对象"按钮选中的情况下，拖动鼠标使出现的框围住要选的控件即可。如果要选定不相邻的多个控件，可以在按住 Shift 键的同时，依次单击各控件。

（2）移动控件。先选定控件，然后用鼠标将控件拖动到需要的位置上。如果在拖动鼠标时按住 Ctrl 键，可以使鼠标的移动步长减小。也可用方向键对控件进行移动。

（3）调整控件大小。选定控件，然后拖动控件四周的某个控点可以改变控件的宽度和高度。也可以按住 Shift 键的同时，用方向键对控件大小进行微调。

（4）复制控件。先选定控件，选择"编辑"→"复制"命令，然后选择"编辑"→"粘贴"命令，最后将复制产生的新控件拖动到需要的位置。

（5）删除控件。选定不需要的控件，然后按 Delete 键或选择"编辑"→"剪切"命令。

2．控件布局

要快速整齐地排列表单中的控件，可以在选中控件后，选择"格式"菜单中的相应命令或利用"布局"工具栏来实现，如图 9.14 所示。"布局"工具栏提供了排列表单控件的基本工具，用于调整各控件的相对位置和相对大小。可通过单击"表单设计器"工具栏上的"布局工具栏"按钮或选择"显示"菜单中的"布局工具栏"命令打开或关闭"布局"工具栏。

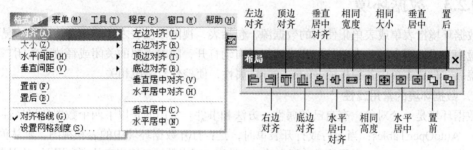

图 9.14 "格式"菜单与"布局"工具栏

3．控件的 Tab 键次序

当表单运行时，用户可以按 Tab 键选择表单中的控件，使光标在控件间移动。控件的 Tab 键次序决定了选择控件的次序。表单控件的默认 Tab 键次序是控件添加到表单时的次序。VFP 提供了两种方式来设置 Tab 键次序：交互方式和列表方式。可以通过下列方法选择自己要使用的设置方式。

① 选择"工具"菜单中的"选项"命令，打开"选项"对话框。
② 选择"表单"选项卡。
③ 在"Tab 键次序"下拉列表框中选择"交互"或"按列表"。

在交互方式下，设置 Tab 键次序的步骤如下。

① 单击"表单设计器"工具栏上的"设置 Tab 键次序"按钮或选择"显示"菜单中的"Tab 键次序"命令，进入 Tab 键次序设置状态。此时，控件左上方出现深色小方块，称为 Tab 键次序盒，里面显示该控件的 Tab 键次序号码，如图 9.15 所示。
② 双击某个控件的 Tab，该控件将成为 Tab 键次序中的第一个控件。
③ 按希望的顺序依次单击其他控件的 Tab 键次序盒。
④ 单击表单空白处，确认设置，退出设置状态；按 Esc 键可放弃设置，退出设置状态。

在列表方式下，设置 Tab 键次序的步骤如下。

① 单击"表单设计器"工具栏上的"设置 Tab 键次序"按钮或选择"显示"菜单中的"Tab 键次序"命令，打开"Tab 键次序"对话框，如图 9.16 所示，列表框中按 Tab 键次序显示各控件。
② 通过拖动控件左侧的移动按钮移动控件，改变控件的 Tab 键次序。
③ 单击"按行"按钮，将在表单上按从上到下、从左到右的顺序自动设置各控件的 Tab 键次序；单击"按列"按钮，将在表单上按从左到右、从上到下的顺序自动设置各控件的 Tab 键次序。

图 9.15 采用交互方式设置 Tab 键次序　　　　图 9.16 采用列表方式设置 Tab 键次序

9.2.3 数据环境

数据环境指表单或表单集使用的数据源，包括表、视图以及表之间的关系。通常情况下，数据环境中表或视图会随着表单的打开或运行而自动打开，随着表单的关闭或释放而关闭。设置数据环境后，设置表单中各控件的 controlsource 属性，使控件与字段相关。

1. 数据环境的常用属性

数据环境是一个对象，有自己的属性、方法和事件。常用的是以下两个数据环境属性。
- AutoOpenTables：当运行或打开表单时，是否打开数据环境中的表和视图，默认值为.T.。
- AutoCloseTables：当释放或关闭表单时，是否关闭由数据环境指定的表和视图，默认值为.T.。

2. 打开数据环境设计器

在表单设计器环境中，单击"表单设计器"工具栏上的"数据环境"按钮，或选择"显示"→"数据环境"命令，即可打开"数据环境设计器"窗口，如图 9.17 所示，进入数据环境设计器环境。此时，系统菜单栏上将出现"数据环境"菜单。

3. 向数据环境添加表或视图

在数据环境设计器环境中，按下列方法向数据环境添加表或视图：在系统菜单中选择"数据环境"→"添加"命令，或右键单击"数据环境设计器"窗口，然后在弹出的快捷菜单中选择"添加"命令，打开"添加表或视图"对话框，如图 9.18 所示。如果数据环境原来是空的，那么在打开数据环境设计器时，该对话框就会自动出现。

4. 从数据环境中移去表或视图

在"数据环境设计器"窗口中，选择要移去的表或视图，在系统菜单中选择"数据环境"→"移去"命令。也可以用鼠标右键单击要移去的表或视图，然后在弹出的快捷菜单中选择"移去"命令。当将表从数据环境中移去时，与这个表有关的所有关联也将随之消失。

图 9.17 "数据环境设计器"窗口　　　　图 9.18 "添加表或视图"对话框

5. 在数据环境中设置关系

如果添加到数据环境的两个表来自某个数据库,且在数据库中已经为它们设置了永久联系,那么这两个表在数据环境中会自动产生一个相应的关联(临时联系)。

如果表之间没有永久联系,可以根据需要在数据环境设计器下为这些表设置关联,设置关联的方法为:将主表的某个字段(作为关联表达式)拖曳到子表的相匹配的索引标记上即可。如果子表上没有与主表字段相匹配的索引,也可以将主表字段拖动到子表的某个字段上,这时应根据系统提示确认创建索引。

在数据环境设计器窗口中,表之间的关联用一条连线来表示。要解除表之间的关联,可以先单击选定表示关联的连线,然后按 Delete 键。

6. 在数据环境中编辑关系

关联是数据环境中的对象,它有自己的属性、方法和事件。编辑关联主要通过设置关联的属性来完成。要设置关联的属性,可先单击表示关联的连线选定关系,然后在"属性"窗口中选择关联属性并设置。

常用的关系属性有以下一些。

- RelationalExpr:用于指定基于主表的关联表达式。
- ParentAlias:用于指明主表的别名。
- ChildAlias:用于指明子表的别名。
- ChildOrder:用于指定子表中与关联表达式相匹配的索引。
- OneToMany:用于指明关系是否为一对多关系,该属性默认为".F.",如果关系为"一对多关系",该属性一定要设置为".T."。

7. 向表单添加字段

表单控件经常用来显示或修改表中的数据。例如,用一个文本框来显示或编辑一个字段数据。要在表单内设计这样一个文本框控件,一般有以下两种方法。

方法 1:先利用"表单控件"工具栏将一个控件放置到表单里,然后通过设置其 ControlSource 属性将控件与相应的字段绑定在一起。

如果数据环境中包含表或视图,则在设置控件的 ControlSource 属性时,属性设置框内会列出数据环境中的所有字段,供用户选择。数据环境为设置表单控件的 ControlSource、RecordSource 等属性提供了方便。

方法 2:用户可以直接将字段、表或视图从"数据环境设计器"中拖到表单。拖动成功时系统会创建相应的控件,并自动与字段相联系。默认情况下,如果拖动的是字符型字段,系统将在表单内产生一个文本框控件;如果拖动的是备注型字段,将产生编辑框控件;如果拖动的是逻辑型字段,将产生复选框控件;如果拖动的是表或视图,将产生表格控件。

9.3 表单的属性和方法

9.3.1 表单常用属性

表单属性大约有 100 个,但绝大多数都很少用到。表单常用属性如表 9.1 所示。

表9.1　　　　　　　　　　　表单常用属性

属　　性	描　　述	默认值
AlwaysOnTop	指定表单是否总是位于其他打开窗口之上	.F.
AutoCenter	指定表单初始化时是否自动在 Visual FoxPro 主窗口内居中显示	.F.
BackColor	指明表单窗口的颜色	255,255,255
BorderStyle	指定表单边框的风格。采用默认值时，采用系统边框，用户可改变表单大小	3
Caption	指明显示于表单标题栏上的文本	Form1
Closable	指定是否可以通过单击"关闭"按钮或双击控制菜单框来关闭表单	.T.
DataSession	指定表单里的表是在默认的全局工作区打开（设置值为 1），还是在表单自己的私有工作区打开（设置值为 2）	1
MaxButton	确定表单是否有最大化按钮	.T.
MinButton	确定表单是否有最小化按钮	.T.
Movable	确定表单是否能够移动	.T.
Scrollbars	指定表单的滚动条类型。可取值 0（无）、1（水平）、2（垂直）、3（既水平又垂直）	0
WindowState	指明表单的状态：0（正常）、1（最小化）、2（最大化）	0
WindowType	指定表单是模式表单（设置值为1）还是非模式表单（设置值为0）。在一个应用程序中，如果运行了一个模式表单，则在关闭该表单之前不能访问应用程序中的其他界面元素	0

9.3.2　表单常用事件与方法

1．运行时事件

常用的表单运行时事件如下。

Load 事件：在表单对象建立之前引发，即运行表单时，先引发表单的 Load 事件，再引发表单的 Init 事件。

Init 事件：在对象创建时引发。在表单对象的 Init 事件引发之前，将先引发它所包含的控件对象的 Init 事件，所有在表单对象的 Init 事件代码中，能够访问它包含的所有控件对象。

例如，假定表单中包含一个命令按钮，那么在运行表单时，先引发表单的 Load 事件，然后引发命令按钮的 Init 事件，最后引发表单的 Init 事件。

2．关闭时事件

常用的表单关闭时事件如下。

Destroy 事件：在表单对象释放时引发。表单对象的 Destroy 事件在它所包含的控件对象的 Destroy 事件引发之前引发，所以在表单对象的 Destroy 事件代码中，能够访问它所包含的所有控件对象。

Unload 事件：在表单对象释放时引发，是表单对象释放时最后一个要引发的事件。例如，在关闭包含一个命令按钮的表单时，先引发表单的 Destroy 事件，然后引发命令按钮的 Destroy 事件，最后引发表单的 Unload 事件。

3．交互时事件

常用的表单交互时事件如下。

Gotfocus：对象接收到焦点时发生的事件。对象可能会由于用户的动作（如鼠标单击）或代码中调用 Setfocus 方法而获得焦点。

Click：用鼠标单击对象时引发。引发该事件的情况有用鼠标单击复选框、命令按钮、组合框、列表框和选项按钮；在命令按钮、选项按钮或复选框获得焦点时，按空格键；当表单中包含一个默认按钮（Default 属性值为.T.）时，按 Enter 键，引发默认按钮的 Click 事件；按控件的访问键；单击表单的空白处，引发表单的 Click 事件，但单击表单的标题栏或窗口边界不会引发 Click 事件。

Dbclick：用鼠标双击对象时引发。

Rightclick：用鼠标右键单击对象时引发。

Interactivechange：当通过鼠标或键盘交互式改变一个控件的值时引发。

4. 错误时事件

常用的表单错误时事件如下。

Error：当对象方法或事件代码在运行过程中产生错误时引发。事件引发时，系统会把发生的错误类型和错误发生的位置等参数传递给事件代码，事件代码可以据此对错误进行相应的处理。

5. 表单的显示、隐藏与关闭方法

常用的表单显示隐藏与关闭方法如下。

Show 方法：显示表单。该方法将表单的 Visible 属性设置为.T.。

Hide 方法：隐藏表单。该方法将表单的 Visible 属性设置为.F.。与 Release 方法不同，Hide 只是把表单隐藏起来，但并不将表单从内存释放，之后可用 Show 方法重新显示表单。

Relase 方法：将表单从内存中释放。例如，表单有一个命令按钮，如果希望单击该命令按钮时关闭表单，就可以在该命令按钮的 Click 事件中包含如下代码。

$$\text{ThisForm.Release}$$

表单运行时，用户单击表单右上角的关闭按钮，系统会自动执行 Release 方法。

6. 表单或控件的刷新方法

常用的表单或控件的刷新方法如下。

Refresh 方法：重新绘制表单或控件，并刷新它的所有值。当表单被刷新时，表单上的所有控件也都被刷新。当页框被刷新时，只有活动页被刷新。

7. 控件的焦点设置方法

常用的控件的焦点设置方法如下。

Setfocus:让控件获得焦点，使其成为活动对象。若一个控件的 Enabled 属性值或 Visible 属性值为.F.，将不能获得焦点。

例 9.3 在例 9.2 的表单 myform 中添加一个命令按钮，然后按表 9.2 为表单和命令按钮设置相应的事件代码，最后运行表单并观察结果。

表 9.2　　　　　　　　　　要求为表单 myform 设置的事件代码

对　　象	事　　件	代　　码
表　单	Load	wait"引发表单 load 事件！"window
	Init	wait"引发表单 init 事件！"window
	Destroy	wait"引发表单 destroy 事件！"window
	Unload	wait"引发表单 unload 事件！"window
命令按钮	Init	wait"引发按钮 init 事件！"window
	Destroy	wait"引发按钮 destory 事件！"window

具体操作步骤如下。

① 在命令窗口输入命令：MODIFY FORM myform，打开表单设计器窗口，然后通过"表单控件"工具栏向表单添加一个命令按钮。

② 选择"显示"→"代码"命令，打开代码编辑窗口。

③ 从"对象"框中选择 Form1，从"过程"框选择 Load，然后在编辑区输入相应的代码。类似地设置表单的其他三个事件代码。

④ 从"对象"框中选择命令按钮 Command1，从"过程"框中选择 Init，然后在编辑区输入相应的事件代码。类似地设置命令按钮的 Destroy 事件代码，并关闭代码编辑窗口。

⑤ 选择"文件"→"保存"命令，保存表单文件。

⑥ 单击"运行"按钮，或者关闭表单，在命令窗口输入命令：DO FORM myform。

运行表单时，实现显示提示信息"引发表单 Load 事件！"，然后依次按任意键，分别显示提示信息"引发按钮 Init 事件！"与"引发表单 Init 事件！"。再次按任意键后，Visual FoxPro 主窗口上显示出表单。

接着，单击"关闭"按钮释放表单时，首先显示提示信息"引发表单 Destroy 事件！"，然后依次按任意键，分别显示提示信息"引发按钮 Destroy 事件！"与"引发表单 Unload 事件！"。再次按任意键，返回命令窗口。

9.3.3 添加新的属性和方法

可以根据需要向表单添加任意数量的新属性和新方法，并像引用表单的其他属性和方法那样引用他们。

1. 创建新属性

向表单添加新属性的步骤如下。

① 在系统菜单中选择"表单"→"新建属性"命令，打开"新建属性"对话框，如图 9.19 所示。

② 在"名称"框中输入属性名。新建的属性同样会在"属性"窗口的列表框中显示出来。

③ 有选择地在"说明"框中输入新建属性的说明信息。这些信息将显示在"属性"窗口的底部。

新添加的属性的初始值为.F.。

2. 创建新方法

在表单中添加新方法的步骤如下。

① 在系统菜单中选择"表单"→"新建方法程序"命令，打开"新建方法程序"对话框，如图 9.20 所示。

② 在"名称"框中输入方法名。

③ 有选择地在"说明"框中输入新建方法的说明信息。

新建的方法同样会在"属性"窗口的列表框中显示出来，可以双击它，打开代码编辑窗口，然后输入或修改方法的代码。

要删除用户添加的属性或方法，可以选择"表单"菜单中的"编辑属性/方法程序"命令，打开对话框，然后在列表框中选择不需要的属性或方法并单击"移去"按钮。

不能添加新的事件，因为事件集是固定的。

图 9.19 "新建属性"对话框

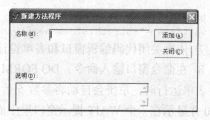
图 9.20 "新建方法程序"对话框

3. 编辑方法或事件代码

编写代码时要打开代码编辑窗口，下列方法可以打开代码编辑窗口。

① 选择"显示"→"代码"命令，打开代码编辑窗口。
② 在"表单设计器"窗口中双击一个表单或其他控件。
③ 单击"表单设计器"工具栏上的"代码窗口"按钮。
④ 在"表单设计器"窗口，单击鼠标右键，在快捷菜单中选择"代码"命令。
⑤ 在"属性"窗口中双击一个事件或方法程序。

代码编辑窗口如图 9.21 所示，用户可从"对象"框中选择方法或事件所属的对象（表单或表单中的控件），从"过程"框中指定需要编辑的方法或事件，在编辑区输入、修改方法或事件的代码。

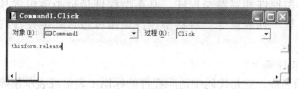
图 9.21 代码编辑窗口

例 9.4 按下面的要求修改例 9.3 中的表单 myform。

① 为表单添加一个新属性 newp。
② 修改表单的 Init 事件代码，使其能接收从 DO FORM 命令传递过来的参数，并将参数赋值给新添加的属性 newp。
③ 设置表单的 Click 事件代码，使属性 newp 的值加 10，然后显示该属性的新值。
④ 设置表单的 Rightclick 事件代码，使属性 newp 的值减 10，然后显示该属性的新值。

具体操作步骤如下。

① 在命令窗口输入命令：MODIFY FORM myform，打开表单设计器窗口。
② 添加新属性。选择"表单"→"新建属性"命令，打开"新建属性"对话框，然后在"名称"框中输入属性名称 newp，并依此单击"添加"和"关闭"按钮。
③ 选择"显示"→"代码"命令，打开代码编辑窗口。
④ 设置表单 Init 事件的代码。从"对象"框中选择 form1，从"过程"框中选择 Init，然后在编辑区编辑相应的事件代码。

```
LPARAMETERS p
Thisform.newp=p
wait"引发表单 init 事件! "window
```

⑤ 设置表单 Click 事件的代码。从"过程"框中选择 Click，然后在编辑区输入以下代码。

```
thisform.newp=thisform.newp+10
wait"newp="+str(thisform.newp) window
```

⑥ 设置表单 Rightclick 事件的代码。从"过程"框中选择 Rightclick，然后在编辑区输入以下代码。

```
thisform.newp=thisform.newp-10
wait"newp="+str(thisform.newp)window
```
⑦ 依次关闭代码编辑窗口和表单设计器窗口。
⑧ 在命令窗口输入命令：DO FORM myform WITH 5。

表单运行时，系统会自动将参数 5 传递给 newp，当用鼠标左键单击表单窗口时，newp 值会加 10 并显示在一个 WAIT 提示窗口里中而用鼠标右键单击表单窗口时，newp 的值会减 10，然后显示在一个 WAIT 提示窗口中。

 新添加的属性 newp 的初始值为.F.，若不先给它赋一个数值型数据，将无法进行加减运算。因此，在用 DO FORM 命令运行该表单时，若不加 WITH 子句，将会出错。当然也不能在表单设计器窗口直接运行该表单。

9.4 基本型控件

控件可分为基本型控件和容器型控件。基本型控件是指不能包含其他控件的控件，如标签、命令按钮、文本框、列表框等。容器型控件是指可包含其他控件的控件，如选项按钮、表格等。

常用控件的公共属性如下。

- name：控件的名称，它是代码中访问控件的标识（表单或表单集除外），在设计代码时，应该用 name 属性值（对象名称）而不能用 caption 属性值来引用对象。
- Fontname：字体名。
- Fontbold：字体样式为粗体。
- Fontsize：字体大小。
- Fontitalic：字体样式为斜体。
- Forecolor：前景色。
- Height：控件的高度
- Width：控件的宽度。也可在设计时通过鼠标拖曳进行可视化调整控件的高度和控件的宽度。
- Visible：是否显示控件。
- Enabled：控件运行时是否有效。如果为 .T.，则表示控件有效，否则运行时控件不可使用。

9.4.1 标签控件

标签（Label）主要用于显示固定的文本信息。在 Caption 属性中指定被显示的文本，称为标题文本。标签的标题文本不能在屏幕上直接编辑修改，但可以在代码中通过重新设置 Caption 属性间接修改。标签控件不具有 GotFocus 事件。

以下是标签控件常用的属性。

1. Caption 属性

Caption 属性指定标签的显示文本，最多为 256 个字符。可以在设计时设置，也可以在程序运行时设置或修改 Caption 属性。标题文本显示在屏幕上以帮助使用者识别各对象。

标题文本的显示位置视对象类型的不同而不同。例如，label 的标题文本显示在标签的区域内，表单 form 的标题文本显示在表单的标题栏上。

2. AutoSize 属性

AutoSize 属性指定是否自动调整控件大小以容纳文本内容。如果 AutoSize 为真，标签在表单中的大小由 Caption 属性中的文本长度决定，否则其大小由 WIDTH 和 HEIGHT 属性决定。

3. BackStyle 属性

BackStyle 属性用于设置标签的背景是否透明，0 为透明，1 为不透明，默认为不透明。

4. Name 属性

Name 属性指定标签对象的名称，是程序中访问标签对象的标识。

5. Alignment 属性

Alignment 属性指定标题文本在控件中显示的对齐方式。0 表示左对齐（默认值），1 表示右对齐，2 表示中央对齐。

9.4.2 命令按钮控件

命令按钮（CommandButton）控件通常用来启动某个事件代码、完成特定功能，如关闭表单、移动记录指针、打印报表等。对命令按钮的使用最重要的是编写 Click 事件代码。

命令按钮控件常用以下属性。

1. Default 属性和 Cancel 属性

Default 的属性值为.T.的命令按钮称为"默认"按钮。命令按钮的 Default 属性默认值为.F.，如果该属性设置为.T.，在该按钮所在的表单激活的情况下，按回车键可以激活该按钮，并执行该按钮的 Click 事件代码。一个表单只能有一个按钮的 Default 属性为真。

Cancel：cancel 属性值为.T.的命令按钮称为"取消"按钮。命令按钮的 Cancel 属性默认值为.F.，如果设置为.T.，在该按钮所在的表单激活的情况下，按 Esc 键可以激活该按钮，并执行该按钮的 Click 事件代码。一个表单只能有一个按钮的 Cancel 属性为真。

这两个属性在设计和运行时可用，主要适用于命令按钮。

2. Enabled 属性

Enabled 属性用于指定表单或控件能否响应由用户引发的事件，默认值为.T.，即对象是有效的。如果按钮的属性 Enabled 为.F.，单击该按钮不会引发该按钮的单击事件。

需要说明的是，若一个容器对象的 Enabled 属性值为.F.，则它里面的所有对象也都不会响应用户引发的事件，而不管这些对象的 Enabled 属性值如何。

该属性在设计和运行时可用，适用于绝大多数控件。

3. Visible 属性

Visible 属性用于指定对象是可见还是隐藏。在表单设计器环境下创建的对象，该属性的默认值为.T.，即对象是可见的。以编程方式创建的对象，该属性的默认值是.F.，即对象是隐藏的。

当一个表单由活动变为隐藏，最近活动的表单或其他对象将成为活动的。当一个表单的 visible 属性由.F.变为.T.时，表单将成为可见的，但并不成为活动的。要使一个表单成为活动的，可使用 show 方法。Show 方法在使表单成为可见的同时，使其成为活动的。

该属性在设计和运行时可用，适用于绝大多数控件。

9.4.3 文本框控件

文本框（TextBox）是一种常用控件，可用于输入或编辑内存变量、数组元素和非备注型字段内的数据。所有标准的 VFP 编辑功能，如复制、剪切、粘贴都可以在文本框中使用。

文本框一般用于显示或接收单行文本信息（不设置 ControlSource 属性时），可编辑任何类型的数据，如字符型、数值型、逻辑型、日期型和日期时间型，默认输入类型为字符型，最大长度为 256 个字符。如果编辑的是日期型或日期时间型数据，那么在整个内容被选定的情况下，按"+"或"-"，可以使日期增加一天或减少一天。

文本框控件常用属性与方法如下。

1. ControlSource 属性

ControlSource 属性用于设置文本框的数据来源。数据源是一个字段或内存变量。运行时，文本框首先显示该变量的内容。

该属性适用于文本框、编辑框、复选框、列表框、组合框、数据命令组、选项组、列等控件。

2. Value 属性

Value 属性用于设置或返回文本框显示的数据，默认值为空串，默认数据类型为字符型。文本框可编辑数值型、字符型、逻辑型、日期型或日期时间型数据，通过对该属性的赋值改变文本框可编辑数据的类型。

如果没有为 ControlSource 属性指定数据源，可以通过该属性访问文本框的内容。它的初值决定文本框中值的类型。如果为 ControlSource 属性指定了数据源，该属性值与 ControlSource 属性指定的变量或字段的值相同。

文本框中显示的文本是由 Value 属性控制的。Value 属性可以用 3 种方式设置，即设计时在"属性"窗口设置，运行时通过代码设置，或在运行时由用户输入。

该属性在设计和运行时可用。除了文本框，还适用于编辑框、复选框、列表框、组合框、命令组、选项组等控件。对于列表框和组合框，该属性为只读。

3. PassWordChar 属性

PassWordChar 属性用于指定文本框控件内是显示用户输入的字符还是显示占位符，并指定用作占位符的字符。

PassWordChar 属性的默认值为空串，此时没有占位符，文本框内显示用户输入的内容。当为该属性指定一个字符（即占位符，通常为*）后，文本框内只显示占位符，而不会显示用户输入的实际内容。该属性通常在登录界面的口令或密码框中使用。此属性不会影响 Value 属性的设置，实际输入值仍包含在 value 属性中。

该属性在设计和运行时可用，适用于绝大多数控件。

4. Readonly 属性

Readonly 属性用于确定文本框是否为只读，其值为.T.时，文本框的值不可修改。

5. 函数：Messagebox( )

格式：Messagebox(cMessageText[,nDialogBoxType[,cTitleBarText]])

功能：该函数用于显示一个对话框。通常用来提示用户，也可以让用户做一些简单的选择。

其中，字符表达式 cMessageText 指定在对话框中显示的文本，如果要显示多行，要在文本中包含 CHR(13)字符（表示回车）；nDialogBoxType 是对话框类型，用数值表示，用来指定对话框中显示的按钮、图标和默认值；cTitleBarText 是对话框标题，即对话框标题栏中的文本，若省略 cTitleBarText，则默认值为"Microsoft Visual FoxPro"。nDialogBoxType 参数设置如表 7.3 所示。

表 9.3　　　　　　　　　Messagebox 函数的 nDialogBoxType 参数的设置

值	含　义	类　型
0	仅有"确定"按钮	对话框按钮
1	"确定"和"取消"按钮	
2	"终止"、"重试"和"忽略"按钮	
3	"是"、"否"和"取消"按钮	
4	"是"、"否"按钮	
5	"重试"、"取消"按钮	
16	"终止"图标	图标
32	"问号"图标	
48	"感叹号"图标	
64	"信息"图标	
0	第一个按钮	默认按钮设置
256	第二个按钮	
512	第三个按钮	

例如，?messagebox("这是对话框"+chr(13)+"中的文字",16,"这是标题")

运行结果如图 9.22 所示。

Messagebox( )函数将根据用户所按的对话框中的按钮，返回一个数值，程序可以通过对返回值的测试，决定下一步的操作。返回值和按钮的对应关系如表 9.4 所示。

图 9.22　Message( )函数运行结果

表 9.4　　　　　　　　　函数返回值和按钮的对应关系

返回值	对应按钮	返回值	对应按钮
1	确定	5	忽略
2	取消	6	是
3	放弃	7	否
4	重试		

例如，messagebox("是否确认退出",1+32+0,"确认退出")运行时则弹出如图 9.23 所示的对话框。

例 9.5　现有一用户表 yonghu，表的结构如下。

yonghu(用户名 c(10)，密码 c(6))

请设计一个如图 9.24 所示的"登录"窗口，单击"登录"按钮时，当用户名或密码为空时，打开相应的提示信息对话框，当用户名和密码相匹配时，运行表单"学生基本信息.scx"。单击"退出"按钮时打开相应提示信息对话框询问是否要真正退出。最后将表单保存为 dl.scx。

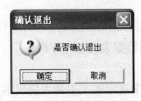

图 9.23　确认信息对话框

图 9.24　例 9.5 示意图

具体操作步骤如下。

① 创建表单（Caption 属性值为"登录"），然后在数据环境中添加表 yonghu。

② 为表单添加相应的控件并设置相应控件的属性。标签 Label1 和 Label2 的 Caption 的属性值分别为"用户名"和"密码"，文本框 Text2 的 passwordchar 属性值为"*"，命令按钮 Command1 与 Command2 的 Caption 属性值为"登录"与"退出"。

③ 设置命令按钮"登录"与"取消"的事件代码。

"登录"按钮的 Click 事件代码如下。

```
sele yonghu
if allt(thisform.text1.value)==""
    messagebox("用户名为空，请输入！",64,"提示")
    thisform.text1.setfocus
else
    if allt(thisform.text2.value)==""
        messagebox("密码为空，请输入！",64,"提示")
        thisform.text2.setfocus
    else
        locate for allt(用户名)==allt(thisform.text1.value);
            .and. allt(密码)==allt(thisform.text2.value)
        if found()
            do form xsxx.scx
            thisform.release
        else
            messagebox("用户名或密码错误，请重新输入！",64,"提示")
            thisform.text1.setfocus
            thisform.text2.value=""
        endif
    endif
endif
```

"退出"按钮的 Click 事件代码如下。

```
nAnswer=messagebox("你决定退出系统吗?",4,"提示")
do case
    case nAnswer = 6
        thisform.release
    case nAnswer = 7
        messagebox("请输入用户名和密码",0,"提示")
endcase
```

9.4.4 编辑框控件

编辑框（EditBox）与文本框一样，是用来输入和编辑数据的。编辑框主要用于显示或编辑多行文本信息。它实际上是一个完整的简单字处理器。在编辑框中能够选择、剪切、粘贴以及复制正文，可以实现自动换行，编辑框能够有自己的垂直滚动条。编辑框中只能输入字符型数据，包括字符型内存变量、数组元素、字段以及备注型字段中的内容。

编辑框常用属性如下。

1. ControlSource 属性

ControlSource 属性用于设置编辑框的数据源，一般为数据表的备注字段。

2. Hideselection 属性

Hideselection 属性指定当编辑框失去焦点时，编辑框中选定的文本是否仍显示为选定状态。该属性的默认值为.T.，即当编辑框失去焦点时，编辑框中选中的文本不显示为选定状态。当编辑框再次获得焦点时，选定文本重新显示为选定状态。

该属性值为.F.时，当编辑框失去焦点时，编辑框中选定的文本仍显示为选定状态。

该属性在设计和运行时均可用，也适用于文本框、组合框等控件。

3. Readonly 属性

Readonly 属性用于确定用户是否能修改编辑框中的内容。该属性的默认值为.F.，此时用户可以修改编辑框中的内容。

Readonly 与 Enabled 是有区别的。虽然在 Readonly 为.T.和 Enabled 为.F.两种情况下，都使编辑框具有只读的特点，但在第一种情况下，用户仍能移动焦点至编辑框上并使用滚动条，而在第二种情况下则不能。

4. Scroolbars 属性、Selstart:属性及 SelLength 属性

Scroolbars 属性用于指定编辑框是否具有滚动条，当属性值为 0 时，编辑框没有滚动条，当属性值为 2（默认值）时，编辑框包含垂直滚动条。

Selstart 属性用于返回用户在编辑框中所选文本的起始点位置或插入点位置（没有选定文本时）。

SelLength 属性用于返回用户在文本输入区中所选定字符的数目。

SelText 用于返回用户在编辑区内选定的文本，如果没有选定任何文本，则返回空串。

这 3 个属性在使用时要注意以下几点。

（1）若把 SelLength 属性值设置成小于 0，将产生一个错误。

（2）若 SelStart 的设置值大于文本总字符数，系统自动将其调整为文本的总字符数，即插入点位于文本末尾。

（3）若改变了 SelStart 的值，系统自动把 SelLength 属性值设置成 0。

（4）若将 SelText 属性设置成一个新值,则这个新值会置换编辑区中的所选文本,并将 SelLengh 置为 0；若 SelLengh 值本来就是 0，则新值就会被插入到插入点处。

9.4.5 复选框控件

复选框（CheckBox）用于标识一个两值状态，如真（.T.）或假（.F.）。当处于选中状态（"真"状态）时，复选框内显示一个对勾，否则复选框内为空白。

复选框常用属性如下。

1. ControlSource 属性

ControlSource 属性用于指定与复选框建立关联的数据源。数据源可以是字段变量或内存变量，变量类型可以是逻辑型或数值型。

2. Caption 属性

Caption 属性用于指定显示在复选框旁边的标题。

3. Alignment 属性

Alignment 属性用于指定复选框是显示在标题右边还是左边。默认情况下（Alignment 属性值为 0），复选框显示在标题左边。

4. Value 属性

Value 属性用来指明复选框的当前状态，该属性的默认值为 0。该属性可以是数值型，也可以是逻辑型。Value 有三种状态，对于数值型，Value 属性值可以为 0（默认值）、1、2（或.NULL.），分别对应复选框未被选中、被选中和不确定。对于逻辑型，Value 属性值可以为.F.、.T.和.NULL.，分别对应复选框未被选中、被选中和不确定。

复选框的不确定状态只表明复选框的当前状态不属于两个正常状态值中的一个，运行时用户

仍能对其进行选择操作，并使其变为确定状态。在屏幕上，不确定状态复选框呈灰色，标题文字正常显示。

若没有设置 ControlSource 属性，则可通过 Value 属性来设置或返回复选框的状态。若 ControlSource 属性指定了字段或内存变量，则 Value 属性总是与 ControlSource 属性指定的变量具有相同的值和类型。

Value 属性值在输入逻辑型数据时一定要加定界符"."，否则系统会提示数据类型不匹配。

9.4.6 列表框控件

列表框（ListBox）主要用来显示供用户选择的选择项，用户可以从中选择一个或多个条目（数据项）。一般情况下，列表框显示其中的若干条目，用户可以通过滚动条浏览其他条目。

列表框的常用属性如下。

1. RowSourceType 属性与 RowSource 属性

RowSourceType 属性指明列表框数据源的类型，RowSource 属性指定列表框的数据源，两者常用的搭配如表 9.5 所示。

2. ColumnCount 属性

ColumnCount 属性用于指定列表框的列数，即一个条目中包含的数据项数目。

该属性在设计时不可用，在运行时只读。除了列表框，还适用于组合框。

3. ControlSource 属性

ControlSource 属性为列表框指定要绑定的数据源，该属性在列表框中的用法与在其他控件中的用法有所不同，在这里，用户可以通过该属性指定一个字段或内存变量，用于保存用户从列表框中选择的结果。作为数据源的字段或内存变量，其类型可以是字符型或数值型。若为字符型，其值是被选条目的本身内容；若为数值型，其值是被选条目在列表框中的次序号。

4. List 属性

List 属性用于存取列表框中数据条目的字符串数组。

例如，LIST(3，1)代表列表框中第 3 个条目第 1 列上的数据项。若省略列号，如 LIST(3)，则取第 3 个条目第 1 列上的数据项。

该属性在设计时不可用，在运行时只读。除了列表框，还适用于组合框。

表 9.5　　　　　　　　　　RowSourceType 与 RowSource 属性的设置

RowSourceType 属性	RowSource 属性
0-无：在程序运行时，通过 AddItem 方法添加列表框条目，通过 RemoveItem 方法移去列表框条目	无
1-值：列出在 RowSource 属性中指定所有数据项	可以是用逗号隔开的若干数据项的集合，例如，在设计时，在本属性框中输入"北京"、"上海"、"长沙"、"武汉"
5-数组：列出数组的所有元素	使用一个已定义的数组名
6-字段：列出一个字段的所有值	字段名
7-文件：列出指定目录的文件清单	磁盘驱动器或文件目录
8-结构：列出数据表的结构	表名

5. ListCount 属性

ListCount 属性用于指明列表框中数据条目的数目。

该属性在设计时不可用,在运行时只读。除了列表框,还适用于组合框。

6. Value 属性

Value 属性用于返回列表框中被选中的条目。该属性可以是字符型(默认),也可以是数值型。若 ControlSource 属性指定了字段或内存变量,那么 Value 属性与 ControlSource 属性指定的变量就会具有相同的数据和类型。

对于列表框和组合框,该属性只读。

7. Selected 属性

Selected 属性用于指定列表框内的某个条目是否处于选定状态,该属性是一个逻辑型数组,第 N 个数组元素代表第 N 个数据项是否为选定状态。

例如,判断第三个条目是否被选中,可以使用如下代码。

```
IF ThisForm.List1.Selected(3)
    WAIT WINDOW "It's selected! "
ELSE
    WAIT WINDOW "It's not! "
ENDIF
```

该属性在设计时不可用,在运行时只读。除了列表框,它还适用于组合框。

8. MultiSelect 属性

MultiSelect 属性用于指定用户能否在列表框控件内进行多重选定。

- 0 或.F.——默认值,不允许多重选择。
- 1 或.T.——允许多重选择,为选择多个条目,按住 Ctrl 键并用鼠标单击条目。

Value 属性和 ControlSource 属性指定的变量只能返回用户在列表框中最后选中的条目。配合使用 List、ListCount、Selected 等属性则可以在多选列表框中方便地找出所有被选的条目。

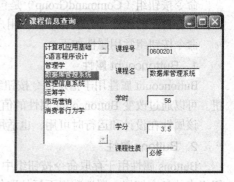

图 9.25 例 9.6 中表单

例 9.6 现有表 course,设计图 9.25 所示的表单,表单运行时,当在列表框中选择某门课程时,文本框就显示该课程的所有信息。

具体操作步骤如下。

① 创建表单(Caption 属性值为"课程信息查询"),然后在数据环境中添加表 course。

② 添加相应的控件。将表 course 中的"课程号"、"课程名"、"学时"、"学分"、"课程性质"字段从数据环境依次拖入表单窗口,结果每个字段在表单中都会创建一个标签和一个文本框。从"表单控件"工具栏上添加一个列表框 list1,将列表框 list1 的 RowSourceType 设置为 6—字段,将 RowSource 属性设置为 course.dbf。

③ 设置列表框 List1 的 InteractiveChange 事件代码为: thisform.refresh

④ 保存表单,文件取名为 kcxx.scx。

9.4.7 组合框控件

组合框(comboBox)与列表框类似,也是用于提供一组条目供用户从中选择,组合框和列表框的主要区别在于以下 3 点。

（1）对于组合框来说，通常只有一个条目是可见的。用户可以单击组合框上的下拉箭头按钮打开条目列表，以便从中选择。

（2）组合框不提供多重选择的功能，没有 MultiSelect 属性。

（3）组合框有两种形式：下拉组合框（Style 属性为 0）和下拉列表框（Style 属性为 2）。对下拉组合框，用户既可以从列表中选择，也可以在编辑区输入。对下拉列表框，用户只可从列表中选择。

9.5 容器型控件

容器型控件简称容器。容器与其所包含的控件一般都有自己的属性、方法和事件。在表单设计器中，为了给容器中的某个控件设置属性、方法或事件，首先要选择该控件。要选择容器中的某个控件，有以下两种方法。

（1）从属性窗口的对象下拉列表框中选择容器中某个所需的控件。

（2）用鼠标右键单击容器，然后从弹出的菜单中选择"编辑"命令，然后可通过鼠标单击来选择容器中的某个控件。

上面两种方法都使容器进入了编辑状态（周围有一个绿色的粗框），要退出编辑状态，可选择表单或其他控件

9.5.1 命令按钮组控件

命令按钮组（CommandGroup）是包含一组命令按钮的容器控件，命令组和命令组中的每个按钮都有自己的属性、方法和事件。用户可以单个或作为一组来操作其中的按钮。

命令按钮组常用属性如下。

1. Buttoncount 属性

Buttoncount 属性用于指定命令按钮组中命令按钮的数目。其默认值为 2，即包含 2 个命令按扭。可以通过改变 Buttoncount 属性的值来重新设置命令组中包含的命令按钮的数目。

该属性在设计和运行时可用，也适用于选项按纽组。

2. Buttons 属性

Buttons 属性用于存取命令按钮组中每个命令按钮的数组，代码中可以通过该数组访问命令按钮组中的各个按钮。属性数组下标的取值范围应该在 1 至 Buttoncount 属性值之间。

该属性数组在创建命令组时建立，用户可以利用该数组为命令组中的命令按钮设置属性或调用其方法。例如，将命令组中第 2 个按钮设置成隐藏的可使用下面的代码。

`Thisform.commandgroup1.buttons(2).visible=.F.`

3. Value 属性

默认情况下，命令按钮组中的各个按钮被自动赋予了一个编号，如 1，2，3 等，当运行表单时，一旦用户单击某个按钮，则 Value 将保存该按钮的编号，于是在程序中通过检测 Value 的值，就可以为相应的按钮编写特定的程序代码。如果在设计时，给 Value 赋予一个字符型数据，当运行表单时，一旦用户单击某个按钮，则 Value 将保存该按钮的 Caption 属性值。

该属性的类型可以是数值型（默认），也可是字符型的。若为数值型 N，则表示命令组中第 N 个命令按钮被选中；若为字符型 C，则表示命令组中 Caption 属性值为 C 的命令按钮被选中。

如果命令组内的某个按钮有自己的 Click 事件代码，那么一旦单击那个按钮，就会优先执行

为它单独设置的代码，而不会执行命令组的 Click 事件代码。

例 9.7 现有学生表 Student，表的结构如下。

Student（学号 C（10），姓名 C（10），性别 C（2），出生日期 D，党员否 L，班级 C（16），简历 M）

请设计一个如图 9.26 所示的表单，保存到 xxll.scx 文件中。当表单中显示的是第一条学生记录时，命令按钮"上一条"置为无效，当表单中显示的是最后一条学生记录时，命令按钮"下一条"置为无效。

具体操作步骤如下。

图 9.26　例 9.7 中的表单

① 创建表单（Caption 属性值为"浏览学生信息"），然后在数据环境中添加表 Student。

② 将表 Student 中相应字段从数据环境依次拖放到表单窗口，为"学号"、"姓名"、"性别"、"出生日期"、"班级"等字段分别创建一个标签和一个文本框，"党员否"为逻辑型字段，它将创建一个复选框，"简历"为备注型字段，它将创建一个标签和编辑框。

③ 为表单添加一个命令按钮组，Buttoncount 属性值设置为 3，即里面包含 3 个命令按钮，其命令按钮的 Caption 属性值分别为"上一条"、"下一条"、"退出"。

④ 设置表单的 Init 和 Destroy 事件代码。

表单 Init 事件的代码如下。

```
public num,ntop,nbottom        &&定义三个全局变量
select student
num=reccount()                 && num 为表文件 student 的记录个数
go bottom
nbottom=recno()                && nbottom 为表文件最后一条记录的记录号
go top
ntop=recno()                   && ntop 为表文件第一条记录的记录号
this.mymethod
```

表单 Destroy 事件代码为

```
release num,ntop,nbottom
```

⑤ 为表单添加一个新的方法 mymethod，该方法将根据记录指针的当前位置设置命令按钮是有效还是无效，然后刷新表单。该方法在表单初始化以及用户单击"上一条"、"下一条"命令按钮时被调用。该方法代码如下。

```
select student
nRec=recno()
do case
case num=0
    thisform.commandgroup1.command1.enabled=.F.
    thisform.commandgroup1.command2.enabled=.F.
    thisform.commandgroup1.command3.enabled=.F.
case nTop=nBottom
    thisform.commandgroup1.command1.enabled=.F.
    thisform.commandgroup1.command2.enabled=.F.
case nRec=nTop
    thisform.commandgroup1.command1.enabled=.F.
    thisform.commandgroup1.command2.enabled=.T.
case nRec=nBottom
    thisform.commandgroup1.command1.enabled=.T.
    thisform.commandgroup1.command2.enabled=.F.
```

```
otherwise.
    Thisform.commandgroup1.command1.enabled=.T.
    thisform.commandgroup1.command2.enabled=.T.
endcase
thisform.refresh
```

⑥ 设置命令按钮组 commandgroup1 的 Click 事件代码。

```
do case
case this.value=1
    skip-1
    if bof()
        go top
    endif
    thisform.mymethod
case this.value=2
    skip
    if eof()
        go bottom
    endif
    thisform.mymethod
case this.value=3
    thisform.release
endcase
```

⑦ 保存表单，文件取名为 xxll.scx。

9.5.2 选项组控件

选项组（OptionGroup）又称为选项按钮组，是包含选项按钮的一种容器。一个选项组中往往包含若干个选项按钮，但用户只能从中选择一个按钮。当用户单击某个选项按钮时，该按钮即成为被选中状态，而选项组中的其他选项按钮，不管原来是什么状态，都变为未选中状态，被选中的选项按钮中会显示一个圆点。

选项组常用属性如下。

1. ButtonCount 属性

ButtonCount 属性用于指定选项组中选项按钮的数目，默认值为 2，即包含 2 个选项按扭。可以通过改变 Buttoncount 属性的值来重新设置选项组中包含的选项按钮的数目。

2. Buttons 属性

Buttons 属性用于存取选项组中每个选项的数组。该属性数组在创建命令组时建立，用户可以利用该数组为命令组中的命令按钮设置属性或调用其方法。例如，将选项组中第 2 个按钮的标题设置为北京可以使用下面的代码。

```
Thisform.optiongroup1.buttons(2).caption= "北京"
```

3. ControlSource 属性

ControlSource 属性用于指定选项组数据源。作为选项组数据源的字段变量或内存变量，其类型可以是数值型 N 或字符型 C。例如，若变量值为 3，则表示选项组中第 3 个选项按钮被选中；若变量值为字符型"Option3"，则表示 Caption 属性为"Option3"的按钮被选中。

4. Value 属性

Value 属性用于初始化或返回选项组中被选中的选项按钮。该属性值的类型可以是数值型 N（默认情况）或字符型 C。若 ControlSource 属性指定了字段或内存变量，那么 Value 属性与 ControlSource 属性指定的变量就会有相同的数据和类型。

例 9.8 按图 9.27 所示设计一个表单，要求用户单击"确定"按钮时，在编辑框中显示用户对选项组和复选框的选择。并将表单保存为 FORM1。

具体操作步骤如下。

① 创建表单，添加相应的控件。

② 设置相应控件的属性：选项按钮组 Optiongroup1 的 Buttoncount 属性值为 4，四个选项按钮的 Caption 属性值分别为"北京"、"南京"、"上海"、"西安"。三个复选框 check1、check2、check3 的 Caption 属性值分别为"体育"、"音乐"、"旅行"。两个标签的 Caption 属性值分别为"请选择你的城市"和"你的爱好"。命令按钮组 commandgroup1 的 buttoncount 属性值为 2，command1 与 command2 的 Caption 分别为"确定"与"退出"，最后再添加一个编辑框 Edit1。

③ 设置命令按钮组 commandgroup1 的 Click 事件代码。

```
if thisform.commandgroup1.value=2
     thisform.release
else
     cstr="你所在城市"+chr(13);
     +thisform.optiongroup1.buttons[thisform.optiongroup1.value].caption+chr(13)
     cstr=cstr+"你的爱好"+chr(13)
     if thisform.check1.value=1
          cstr=cstr+thisform.check1.caption
     endif
     if thisform.check2.value=1
          cstr=cstr+thisform.check2.caption
     endif
     if thisform.check3.value=1
          cstr=cstr+thisform.check3.caption
     endif
     thisform.edit1.value=cstr
endif
```

例 9.9 创建一个"新建"对话框，如图 9.28 所示，表单运行时，当用户选择了"表"、"表单"或者"程序"的任意一项时，再单击命令按钮"新建"，就可以自动进入"表设计器"、"表单设计器"或"程序编辑"窗口。

图 9.27 例 9.8 中的表单

图 9.28 例 9.9 中的"新建"对话框

具体操作步骤如下。

① 创建表单，表单的 Caption 属性值为"新建"。

② 添加控件并设置相应属性，包括一个标签(标签 label1 的 Caption 属性值为"文件类型")，一个选项按钮组 optiongroup1（Buttoncount 属性值为 3，即包含三个选项按钮，三个选项按钮的 Caption 属性值分别为"表"、"表单"、"程序"）和两个命令按钮（命令按钮的 Caption 属性值分别为"新建"与"退出"）。

③ 设置命令按钮的 Click 的事件代码。
"新建"按钮的 Click 事件代码如下。

```
do case
case thisform.optiongroup1.value=1
    create 表1
case thisform.optiongroup1.value=2
    creat form form1
case thisform.optiongroup1.value=3
    modify command 程序1
endcase
```

"退出"按钮的 Click 事件代码如下。

```
thisform.release
```

④ 保存表单，文件名为 xinjian.scx。

9.5.3 表格控件

表格（Grid）控件是一种容器对象，主要用于浏览或编辑多行多列数据。一个表格对象由若干个列对象（column）组成，每个列对象包含一个标头对象（Header）和若干控件。

表格、列、标头和控件都有自己的属性、方法和事件。

1. 表格设计的基本操作

若表格控件的 ColumnCount 属性值为-1（默认值），那么表格就如一个基本型控件，用户无法对其中的列、标头等进行设置。而表格会自动创建足够多的列来显示数据源中的所有字段。

一旦将表格的 ColumnCount 属性指定为一个正值，就可以有两种方法来调整表格的行高和列宽。一是通过设置表格的 HeaderHeight 和 RowHeight 属性调整行高，通过设置列对象的 Width 属性调整列宽；二是让表格处于编辑状态，然后通过鼠标拖动操作可视地调整表格的行高和列宽。

要切换到表格编辑状态，可用鼠标右键单击表格，在打开的快捷菜单中选择"编辑"命令，或者在属性窗口的对象框中选择表格的一列，这时表格的周围有一个粗框。要退出表格编辑状态，可选择表单或其他控件。

也可以调用表格生成器来进行表格设计。通过表格生成器能够交互式地快速设置表格的有关属性，创建所需要的表格。

2. 表格控件常用属性

（1）RecordSourceType 和 RecordSource 属性。RecordSourceType 指明表格数据源的类型，RecordSource 属性指定数据的来源，它们取值及含义如表 9.6 所示。

表 9.6　　　　　RecordSourceType 与 RecoedSource 属性的设置

RecordSourceType 属性	RecordSource 属性
0-表，数据来源由 RecordSource 属性指定的表，该表能被自动打开	表名
1-别名，数据来源于已打开的表	表的别名
2-提示，运行时，由用户根据提示选择表格数据源	无
3-查询，数据来源于查询	查询文件名
4-SQL 语句，数据来源于 SQL 语句	SQL 语句

（2）ColumnCount 属性。ColumnCount 属性用于指定表格的列数，该属性的默认值为1，此时表格将创建足够多的列来显示数据源中的所有字段。

（3）LinkMaster 属性。LinkMaster 属性用于指定表格控件中所显示的子表的父表名称。使用该属性在父表和表格中显示的子表之间建立一对多的关联关系。

该属性在设计时可用，在运行时可读写，仅适用于表格。

（4）ChildOrder 属性。ChildOrder 属性用于指定为建立一对多的关联关系，子表所要用到的索引。

（5）RelationalExpr 属性。RelationalExpr 属性用于确定基于父表字段的关联表达式。

3. 常用的列属性

设计时要设置列对象的属性，首先得选择列对象，选择列对象有两种方法。

第一种是从属性窗口的对象列表中选择相应列。

第二种是鼠标右键单击表格，在弹出的快捷菜单中选择"编辑"命令，这时表格进入编辑状态（表格的周围有一个粗框），用户可用鼠标单击选择列对象。

（1）ControlSource 属性。ControlSource 属性用于指定在列中显示的数据源，常见的是表中的一个字段。如果不设置该属性，列中将显示表格数据源（由 RecordSource 属性指定）中下一个还没有显示的字段。

（2）CurrentControl 属性。CurrentControl 属性用于指定列对象中显示和接收数据的控件。

默认情况下，表格中的一个具体的列对象包含一个标头对象（Header1）和一个文本框对象（Text1），而 CurrentControl 属性的默认值就是文本框 Text1。用户可以根据需要向列对象中添加所需的控件，并将 CurrentControl 属性设置为其中的某个控件。例如，可以用复选框来显示和接收逻辑型字段的数据。

可以在表单设计器环境下，交互式地往表格列中添加控件，方法如下：首先，先从属性窗口的对象框中选择表格中需要添加控件的列，这时表格四周出现粗框，表格处于设计方式；接着，从"表单控件"工具栏中选择所需要的控件，然后再用鼠标单击表格中需要添加该控件的列。

新添加的控件可以在属性窗口的对象框列表中看到。若添加的是复选框，通常将复选框的 Caption 属性设置为空串。如果要将复选框指定为列的 CurrentControl 属性值，一般将列的 Sparse 属性设置为.F.。

也可以从表格列中移除控件，方法是：首先，从属性窗口的对象框中选择不需要的控件，单击"表单设计器"窗口标题栏，激活表单设计器。这时，若属性窗口可见，控件的名称仍应显示在对话框中。接着，按 Delete 键即可移除不需要的控件。

（3）Sparse 属性。Sparse 属性用于确定 CurrentControl 属性影响列中的所有单元格还是只影响活动单元格。

如果 Sparse 属性值为.T.（默认值），只有列中的活动单元格使用 CurrentControl 属性指定的控件显示和接收数据，其他单元格的数据用缺省的 TextBox 显示。

如果 Sparse 属性值为.F.，列中所有的单元格都使用 CurrentControl 属性指定的控件显示数据，活动单元格可接收数据。

该属性在设计时可用，在运行时可读写，仅适用于列。

4. 常用的标头属性

列标头（Header）也是一个对象，有它自己的属性、方法和事件，设计时要设置标头对象的属性，首先选择标头对象，选择标头对象的方法与选择列对象的方法类似。

（1）Caption 属性。Caption 属性用于指定标头对象的标题文本，显示于列顶部。默认为对应字段的字段名。

（2）Alignment 属性。Alignment 属性用于指定标题文本在对象中显示的对齐方式。

例 9.10 数据库教学管理.dbc 包含两张表：Department 表和 Teacher 表，表结构分别如下。

Department（系号 C(2),系名 C(16)）

Teacher(教师编号 C(7)，教师姓名 C(16)，系号 C(2)，出生日期 D，职称 C(6)，工资 N(8,2)）

请设计如图 9.29 所示的表单，要求当在组合框中输入或通过下拉箭头选择一个系号的时候，在下面的表格中显示该系的所有教师信息。

具体操作步骤如下。

① 在命令窗口输入命令：create form jsxx，打开表单设计器窗口。

② 打开数据环境设计器窗口，向数据环境添加表 Department 和表 Teacher，并在系别代号之间建立关系。

③ 在表单上添加标签和组合框，同时设置其相应的属性。标签 Label1 的 Caption 属性值为"请选择系别"，

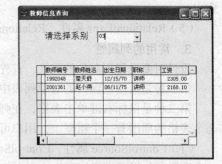

图 9.29　例 9.10 中的表单

组合框 Combo1 的 Style 属性值为 0（下拉组合框），RowSourceType 属性值为 6（字段），RowSource 属性值为 department.系号。表格属性 LINKMASTR 为 DEP，CHILDORDER 为系别代号。

④ 在表单上添加表格，设置表格 grid1 的 Columncount 属性值为 5，recordsoucetype 属性值为"1—别名"，recordsource 属性值为 teacher。打开表格生成器，在"表格项"选项卡中设置要显示的字段，在"关系"选项卡设置"父表中的关键字段"为"department.系号，"子表中的相关索引"为"系号"，Linkmastr 属性值为 department，Childorder 属性值为"系号"。

⑤ 保存表单。

例 9.11 数据库学生管理.dbc 里有三张表 student.dbf，course.dbf，grade.dbf，它们已经建立了关联：student 表与 grade 表通过字段"学号"建立了一对多关联，course 表和 grade 表之间通过字段"课程号"建立了一对多关联。

现设计如图 9.30 所示能进行查询统计的表单，要求当输入学生姓名并单击"查询统计"按钮时，会在右边的表格中显示该同学的姓名及所选的各门课程的课程名和成绩，并在左边相应的文本框中显示该同学的总成绩、平均成绩及选课门数。单击"退出"按钮将关闭表单。

图 9.30　例 9.11 中的表单

具体操作步骤如下。

① 创建表单，然后在数据环境中添加表 student、course 及 grade。
② 在表单上添加各文本框、命令按钮、表格及相关的标签，并进行适当的布置和调整大小。
③ 设置各标签、命令按钮及表单的 Caption 属性值。
④ 将表格的 ColumnCount 属性值设置为 3（共 3 列），RecordSource 属性值设置为"4——SQL 说明"。
⑤ 将表格内三个列标头的 Caption 属性分别设置为"姓名"、"课程名"及"成绩"，并适当调整三列的宽度。
⑥ 设置"查询统计"按钮的 Click 事件代码。

```
Thisform.grid1.recordsource=" select 姓名,课程名,成绩 from student s,course c ,grade g;
    where alltrim(姓名)=alltrim(thisform.text1.value) and s.学号=g.学号;
    and g.课程号=c.课程号 into cursor temp"
select sum(成绩) as 总成绩,avg(成绩) as 平均成绩,count(*) as 选课门数 from temp;
    into cursor temp1
select temp1
go top
thisform.text2.value=总成绩
thisform.text3.value=平均成绩
thisform.text4.value=选课门数
```

⑦ 设置"退出"按钮的 Click 事件代码。

```
thisform.release
```

⑧ 保存表单，文件名为 cxtj.scx。

例 9.12 索引表单的设计。建立如图 9.31 所示的索引表单，并设置相应对象的属性。该表单可根据 3 种不同的索引依据来浏览 student 表。

图 9.31 例 9.12 中的索引表单

具体操作步骤如下。

① 创建表单，然后在数据环境中添加表 student。
② 添加相应的控件：将表 student 拖到表单上，同时添加标签和命令按钮组（buttoncount 属性值为 4），并设置相应的 Caption 属性。
③ 设置表单的 Init 事件代码。

```
index on 班级 tag banji
index on 姓名 tag xingming
index on 性别+dtoc(出生日期) tag xbcsrq
```

④ 设置命令按钮组的 Click 事件代码。
```
do case
case this.value=1
     set order to tag banji
     thisform.refresh
case this.value=2
         set order to tag xingming
         thisform.refresh
case this.value=3
         set order to tag xbcsrq
         case this.value=4
thisform.release
endcase
```
⑤ 保存表单，文件名为 suoyin.scx。

9.5.4 页框控件

页框（PageFrame）是包含页面（Page）的容器对象，而页面本身也是一种容器，其中可以包含所需要的控件。利用页框、页面和相应的控件可以构建大家熟知的选项卡对话框。这种对话框包含若干个选项卡，其中的选项卡就对应着这里所说的页面。

页框定义了页面的总体特性，包括大小、位置、边界类型以及哪页是活动的等。页框中的页面相对于页框的左上角定位，并随页框在表单中移动而移动。

1. 页框的基本操作

在表单设计器环境下，向表单中添加页框的方法与添加其他控件的方法相同。默认情况下，添加的页框包含两个页面（PageCount 属性值为 2），它们的标题（Caption）分别是 Page1 和 Page2。用户可以通过设置页框的 PageCount 属性重新指定页面数目，通过设置页面的 Caption 属性重新指定页面的标签。

要向页面中添加控件，可按下列步骤进行。

① 用鼠标右键单击页框，在弹出的快捷菜单中选择"编辑"命令，然后再单击相应页面的标签，使该页面成为活动的。也可以从属性窗口的对象框中直接选择相应的页面。这时页框四周出现粗框。

② 在"表单控件"工具栏上选择需要的控件，并在页面中调整其大小。

在添加控件之前，一定要将页框切换到编辑状态，并选择相应的页面。否则，控件将会被添加到表单中，而不是添加到页框的当前页面中，即使看上去好像在页面中。

2. 页框常用属性

（1）PageCount 属性。PageCount 属性用于指定页框中包含页面的个数，默认值为 2。

（2）Caption 属性。页面对象最常用的属性是 Caption，用于指定页面标题。

（3）Pages 属性。Pages 是一个数组，用于存取页框中的某个页对象。一个数组元素代表一个页对象，用于在代码中访问。

该属性仅在运行时可用，适用于页框。

（4）Tabs 属性。Tabs 属性用于指定页框中是否显示页面标签栏，默认值为.T.。Tabs 属性值为.T.时，页框中包含页面标签栏，否则页框中不显示页面标签栏。

（5）TabStrech 属性。TabStrech 属性用于指定页面标题文本过长时的处理方式。默认值为 1，表示标题仅在一行内显示其中的一部分。TabStrech 属性为 0 时，用多行显示所有的标题文本。

（6）ActivePage 属性。ActivePage 属性用于指定页框中的活动页面，或返回页框中当前活动页面的页号。

该属性在设计时可用，在运行时可读写，仅适用于页框。

例 9.13 请利用学生管理.dbc 数据库中的三张表 student.dbf、course.dbf、grade.dbf，请设计一个包含 3 个选项卡的学生学籍查询对话框。"学生信息查询"选项卡用于查询学生信息，如图 9.32 所示，当在文本框中输入姓名时，相应学生的信息就会在下面的表中显示出来；"课程信息查询"选项卡用于查询课程信息，如图 9.33 所示，当在文本框中输入课程名时，相应的课程信息就会在表中显示出来；"成绩信息查询"选项卡用于查询学生的成绩信息，如图 9.34 所示，当在文本框中输入学号时，该学生相应的成绩就会在表格中显示出来。单击"退出"按钮关闭对话框。

具体操作步骤如下。

① 创建一个新表单（Caption 属性值为"学生学籍查询"），然后打开"数据环境设计器"窗口，并向其中添加表 student、course 及 grade。

② 通过"表单控件"工具栏在表单上添加一个页框控件（Pagecount 属性值为 3）和一个命令按钮（Caption 属性为"退出"）。

③ 右键单击页框控件，在弹出的快捷菜单中选择"编辑"命令。单击选择页框中的第一个页面（page1），然后在其中添加标签（Caption 属性值为"请输入学生姓名"）、文本框 text1，并从数据环境中将 student 表拖入该页面，将表格的 name 属性值改为 grid1，RecordSourceType 属性值设置为"4——SQL 说明"，RecordSource 属性值设置为空串。

用相同的方法设置第二个页面（page2）和第三个页面（page3）。

④ 为使表单适合对话框的特点，将表单的 Maxbutton 和 Minbutton 属性值设置成.F.，WindowType 属性值设置成 1（模式），BorderStyle 属性值设置成 2（固定对话框）。

图 9.32 "学生信息查询"选项卡

图 9.33 "课程信息查询"选项卡

图 9.34 "成绩信息查询"选项卡

⑤ 设置每一个页面文本框 text1 的 interactivechange 事件代码。

Page1 的 text1 的 interactivechange 事件代码：

```
thisform.pageframe1.page1.grid1.recordsource=""
xm=alltrim(thisform.pageframe1.page1.text1.value)
thisform.pageframe1.page1.grid1.recordsource=;
"select * from student where alltrim(姓名)=xm into cursor temp"
```

Page2 的 text1 的 interactivechange 事件代码：

```
thisform.pageframe1.page2.grid1.recordsource=""
kcm=alltrim(thisform.pageframe1.page2.text1.value)
thisform.pageframe1.page2.grid1.recordsource=;
"select * from course where alltrim(课程名)=kcm into cursor temp"
```

Page3 的 text1 的 interactivechange 事件代码：

```
thisform.pageframe1.page3.grid1.recordsource=""
xh=alltrim(thisform.pageframe1.page3.text1.value)
thisform.pageframe1.page3.grid1.recordsource=;
"select * from grade where alltrim(学号)=xh into cursor temp"
```

⑥ 设置命令按钮"退出"的 Click 事件代码。

```
thisform.release
```

⑦ 保存表单，文件名为 xsxj.scx。

本章小结

本章主要包括以下内容。
（1）表单的创建与运行方法。
（2）表单的常用属性、方法与事件。
（3）表单设计中常用控件的使用。
（4）在代码编辑器中通过编写代码控制或调用控件。
（5）使用表单设计器设计一些实用的表单界面。

习 题 九

一、选择题

1. 在表单设计时，经常会用到一些特定的关键字、属性和事件。下列各项中属于属性的是（ ）。
  A．This   B．ThisForm   C．Caption   D．Click

2. 在 Visual FoxPro 中，表单（Form）是指（ ）。
  A．一个表中的记录清单   B．数据库查询结果的列表
  C．窗口界面   D．数据库中表的清单

3. 表单文件的扩展名为（ ）。
  A．Form   B．.SCX   C．.VCX   D．.FRM

4. 以下属于非容器类控件的是（ ）。
  A．Container   B．Page   C．Label   D．Form

5. 表单的 Name 属性用于（　　）。
   A. 表单运行时显示在标题栏中　　　　B. 作为保存表单时的文件名
   C. 引用表单对象　　　　　　　　　　D. 作为运行表单时的表单名
6. 在 Visual FoxPro 中，运行表单 T1.SCX 的命令是（　　）。
   A. DO T1　　　　　　　　　　　　　B. RUN FORM1 T1
   C. DO FORM T1　　　　　　　　　　D. DO FROM T1
7. 在 Visual FoxPro 中，为了实现单击 command1 按钮来退出表单（将表单从内存中释放掉），则 command1 按钮的 Click 事件代码应为（　　）。
   A. ThisForm.Refresh　　　　　　　　B. ThisForm.Delete
   C. ThisForm.Hide　　　　　　　　　D. ThisForm.Release
8. 使控件获得焦点，应该调用控件的（　　）方法。
   A. Load　　　B. Gotfocus　　　C. Click　　　D. SetFocus
9. 要刷新表单，使用的命令语句是（　　）。
   A. Thisform.Refresh　　　　　　　　B. Form.hide
   C. Thisform.Close　　　　　　　　　D. Thisform.Release
10. 用来确定控件是否起作用的属性是（　　）。
    A. Enabled　　　B. Default　　　C. Caption　　　D. Visible
11. 用来处理多行文本内容的控件是（　　）。
    A. 文本框　　　B. 编辑框　　　C. 组合框　　　D. 列表框
12. 用于显示多个选项，只允许从中选择一项的控件是（　　）。
    A. 命令按钮组　　B. 命令按钮　　C. 选项按钮组　　D. 复选框
13. 新创建的表单默认标题为 Form1，为了修改表单的标题，应设置表单的（　　）。
    A. Name 属性　　B. Caption 属性　　C. Closable 属性　　D. AlwaysOnTop 属性
14. 假定表单中包含有一个命令按钮，那么在运行表单时。下面有关事件引发次序的陈述中，正确的是（　　）。
    A. 先引发命令按钮的 Init 事件，然后引发表单的 Init 事件，最后引发表单的 Load 事件
    B. 先引发表单的 Init 事件，然后引发命令按钮的 Init 事件，最后引发表单的 Load 事件
    C. 先引发表单的 Load 事件，然后引发表单的 Init 事件，最后引发命令按钮的 Init 事件
    D. 先引发表单的 Load 事件，然后引发命令按钮的 Init 事件，最后引发表单的 Init 事件
15. 若想把表或视图中的字段迅速放到表单中，可以选择"表单"菜单中的"快速表单"命令，此时将启动（　　），可以把选定的字段添加到表单中。
    A. 表单设计器　　B. 快速表单　　C. 表单生成器　　D. 表达式生成器
16. 在创建表单时，如果要同时添加多个同类型控件，可以选择"表单控件"工具栏上的（　　），就可同时添加多个控件。
    A. 生成器锁定　　B. 数据环境　　C. 按钮锁定　　D. 文本框生成器
17. 下面关于表单控件基本操作的陈述中，不正确的是（　　）。
    A. 要在"表单控件"工具栏中显示某个类库文件中自定义类，可以单击工具栏中的"查看类"按钮，然后在弹出的菜单中选择"添加"命令
    B. 要在表单中复制某个控件，可以按住 Ctrl 键并拖放该控件
    C. 要使表单中所有被选控件具有相同的大小，可单击"布局"工具栏中的"相同大小"按钮
    D. 要将某个控件的 Tab 序号设置为 1，可在进入 Tab 键次序交互式设置状态后，双击控

件的 Tab 键次序盒

18. 下面关于数据环境和数据环境中两个表之间关系的陈述中，正确的是（　　）。
    A. 数据环境是对象，关系不是对象
    B. 数据环境不是对象，关系是对象
    C. 数据环境是对象，关系是数据环境中的对象
    D. 数据环境和关系都不是对象

19. 不可以作为文本框控件数据来源的是（　　）。
    A. 备注型字段　　B. 内存变量　　C. 字符型字段　　D. 数值型字段

20. DBLClick 事件在（　　）时引发。
    A. 用鼠标双击对象　　　　　　　B. 用鼠标左键单击对象
    C. 表单对象建立之前　　　　　　D. 用鼠标右键单击对象

21. 如果要把一个文本框对象的初值设置为当前日期，则将该文本框的 Init 事件的代码设置为（　　）。
    A. Thisform.value=Date()　　　　B. Init.value=Date()
    C. Thisform.Setdate()　　　　　　D. This.value=Date()

22. 以下都是 VFP 中的对象，其中不能直接加到表单中的对象是（　　）。
    A. Grid　　　　B. Colum　　　C. CommandGroup　　D. Text

23. 能够将表单的 Visible 属性设置为.T.，并使表单成为活动对象的方法是（　　）。
    A. Hide　　　　B. Show　　　C. Release　　　　D. SetFocus

24. 下面对控件的描述正确的是（　　）。
    A. 用户可以在组合框中进行多重选择
    B. 用户可以在列表框中进行多重选择
    C. 用户可以在一个选项组中选中多个选项按钮
    D. 用户只能选择一个表单内的一组复选框中的一个

25. 确定列表框内的某个条目是否被选定应使用的属性是（　　）。
    A. Value　　　B. ColumnCount　　C. ListCount　　D. Selected

26. 如果想在运行表单时，向 Text2 中输入字符，回显字符显示的是"*"号，则可以在 Form1 的 Init 事件中加入语句（　　）。
    A. FORM1.TEXT2.PASSWORDCHAR="*"
    B. FORM1.TEXT2.PASSWORD="*"
    C. THISFORM.TEXT2.PASSWORD="*"
    D. THISFORM.TEXT2.PASSWORDCHAR="*"

27. 下面关于命令 DO FORM XX NAME YY LINKED 的陈述中，正确的是（　　）。
    A. 产生表单对象引用变量 XX，在释放变量 XX 时自动关闭表单
    B. 产生表单对象引用变量 XX，在释放变量 XX 时并不关闭表单
    C. 产生表单对象引用变量 YY，在释放变量 YY 时自动关闭表单
    D. 产生表单对象引用变量 YY，在释放变量 YY 时并不关闭表单

28. 假设表单设计器环境下，表单中有一个复选框且已经被选定为当前对象。现从属性窗口中选择 Value 属性，然后在设置框中输入 T。请问以上操作后，复选框 Value 属性值的数据类型为（　　）。
    A. 字符型　　　B. 数值型　　　C. 逻辑型　　　D. 操作出错，类型不变

29. 表单里有一页框，页框里包含两个页面 page1 和 page2，假设 page2 没有设置 Click 事件代码，而 page1、页框以及表单都设置了 Click 事件代码，则表单运行时，若用户单击 page2，系统将（　　）。
   A. 执行表单的 Click 事件代码   B. 执行页框的 Click 事件代码
   C. 执行页面 page1 的 Click 事件代码   D. 不会有反应

30. 假设在表单设计器环境下，表单中有一个文本框且已经被选定为当前对象。现在从属性窗口中选择 value 属性，然后在设置框中输入：={^2001-9-10}-{^2001-8-20}。请问以上操作后，文本框 value 属性值的数据类型为（　　）。
   A. 日期型   B. 数值型   C. 字符型   D. 以上操作出错

二、填空题
1. 在命令窗口中执行_____命令，即可打开表单设计窗口。
2. 在表单中确定控件是否可见的属性是_____。
3. 在 VFP 中，运行当前文件夹下的表单"学生.SCX"的命令是_____。
4. 将逻辑型字段从数据环境设计器中拖至表单，可以创建_____控件。
5. 用当前表单中的 Label1 控件来显示系统时间的语句是：ThisForm.Label1._____=Time()。
6. 表格控件的列数由_____属性指定，该属性的默认值是_____；页框控件的页面数由_____属性指定，该属性的默认值是_____。
7. 如果将某个控件绑定到某个字段，移动记录指针后字段的值发生变化，这时这个控件中的_____属性的值也随之变化。
8. 在用键盘或鼠标更改控件值时触发的事件是_____。
9. 文本框控件的_____属性设置为"*"时，用户键入的字符在文本框内显示为"*"，但 Value 属性中仍保存键入的字符串。
10. ButtonCount 属性是用来定义命令按钮组控件的_____个数。

三、上机题
1. 设计如图 9.35 所示的表单，在编辑框内显示 100 以内的奇数。
2. 请设计如图 9.36 所示的表单，在文本框中输入数据，当单击"相加"按钮时，在等号右边显示两个文本框值的和。

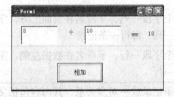

图 9.35　第 1 题的表单　　　　图 9.36　第 2 题的表单

3. 请设计一个如图 9.37 所示的选择查询表单。表单运行时，先在上方的下拉列表框中选择需要打开并查询的表文件（此时，表的字段就会自动显示在左侧的列表框内），然后在"可用字段"列表框内选中要添加的字段，单击"添加"按钮，将字段添加到"选定字段"列表框内。单击"移去"按钮，可以将"选定字段"列表框中的选定字段移出去。单击"确定"按钮，可显示指定表中的记录在"选定字段"列表框中字段的内容。如果"选定字段"列表框中没有字段，则输出显示全部字段。

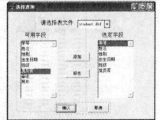

图 9.37　第 3 题的表单

第 10 章 报表的设计与应用

除了屏幕之外，打印报表是用户获取信息的另一条重要途径。VFP 提供了设计报表的可视化工具——报表设计器。在报表设计器中，可直接从项目管理器或者数据环境中将需要输出的表或字段拖曳到报表中，可以添加线条、矩形、圆角矩形、图像等控件，通过鼠标的拖曳就能改变控件的位置和大小。同时，通过报表预览，还能看到实际打印时的报表效果。

本章主要介绍如何通过报表向导和报表设计器进行报表设计。

10.1 报表概述

报表主要包括两部分内容：数据源和布局。数据源是报表的数据来源，通常是数据库中的表或自由表，也可以是视图、查询或临时表。报表布局则定义了报表的打印格式。设计报表就是根据报表的数据源和应用需要来设计报表的布局。

10.1.1 报表布局

报表布局即报表内容的排列方式与打印的输出方式。在创建报表之前，应该确定所需要报表的常规格式。根据应用需要，报表布局可以简单，也可能比较复杂。简单的报表的例子有基于单表的电话号码列表，较复杂报表的例子有基于多表的发票。常规的报表布局类型如图 10.1 所示。

表 10.1　　　　　　　　　　　常规报表布局类型

布局类型	说　　明	示　　例
列报表	每个字段一列，字段名在页面上方，字段与其数据在同一列，每行一条记录	分组/总计报表、财务报表、存货清单、销售总结
行报表	每个字段一行，字段名在数据左侧，字段与其数据在同一行	列表、清单
一对多报表	一条记录或一对多关系，其内容包括父表的记录及其相关子表的记录	发票、会计报表
多栏报表	每条记录的字段沿分栏的左边缘竖直放置	电话号码簿、名片

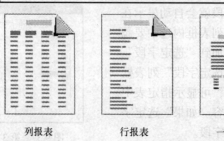
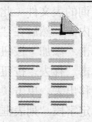

列报表　　　　　行报表　　　　一对多报表　　　　多栏报表

图 10.1　报表布局格式

10.1.2 创建报表的方法

VFP 提供了 3 种创建报表的方法。
（1）使用报表向导创建报表。
（2）使用快速报表方法创建简单的报表。
（3）使用报表设计器创建定制的报表。

前两种方法只需要回答系统提出的一系列问题，就可以方便地创建出简单的报表布局。如果需要设计出内容和样式丰富的报表，就需要使用报表设计器来进行设计。

建议先利用前两种方法之一生成简单的报表布局，然后在利用报表设计器进行完善。

用户设计好报表后，Visual FoxPro 将其布局的详细信息存放在以.FRX 为扩展名的报表文件中，同时系统还生成一个扩展名为.FRT 的报表备注文件。在报表文件中，不保存数据源的数据字段的值，只保存数据字段的位置和格式信息。

10.2　创建简单报表

10.2.1　报表向导

使用报表向导之前首先应打开报表的数据源。数据源可以是数据库表或自由表，也可以是视图或临时表。报表向导通过提示，要求回答简单的问题，按照"报表向导"对话框的提示进行操作即可。

1. 启动报表向导的方法

启动报表向导有以下 4 种途径。

① 打开"项目管理器"，选择"文档"选项卡，从中选择"报表"。然后单击"新建"按钮。在弹出的"新建报表"对话框中单击"报表向导"按钮，如图 10.2（a）所示。

② 在系统菜单中选择"文件"→"新建"命令，或者单击工具栏上的"新建"按钮，打开"新建"对话框，在文件类型栏中选择"报表"，然后单击"向导"按钮。

③ 在系统菜单中选择"工具"→"向导"→"报表"命令，如图 10.2（b）所示。

④ 直接单击工具栏上的"报表向导"图标按钮，如图 10.2（c）所示。

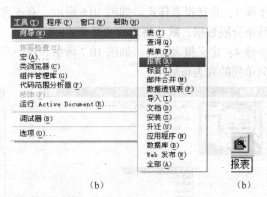

图 10.2　启动报表向导

报表向导启动时，首先弹出"向导选取"对话框，如图 10.3 所示。如果数据源只来自一个表，应选取"报表向导"，如果数据源包括父表和子表，则应选取"一对多报表向导"。

2. 报表向导的操作步骤

下面通过例子来说明使用报表向导的操作步骤。

例 10.1 利用"工具"菜单打开"报表向导",对自由表 student.dbf 创建报表。

首先打开自由表 student.dbf 文件,以该表作为报表的数据源。

在"工具"菜单选择"向导"子菜单,单击"报表"选项,出现"向导选取"对话框,选择"报表向导",打开报表向导对话框。

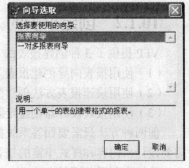

图 10.3 "向导选取"对话框

报表向导共有 6 个步骤,具体如下。

步骤 1:字段选取,这一步是选择输出报表的数据源和输出字段。图 10.4 所示是在启动向导前已经打开了自由表 student.dbf,若事先没有打开过表,可单击"数据库和表"右边的按钮,在弹出的"打开"对话框中选择报表的数据源。

在"数据库和表"列表框中选择表,"可用字段"列表框中会自动出现表中的所有字段。选中字段名之后单击向左的箭头按钮,或者直接双击字段名,该字段就移动到"选定字段"列表框中。单击双箭头,则全部移动。本例选定了除备注型和通用型字段之外的所有字段。

步骤 2:分组记录。如图 10.5 所示,这一步确定数据分组方式。必须注意,只有按照分组字段建立索引之后才能正确分组。最多可建立三层分组。本例目前暂不分组,单击"下一步"进入第 3 步骤。

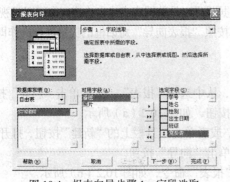

图 10.4 报表向导步骤 1—字段选取

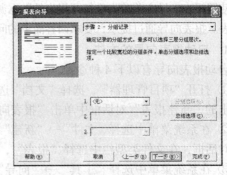

图 10.5 报表向导步骤 2—分组记录

步骤 3:选择报表样式。如图 10.6 所示,有 5 种样式可供选择。不同样式的报表是用不同格式的线条分隔数据,默认格式为"经营式"。

步骤 4:定义报表布局。如图 10.7 所示,这一步可设置打印页面的列数和打印方向。本例选择纵向单列的列表布局。

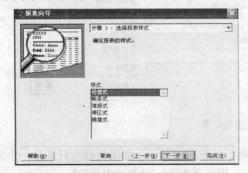

图 10.6 报表向导步骤 3—选择报表样式

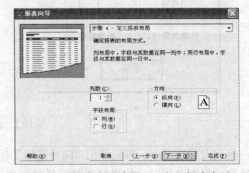

图 10.7 报表向导步骤 4—定义报表布局

步骤 5：排序记录。如图 10.8 所示，这一步是确定记录在报表中输出时的排列顺序，最多可以有 3 个字段参与排序。本例选择按"学号"升序排序。

步骤 6：完成。如图 10.9 所示，这里可以在报表标题上输入新的标题，默认的标题和表文件同名。可选择"保存报表以备将来使用"、"保存并在报表设计器中修改"或"保存并打印报表"。

为了查看所生成报表的情况，通常先单击"预览"按钮查看报表效果。本例的预览结果如图 10.10 所示。在预览窗口中出现"打印预览"工具栏，单击相应的图标按钮可以改变显示的百分比、退出预览、直接打印报表。

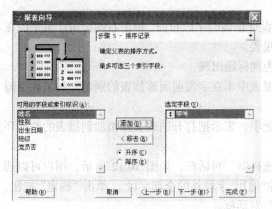
图 10.8 报表向导步骤 5—排序记录

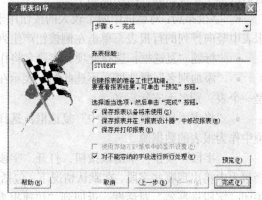
图 10.9 报表向导步骤 6—完成

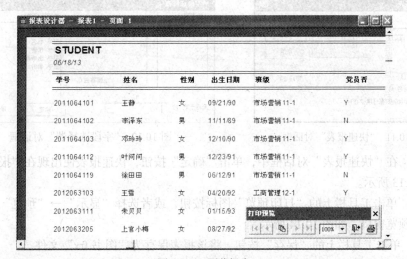
图 10.10 预览报表

在关闭了预览窗口后，单击"完成"按钮，系统弹出"另存为"对话框，用户可以指定报表文件的保存位置和名称，将报表保存为扩展名为.frx 的报表文件，如 student.frx。

在通常情况下，直接使用报表向导所获得的结果并不一定能满足要求，往往需要使用报表设计器来进一步修改。

10.2.2 快速生成报表

除了使用报表向导外，使用系统提供的"快速报表"功能也可以创建一个格式简单的报表。在制作报表时，可以先使用"快速报表"功能创建一个简单报表，然后在此基础上用"报表设计器"进一步完善它，达到快速构造满意报表的目的。

下面通过例子来说明创建快速报表的操作步骤。

例 10.2　为自由表"图书.dbf"创建一个快速报表。

步骤 1：选择主菜单中的"文件"→"新建"命令，打开"新建"对话框，文件类型选择"报表"，单击"新建文件"，打开报表设计器，出现一个空白报表。

步骤 2：选择主菜单中的"报表"→"快速报表"命令，因为事先没有打开数据源，系统将弹出"打开"对话框，选择数据源"图书.dbf"。

系统弹出如图 10.11 所示的"快速报表"对话框，在该对话框中选择字段布局、标题和字段。对话框中主要按钮和选项功能如下。

- 字段布局：对话框中两个较大的按钮用于设计报表的字段布局，单击右侧按钮产生字段在报表中竖向排列的行报表，单击左侧按钮产生列报表。
- "标题"复选框：选择此项，字段名将作为列标题出现。
- "添加别名"复选框：不选此项，表示在报表中不在字段前面添加表的别名。如果数据源是一个表，别名无实际意义。
- "将表添加到数据环境中"复选框：选择此项，表示把打开的表文件添加到报表的数据环境中作为报表的数据源。
- "字段"按钮：单击该按钮，打开"字段选择器"对话框，如图 10.12 所示，用户可以选择报表中将出现哪些字段，在默认情况下，包括除"通用"字段外的全部字段。单击"确定"按钮，关闭"字段选择器"对话框，返回到"快速报表"对话框。

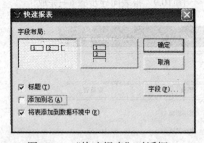
图 10.11　"快速报表"对话框

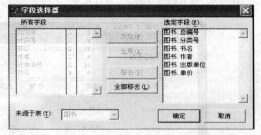
图 10.12　"字段选择器"对话框

步骤 3：在"快速报表"对话框中，单击"确定"按钮，快速报表便出现在"报表设计器"中，如图 10.13 所示。

步骤 4：单击工具栏上的"打印预览"图标按钮，或者选择"显示"→"预览"命令，打开快速报表的预览窗口，如图 10.14 所示。

步骤 5：单击工具栏上的"保存"按钮，将该报表保存为"图书.frx"文件。

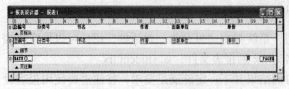
图 10.13　"报表设计器"窗口

图 10.14　预览图书报表

10.3　使用报表设计器设计报表

快速报表文件生成后，往往需要进一步改进报表设计。打开文件时，报表类型文件.frx 将在报表设计器中打开。在报表设计器中可以设置报表的数据源、更改报表的布局、添加报表的控件和设计数据分组等。

用报表设计器设计报表的步骤如下。

① 启动报表设计器：打开报表设计器的设计界面。

② 设置数据环境：设置报表输出的数据源。

③ 设置标题、总结、分组带区：一些简单的报表可以省略这一步。

④ 添加控件对象：用"报表控件"工具栏提供的工具向设计器中添加各种控件，设计报表的输出内容。

⑤ 报表格式设计：设计报表中的数据输出的格式、线条分布和各带区的大小。

⑥ 预览：以打印报表的格式在屏幕上显示报表，观察设计结果。预览后，对不满意的地方进行修改，然后在预览、修改，直到满意为止。

10.3.1 启动报表设计器

启动报表设计器有以下 3 种方法。

（1）菜单方法：若是新建报表，在系统菜单中选择"文件"→"新建"命令，在"文件类型"对话框选择"报表"，单击"新建"按钮；若是修改报表，则选择"文件"→"打开"命令，在"打开"对话框中选择要修改的报表文件名，单击"打开"按钮。

（2）命令方法。

命令 1：CREATE REPORT <文件名>

功能：创建新的报表，打开相应的报表设计器。

命令 2：MODIFY REPORT <文件名>

功能：打开一个已有报表的报表设计器。

（3）在项目管理器中，先选择"文档"标签，然后选择报表，单击"新建"按钮。若需修改报表，选择要修改的报表，单击"修改"按钮。

10.3.2 报表设计器环境介绍

在命令窗口输入 create report 命令，单击回车键后就打开了报表设计器。同时"报表"菜单条也自动添加到系统菜单上，报表控件工具栏、报表设计器工具栏也默认显示在 VFP 主窗口中。

1. 报表带区

"报表设计器"对话框如图 10.15 所示，默认包括 3 个带区：页标头、细节和页注脚，每个带区的底部显示分隔栏。

带区的作用主要是控制数据在页面上的打印位置。在打印或预览报表时，系统会以不同的方式来处理各个带区的数据。对于"页标头"带区，系统将在每一页上打印一次该带区所包含的内容。"细节"带区是报表的主体，用于输出数据库的记录，一般在该区放置数据库字段。打印报表时，细节带区会包括数据库的所有记录。"页注脚"带区的内容在每页的最底部打印，一般包含页码、每页的总结和说明信息等。在每一个报表中都可以添加或删除若干个带区。表 10.2 列出了报表的一些常用带区及其使用情况。

表 10.2　　　　　　　　　　　　报表带区及作用

带　　区	作　　用
标题	在每张报表开头打印一次或单独占用一页，如报表名称、标题、公司徽标
页标头	在每一页上打印一次，如列报表的字段名称
细节	为每条记录打印一次，如各记录的字段值

续表

带　　区	作　　用
页注脚	在每一页的下面打印一次，如页码和日期、每页总计
总结	在每张报表的最后一页打印一次或单独占用一页，如报表总结、总计或平均值
组标头	有数据分组时，每组开始时打印一次，如分组字段和分隔线
组注脚	有数据分组时，每组结束时打印一次，如分组总结
列标头	在分栏报表中每列打印一次，如列标题
列注脚	在分栏报表中每列打印一次，如总结或总计

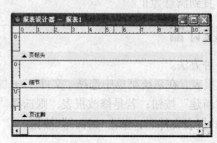

图 10.15　报表"设计器"对话框

2. 报表设计器工具栏

"报表设计器"工具栏中如图 10.16 所示。

该工具栏中各个图标按钮的功能如下。

- "数据分组"按钮：显示"数据分组"对话框，用于创建数据分组及指定其属性。
- "数据环境"按钮：显示报表的"数据环境设计器"窗口。
- "报表控件工具栏"按钮：显示或关闭"报表控件"工具栏。
- "调色板工具栏"按钮：显示或关闭"调色板"工具栏。
- "布局工具栏"按钮：显示或关闭"布局"工具栏。

图 10.16　"报表设计器"工具栏

若该工具栏被关闭，可以通过"显示"菜单中的"工具栏"命令打开。

3. "报表控件"工具栏

当打开"报表设计器"时，主窗口会自动出现"报表控件"工具栏，如图 10.17 所示。

该工具栏中各个图标按钮的功能如下。

- "选定对象"按钮：单击此按钮后可以选取报表上的对象。在创建一个控件后，系统将自动选定该按钮。

图 10.17　"报表控件"工具栏

- "标签"按钮：在报表上创建一个标签控件，用于输入数据记录之外的信息。
- "域控件"按钮：在报表上创建一个字段控件，用于显示字段、内存变量或其他表达式的内容。
- "线条"按钮、"矩形"按钮、"圆角矩形"按钮：分别用于绘制相应的图形。
- "图片/ActiveX 绑定控件"按钮：用于显示图片或通用型字段的内容。
- "按钮锁定"按钮：允许添加多个相同类型的控件而不需要多次选中该控件按钮。

单击"报表设计器"工具栏上的"报表控件工具栏"按钮可以随时显示或关闭该工具栏。

10.3.3 设计报表

1. 设置报表数据源

数据库的报表总是与一定的数据源相联系，因此在设计报表时，确定报表的数据源是首先要完成的任务。如果一个报表总是使用相同的数据源，就可以把数据源添加到报表的数据环境中。当数据源的数据更新之后，使用同一报表文件打印的报表将反映新的数据内容，但报表的格式不变。

报表的数据源可以是数据库中的表或自由表，也可以是视图或临时表，还可以是查询的结果、计算结果等。

"数据环境设计器"窗口中的数据源将在每一次运行报表时打开，而不必以手工方式打开所使用的数据源。用报表向导和创建快速报表的方法建立报表文件时，已经指定了相关的表作为数据源。当利用报表设计器创建一个空报表，并直接设计报表时才需要指定数据源。

数据环境通过下列方式管理报表的数据源：打开或运行报表时打开表或视图；基于相关表或视图收集报表所需数据集合；关闭或释放报表时关闭表或视图。

下面通过例子来说明把数据源添加到报表的数据环境中的操作步骤。

例 10.3 为"学生管理"数据库设计一个报表：要求打印出学生的学号、姓名、班级、课程名、成绩。本例为该报表设置数据环境。

分析：因为学号、姓名、班级来自 Student 表，课程名来自 Course 表，成绩来自 Grade 表，所以数据源应包括上述三个表：Student、Course、Grade。

具体操作步骤如下。

① 打开"报表设计器"生成一个空白报表，在系统菜单中选择"显示"→"数据环境"命令，或者从"报表设计器"工具栏上单击"数据环境"按钮，或者在"报表设计器"窗口的任何位置单击鼠标右键，从弹出的快捷菜单中选择"数据环境"命令，系统打开"数据环境设计器"窗口。同时在主菜单上出现"数据环境"菜单项。

② 在"数据环境设计器"窗口中单击鼠标右键，从快捷菜单中选择"添加"命令或在系统菜单中选择"数据环境"→"添加"命令，系统将弹出"添加表或视图"对话框，如图 10.18（a）所示。

③ 在"添加表或视图"对话框中选择作为数据源的表或视图，本例打开"学生管理"数据库，从中选择学生表 student.dbf、课程表 course.dbf 以及成绩表 grade.dbf。

④ 建立表之间的关系：选择 Student 表的"学号"字段，按住鼠标左键拖曳到 grade 表的"学号"索引上后松开鼠标。采用同样的方法，建立 grade 表与 course 表之间"课程号"之间的关系，如图 10.18（b）所示。

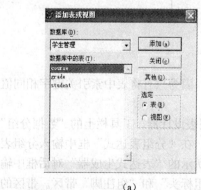
(a)

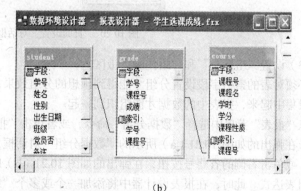
(b)

图 10.18 向"数据环境设计器"添加数据源

选择表的关系（单击表之间的连线）并单击鼠标右键，在快捷菜单中选择"属性"，打开属性窗口后，将 ONETOMANY 属性设置为 TRUE。

⑤ 保存报表：单击设计器的"关闭"按钮，系统会打开"保存"对话框，在对话框中输入文件名"学生选课成绩"，单击"保存"按钮。

2. 设计报表布局

一个设计良好的报表会把数据放在表的合适位置上。在报表设计器中，报表包括若干个带区：标题、页标头、细节、页注脚、总结、组标头、组注脚、列标头、列注脚。其中，页标头、细节和页注脚是快速报表默认的基本带区。

（1）设置"标题"或"总结"带区

从"报表"菜单中选择"标题/总结"命令，打开"标题/总结"对话框，如图 10.19 所示。在打开的"标题/总结"对话框中选择"标题带区"复选框，则在报表中添加一个"标题"带区。系统会自动把"标题"带区放在报表的顶部，若希望把标题内容单独打印一页，应选择"新页|"复选框。

选择"总结带区"复选框，则在报表中添加一个"总结"带区。系统自动把"总结"带区放在报表的尾部。若想把总结内容单独打印一页，应选择"总结带区"复选框下面的"新页"复选框。

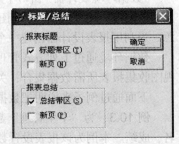

图 10.19 "标题/总结"对话框

（2）设置"列标头"或"列注脚"带区

设置"列标头"和"列注脚"带区可用于创建多栏报表。从"文件"菜单中选择"页面设置"命令，打开如图 10.20 所示的"页面设置"对话框，在该对话框中，把"列数"微调器的值调整为大于 1，"间隔"稍做调整，单击"确定"按钮，则在报表中添加一个"列标头"带区和一个"列注脚"带区。关于多栏报表的设计将在 10.4 节中详细介绍。

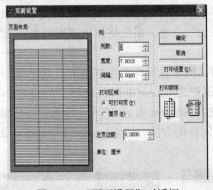

图 10.20 "页面设置"对话框

（3）设置"组标头"和"组注脚"带区

必须对表的索引字段设置分组才能得到预想的分组效果，因为只有将表中索引关键字相同值的记录集中起来，报表中的数据才能组织到一起。

从"报表"菜单中选择"数据分组"命令，或者单击"报表设计器"工具栏上的"数据分组"按钮，在弹出的如图 10.21（a）所示的"数据分组"对话框中，在"分组表达式"框中输入分组表达式，或单击右侧的省略号按扭，在弹出的如图 10.21（b）所示的"表达式生成器"对话框中输入分组表达式。此时，在报表设计器中将添加一个或多个"组标头"和"组注脚"带区。带区的数目取决于分组表达式的数目。关于报表的数据分组，将在 10.4 节设计分组报表中详细介绍。

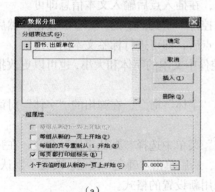 

(a) (b)

图 10.21 设置"数据分组"

3. 调整带区高度

添加了所需的带区以后，就可以在带区中添加需要的控件。

若新添加的带区高度不够，可在"报表设计器"中调整带区的高度以放置需要的控件。可使用左侧标尺作为参照，标尺量度仅指带区的高度，并不包含页边距。

注意　不能使带区高度小于布局中控件的高度。可把控件移进带区内，然后减少其高度。

调整带区高度的方法有两种。一是可以用鼠标选中某一带区标识栏，然后上下拖曳该带区，直至得到满意的高度为止；二是可以双击需要调整高度的带区的标识栏，系统将显示一个对话框，例如双击"标题"带区或"页标头"带区的标识栏，系统将显示相应的对话框，如图 9.22 所示。在该对话框中直接输入所需高度的数值，或用鼠标调整"高度"微调器中的数值均可。微调器下面有"带区高度保持不变"复选框，选中该复选框可防止报表带区由于容纳过长的数据或者从其中移去数据而移动位置。

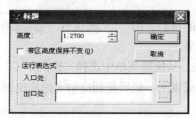 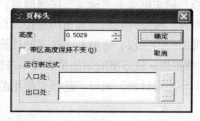

图 10.22 带区设置对话框

在各个带区的对话框中还可设置以下两个表达式。

①入口处运行表达式，系统将在打印该带区内容之前计算该表达式。

②出口处运行表达式，系统将在打印该带区内容之后计算该表达式。

4. 在报表中使用控件

在"报表设计器"中，为报表新设置的带区是空白的，只有在报表中添加相应的控件，才能把要打印的内容安排进去。

（1）标签控件。标签控件主要用于显示静态文本，一些说明性文字或标题文本需要使用标签控件，如表的标题、字段名称等通常都用标签控件来设置。

① 添加标签控件。单击"报表控件"工具栏上的"标签"按钮，然后在报表上需要放置标签

的位置单击鼠标左键,便出现一个插入点"|",在插入点后输入文本信息即可。

若要修改标签中的文本,则应先单击"报表控件"工具栏上的"标签"按钮,然后在报表上需要修改的标签对象上单击鼠标左键,出现插入点后,即可进行标签文本的修改。

② 更改字体。可以更改每个域控件或标签控件中文本的字体和大小,也可以更改报表的默认字体。

选定要更改的控件,从"格式"菜单中选择"字体"命令,在弹出的"字体"对话框中选定适当的字体和磅值,最后单击"确定"按钮。

若要更改标签控件的默认字体,应从"报表"菜单中选择"默认字体"命令,在弹出的"字体"对话框中选定适当的字体和磅值作为默认值,最后单击"确定"按钮。改变了默认字体之后,在此报表中插入新的标签和域控件,默认都会采用新设置的格式。

(2)绘图控件。绘图控件包括线条、矩形和圆角矩形。报表仅仅包含数据不够美观,可以利用"报表控件"工具栏中提供的线条、矩形、圆角矩形按钮,在报表适当的位置上添加相应的图形线条控件使其效果更好。例如,常需要在报表内的详细内容和报表的页眉和页脚之间划线。

① 添加绘图控件。单击"报表控件"工具栏上的"线条"按钮、"矩形"按钮、"圆角矩形"按钮,然后在报表的一个带区中拖曳鼠标,将在报表中生成相应的图形控件。

② 更改样式。可更改垂直线条、水平线条、矩形和圆角矩形所用线条的粗细,可以设置为从细线到6磅粗的线。也可以更改线条的样式,从点线到点线和虚线的组合。选定希望更改的直线、矩形或圆角矩形,从"格式"菜单中选择"绘图笔",再从子菜单中选择适当的大小和样式即可。

选中矩形或圆角矩形控件后,选择"格式"菜单的"填充"子菜单,可以设置填充图案。

还可以设置圆角矩形的圆角样式。双击圆角矩形控件,弹出如图 10.23 所示的"圆角矩形"对话框。在"样式"区域,选择想要的圆角样式后单击"确定"按钮即可。

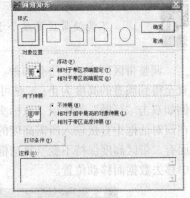

图 10.23 "圆角矩形"对话框

(3)域控件。域控件的添加和布局是报表设计的核心,用于打印表或视图中的字段、变量和表达式的计算结果。

① 添加域控件。最方便的做法是右键单击报表,从快捷菜单中选择"数据环境"命令,打开报表的"数据环境设计器"窗口,选择要使用的表或视图,然后把相应的字段拖曳到报表指定的带区中即可。

另一个方法是使用"报表控件"工具栏中的"域控件"按钮。单击该按钮,然后在报表带区指定的位置上单击鼠标左键,系统将显示一个"报表表达式"对话框,如图 10.24 所示。可在"表达式"文本框中输入字段名,或单击右侧对话按钮,打开"表达式生成器"对话框。在"字段"框中双击所需的字段名,表名和字段名将出现在"表达式"内。

如果"表达式生成器"对话框的"字段"框为空,说明没有设置数据源,这时应该向数据环境添加表或视图。

如果添加的是可计算字段,可在"报表表达式"对话框中单击"计算"按钮,打开"计算字段"对话框,如图 10.25 所示,可以在其中选择一个表达式通过计算来创建一个域控件。用户可以选择表达式的计算方法,例如在报表的"总结"带区添加一个域控件,设置表达式是 Grade 表的"成绩",在"计算字段"对话框中选择"平均值",则报表按成绩字段值计算 Grade 表的平均成绩。

图 10.25 所示的"计算字段"对话框用于创建一个计算结果。在"重置"列表框中有三个选项：报表尾、页尾和列尾，该值是表达式重置的初始值。若使用"数据分组"对话框在报表中创建分组，该列表框为报表的每一组显示一个重置项。"计算字段"对话框的"计算"区域有 8 个单选项，这些单选项指定在报表表达式中执行的计算。

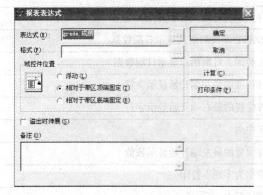

图 10.24 "报表表达式"对话框

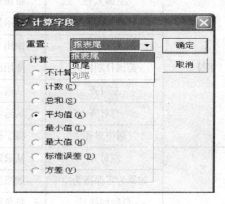

图 10.25 "计算字段"对话框

在图 10.24 中所示的"报表表达式"对话框中，有"域控件位置"区域，该区域有 3 个单选按钮。"浮动"单选按钮指定域控件相对于周围域控件的大小浮动；"相对于带区顶端固定"单选按钮可使域控件在"报表设计器"中保持固定的位置，并维持其相对于带区顶端的位置；"相对于带区底端固定"单选按钮可使字段在"报表设计器"中保持固定的位置，并维持其相对于带区底端的位置。有些域控件，例如字段的内容太长，可选择"溢出时伸展"复选框，使得超出控件大小的内容得以全部显示。

"备注"编辑框可以输入备注文本，文本内容添加到 .FRX 文件中，但并不出现在当前报表中。在"报表表达式"对话框中单击"确定"按钮，即在报表中添加了一个域控件。

② 定义域控件的格式。插入域控件之后，能够更改该控件的数据类型和打印格式。格式决定了打印报表、域控件如何显示，并不改变字段在表中的数据类型。

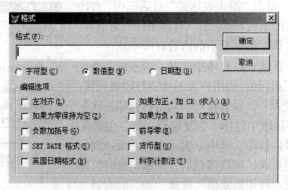

图 10.26 域控件的"格式"对话框

双击域控件，可随时打开控件的"报表表达式"对话框。在"报表表达式"对话框中，单击"格式"文本框后面的按钮，系统弹出如图 10.26 所示的"格式"对话框。在此对话框中，可以将该域控件的数据类型设置为字符型、数值型和日期型。选择不同的类型时，"编辑选项"区域的内容将有所变化。表 10.3 列出了 3 种数据类型的全部选项的具体含义。

在"格式"对话框中选定格式后,其结果将显示在"报表表达式"对话框中的"格式"文本框中。

表 10.3 编辑选项及其含义

类型	编辑选项	含义
字符型	全部大写	将所有的字符转化为大写
	忽略输入掩码	显示但不存储不符合格式的字符
	SET DATE 格式	使用 SET DATE 定义的格式显示日期数据
	英国日期格式	使用欧洲(英国)日期格式显示日期数据
	左对齐	从选定控件位置的最左端开始显示字符
	右对齐	从选定控件位置的最右端开始显示字符
	居中对齐	将字符放在中央
数值型	左对齐	从选定控件位置的最左端开始显示数值
	如果为零保持为空	如果控件输出为零则不打印
	负数加括号	将负数放到括号内
	SET DATE 格式	使用 SET DATE 定义的格式显示日期数据
	英国日期格式	使用欧洲(英国)日期格式显示日期数据
	如果为正,加 CR	在正数后显示 CR(贷方)
	如果为负,加 DB	在负数后显示 DB(借方)
	前导零	打印全部的前导零
	货币型	按"选项"对话框"区域"选项卡中指定的格式显示货币格式
	科学计数法	以科学计数法显示数据(当数值很大或很小时使用)
日期型	SET DATE 格式	使用 SET DATE 定义的格式显示日期数据
	英国日期格式	使用欧洲(英国)日期格式显示日期数据

③ 设置打印条件。单击"报表表达式"对话框中"打印条件"按钮,将显示如图 10.27 所示的"打印条件"对话框。对于不同类型的对象,该对话框显示的内容有所不同。

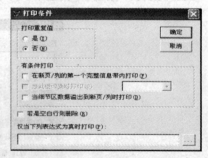

图 10.27 "打印条件"对话框

• "打印重复值"区域:在打印报表时,若连续几条记录的某一个字段出现了相同值,而用户又不希望打印相同值,则可在此区域中选择"否",报表将对相同值仅打印一次。

• "有条件打印"区域中包括 3 个复选框:若"在新页/列的第一个完整信息带内打印"选中,表示在同一页或同一列中不打印重复值,换页或换列后遇到第一条新记录时打印重复值。该复选框只在"打印重复值"选择"否"时有效。

• "当此组改变时打印"选中,表示当右边的下拉列表中显示的分组发生变化时,打印重复值。该复选框只在"打印重复值"选择"否"并有分组时有效。

• "当细节区数据溢出到新页/列时打印"复选框选中,表示当细节带区的数据溢出到新页或新列时打印重复值。

有些记录可能是一个空白记录,在默认情况下报表也给空白记录留一块区域。若希望报表的内容更紧凑一些，则可以不保留空白区域，在这种情况下，请选择"若是空白行则删除"复选框。

除上述一些选项可以控制文本打印之外，VFP 还允许建立一个打印表达式。此表达式将在打印之前被计算。若表达式的结果为"真"（.T.），则允许打印该字段，否则不允许打印该字段。若要设置打印表达式，应在"仅当下列表达式为真时打印"文本框输入表达式，或单击该文本框右侧的对话按钮，显示"表达式生成器"对话框，输入或选择打印表达式。值得注意的是，如果输入了一个打印表达式，则对话框中除"若是空白行则删除"选项可选之外，其他选项均无效。

（4）OLE 对象。在开发应用程序时，常用到对象链接与嵌入（OLE）技术。一个 OLE 对象可以是图片、声音、文档等，VFP 的表可以包含这些 OLE 对象，这就意味着报表也能处理 OLE 对象。在这里主要介绍如何在报表中添加图片。例如，学生的照片、单位的徽标等，都能够以图片的形式添加到报表中去。

① 添加图片。在"报表控件"工具栏中单击"图片/ActiveX 绑定控件"按钮，在报表的一个带区内单击并拖动鼠标拉出图文框，松开鼠标时将弹出如图 10.28 所示的"报表图片"对话框，在这个对话框中，图片来源有文件和字段两种形式。

插入文件中的图片：在"图片来源"区域选中"文件"，并输入一个图片文件的位置和名称，或单击文本框右边的"..."按钮，弹出"打开"对话框，选择一个图片文件，如 .jpg、.gif、.bmp 文件等。来自文件的图片是静态的，它不随着每条记录或每组记录的变化而变化。若想根据记录更改显示，则应当插入通用型字段。

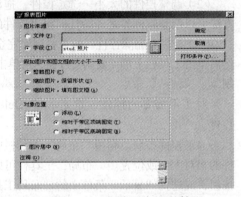

图 10.28 "报表图片"对话框

添加通用型字段：可以在报表中插入包含 OLE 对象的通用型字段。在"报表图片"对话框的"图片来源"区域选择"字段"，在"字段"框中输入字段名，或单击字段框右侧的"..."按钮来选取字段。单击"确定"按钮，通用字段的占位符将出现在定义的图文框中。如果图文框较大，图片保持其原始大小。若通用型字段所包含的内容不是图片或图表，代表此对象的图标将出现在报表上。

② 调整图片。添加到报表中的图片尺寸可能不适合报表中设定的图文框。当图片与图文框的大小不一致时，需要调整图片。可在"报表图片"对话框中选择相应的选项来控制图片的显示行为。

- "裁剪图片"：将以图文框的大小显示图片。在这种情况下，可能因为图文框太小而只显示出部分图片。
- "缩放图片，保留形状"：图文框中放置一个完整、不变形的图片。在这种情况下，图片可能无法填满整个图文框。
- "缩放图片，填充图文框"：使图片填满整个图文框，在这种情况下，图片纵横比例可能会改变，导致图片变形。

③ 对象位置。与其他控件一样，图片的位置有 3 种选择。
- 浮动：图片相对于周围控件的大小浮动。
- 相对于带区顶端固定：可使图片保持在报表中指定的位置上，并保持其相对于带区顶端的距离。

- 相对于带区底端固定：可使图片保持在报表中指定的位置上，并保持其相对于带区底端的位置。

④ 图片居中。若要以居中位置放置通用型字段中的图片，可选中"图片居中"复选框，这样可保证比图文框小的图片能够在控件的正中位置显示。若图片来源是"文件"，则该复选框不可用。

5. 报表控件的操作与布局

（1）选择控件。鼠标单击控件可以选定该控件，被选定的控件四周出现 8 个控点。

要同时选择多个控件，有两种方法。其一是选定一个控件后，按住 Shift 键再依次选定其他控件；其二是圈选，即在控件周围拖动鼠标画出选择框。圈选便于选定相邻的控件。

同时选定的多个控件时，每个控件的周围都有控点，它们作为一组内容来移动、复制、设置或删除。例如，将标签控件和域控件彼此关联在一起，这样不用分别选择便可移动它们。当已经设置好格式并对齐控件后，这个功能可以确保控件彼此之间的相对位置。

（2）调整控件的大小。选定控件，拖动控件四周的某个控点以便改变控件的宽度和高度。此方法可以调整除标签之外的任何报表控件的大小，而标签的大小由字型、字体及磅值决定。

（3）复制和删除控件。如果要制作完全相同的控件，最方便的方法是复制控件。先选定控件，然后单击工具栏上的"复制"按钮，再单击"粘贴"按钮即可。也可以从"编辑"菜单中选择"复制"、"粘贴"命令。

对于不需要的控件，选定后按 Delete 键，或者单击工具栏上的"剪切"按钮均可删除控件。

（4）控件布局。利用"布局"工具栏中的按钮，可以方便地调整报表设计器窗口中被选中控件的相对大小或位置。"布局"工具栏可以通过单击"报表设计器"工具栏上的"布局工具栏"按钮，或选择"显示"菜单中的"布局工具栏"命令打开或关闭。

"布局"工具栏如图 10.29 所示，其中共有 13 个按钮，它们的功能如表 10.4 所示。

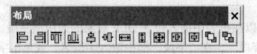

图 10.29 "布局"工具栏

表 10.4 "布局"工具栏中各按钮的功能

作用	按钮	功能
与"格式"菜单"对齐"选项相同	左边对齐、右边对齐	使选定的所有控件向其中最左边/右边的控件左侧/右侧对齐
	顶边对齐、底边对齐	使选定的所有控件向其中最顶端/下端控件的顶边/底边对齐
	垂直居中对齐	使所有选定控件的中心处在一条垂直轴上
	水平居中对齐	使所有选定控件的中心处在一条水平轴上
	水平居中、垂直居中	使所有选定控件的中心处在区带水平/垂直方向的中间位置
与"格式"菜单"大小"选项相同	相同宽度	将所有选定控件的宽度调整到与其中最宽控件相同
	相同高度	将所有选定控件的高度调整到与其中最高控件相同
	相同大小	使所有选定控件具有相同的大小
同"格式"菜单选项	置前	将选定控件移至其他控件的最上层
	置后	将选定控件移至其他控件的最下层

例 10.4 在报表设计器中修改"图书.frx"文件,要求如下。
① 对报表添加标题和总结带区。
② 在标题带区插入标签控件显示报表的标题"图书一览表",插入 OLE 控件添加图片。
③ 在总结带区插入域控件显示图书数目及图书单价总和。
④ 添加必要的线条,调整相应控件布局。
设计完成后,报表设计器如图 10.30 所示。
具体操作步骤如下。

① 打开报表文件。单击工具栏上的"打开"按钮,在"打开"对话框下面的"文件类型"中选择报表,双击"图书.frx"文件,打开相应的报表设计器。

② 为报表添加"标题"和"总结"带区。选择"报表"菜单中的"标题/总结"命令,在弹出"标题/总结"对话框中选中"标题带区"和"总结带区"复选框,单击"确定"按钮。此时,"标题"带区出现在报表的顶部,"总结"带区出现在报表的尾部。

③ 调整带区高度。用鼠标选中"标题"带区标识栏(标识栏变黑),向下拖曳来扩展"标题"带区空间。用同样的方法调整其他带区,改变快速报表数据过密的格局。

④ 输入标题及设置标题文本。单击"报表控件"工具栏中的"标签"按钮,在报表的"标题"带区上单击鼠标,出现一个闪动的文本插入点,输入"图书一览表"作为标题。

单击"报表控件"工具栏上的"选定对象"按钮,选中标题的"标签"控件,在主菜单上单击"格式"菜单的"字体"命令,在"字体"对话框中选择合适的字型和字号。本例选择一号粗楷体。

图 10.30 例 10.4 中完成后的报表设计器

⑤ 移动控件。单击"报表设计器"工具栏上的"布局工具栏"按钮,打开"布局"工具栏。选中标题的标签控件,然后单击"布局"工具栏上的"水平居中"和"垂直居中"按钮,使标题"标签"位于"标题"带区的中央位置。

在"页标头"带区中选定最左侧的"标签"控件"总编号",按住 Shift 键的同时选定同一带区的其他几个"标签"控件,使它们同时处于被选定状态,将它们统一设置为五号宋体字,同时向右拖曳到适当位置,扩大页边距。用同样的方法拖曳"细节"带区中的所有域控件并修改字体。

⑥ 添加线条。单击"报表控件"工具栏上的"线条"按钮,横贯"标题"带区下沿画两条水平线。在"页标头"带区的字段名标签控件下面画一条水平线。

同时选定这三条线,单击"布局"工具栏上的"相同宽度"按钮,使它们一样长。选定第二条线,从"格式"菜单中选择"绘图笔",从子菜单中选择"4 磅"。

⑦ 添加图片。在"报表控件"工具栏正单击"图片/ActiveX 绑定控件"按钮,在报表的"标题"带区左端单击并拖动鼠标拉出图文框。在"报表图片"对话框的"图片来源"区域选择"文件",单击对话框按钮选定一个图片文件"宏村.jpg"。为保持图片完整并且不变形,选择"缩

放图片，保留形状"单选项。对象位置选择"相对于带区底端固定"。单击"确定"按钮，关闭"报表图片"对话框。

⑧ 在"总结"带区添加域控件及相应的标签控件。单击"显示"菜单上的"数据环境"命令，打开"数据环境设计器"窗口，将数据源"图书"表上的"单价"字段拖曳到报表的"总结"带区右边相应的位置上，"总结"带区即添加了一个域控件，双击该域控件，打开"报表表达式生成器"对话框。这时，"表达式"文本框中显示"单价"字段，单击"计算"按钮，打开"计算字段"对话框，从中选择"总和"单选项，然后单击"确定"按钮关闭"计算字段"对话框。最后，单击"确定"按钮关闭"报表表达式生成器"对话框。

将"总编号"字段拖曳到报表"总结"带区左边的相应位置上，用同样的方法在打开的"计算字段"对话框中选择"计数"单选项。

单击"报表控件"工具栏上的标签按钮，添加相应的标签控件，在插入点输入相应的文本"合计"、"本"及"总价"。

单击"报表控件"工具栏上的"圆角矩形"按钮，把"总编号"域控件及"合计"标签、"本"标签控件圈起来。

⑨ 单击常用工具栏上的"打印预览"按钮，得到如图 10.31 所示的预览效果。

⑩ 单击常用工具栏上的"保存"按钮，保存对"图书.frx"报表文件的修改。

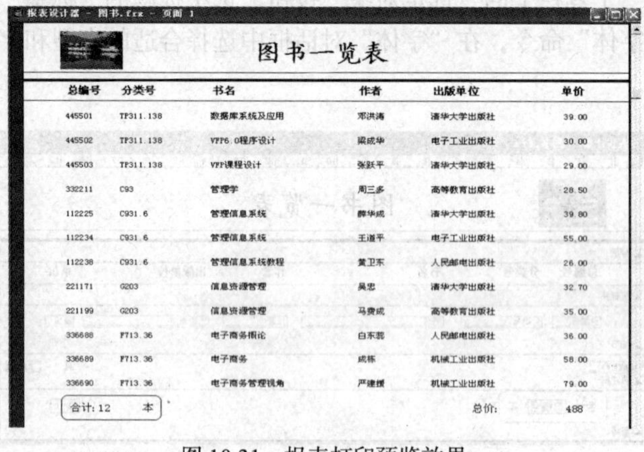

图 10.31　报表打印预览效果

10.4　数据分组和多栏报表

记录在表中是按录入顺序排列的，如果希望将记录以某种特定规律输出，就需要对其进行分组。例如按班级输出学生名单，就必须按班级分组输出。分组能够明确地分隔每一组记录，并为组添加介绍性文字和小结数据。

10.4.1　设计分组报表

在一个报表中可以设置一个或多个数据分组，组的分隔基于分组表达式。这个表达式通常由一个字段或者由一个以上的字段组成。对报表进行分组时，报表会自动包含"组标头"和"组注脚"带区。

1．设置报表的记录顺序

如果数据源是表，记录的物理顺序可能不适于分组。报表布局实际上并不给数据排序，它只是按它们在数据源中存在的顺序处理数据。

为了使数据源适合于分组处理记录，必须对数据源事先进行适当的索引或排序。

具体设置步骤如下。

（1）在表设计器中对表建立索引，一个表可以有多个索引。

（2）设置当前索引。可在数据环境之外设置当前索引，例如在命令窗口输入命令 set order to <索引关键字>或者在数据环境设计器中也可以指定当前索引。

为数据环境设置当前索引的方法如下。

（1）从"显示"菜单中选择"数据环境"命令，打开数据环境设计器。

（2）在数据环境设计器中单击鼠标右键，从快捷菜单中选择"属性"命令，打开"属性"窗口。

（3）在"属性"窗口中选择对象框中的"Cursor1"。

（4）选择"数据"选项卡，选定 Order 属性，输入索引名，或者在索引列表中选定一个索引，如图 10.32 所示。

2. 设计单级分组报表

一个报表可根据所选择的表达式进行一级数据分组。例如，数据源 Grade 表按"学号"字段进行索引或排序后，可以把组设在"学号"字段上，相同学号的记录在一起打印。

分组的操作具体方法如下。

① 从系统菜单中选择"报表"→"数据分组"命令，或单击"报表设计器"工具栏上的"数据分组"按钮，也可右键单击报表设计器，从弹出的快捷菜单中选择"数据分组"，打开如图 10.33 所示的"数据分组"对话框。

② 在第一个"组表达式"内键入分组表达式，或者单击"..."按钮，在"表达式生成器"对话框中创建表达式。

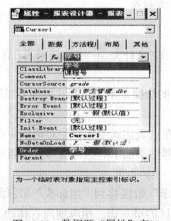

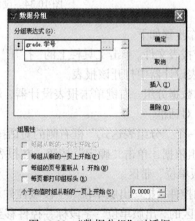

图 10.32　数据源"属性"窗口　　　　图 10.33　"数据分组"对话框

③ 在"组属性"区域选择想要的属性。组属性主要用于指定如何分页，在"组属性"区域中有四个复选框，根据不同的报表类型，有的复选框不可用。

- "每组从新的一列上开始"复选框：表示当出现一组新的内容时，是否打印到下一列上。
- "每组从新的一页上开始"复选框：表示当出现一组新的内容时，是否打印到下一页上。
- "每组的页号重新从 1 开始"复选框：表示当出现一组新的内容时，是否在新的一页上开始打印，并把页号重置为 1。
- "每页都打印组标头"复选框：表示当一组内容分布在多页上时，是否每一页都打印组标头。

设置组标头距页面底部的最小距离可以避免孤立的组标头出现。有时因页面剩余的行数较少而在页面上只打印了组标头而未打印组内容,这样就会在页面上出现孤立的组标头,在报表设计时应避免出现这样的情况。可利用"小于右值时组从新的一页上开始"微调器输入一个数值,该数值就是在打印组标头时,组标头距页面底部的最小距离,应当设置成包括组标头和至少一行记录及页脚的距离。

④ 单击"确定"按钮完成设置。分组之后,报表布局就有了"组标头"和"组注脚"带区,可向其中放置需要的任何控件。

通常把分组所用的域控件从"细节"带区复制或移动到"组标头"带区,也可添加线条、矩形、圆角矩形等希望出现在组内第一条记录之前的任何标签。"组注脚"带区通常包含组总计和其他组总结性的信息。

例 10.5 将"图书.frx"报表文件修改成按"出版单位"分组的报表。

为了正确处理分组报表,必须事先对报表文件"图书.frx"的数据源"图书.dbf"建立以"出版单位"字段为索引关键字的索引。设计分组后的报表设计器如图 10.34 所示。

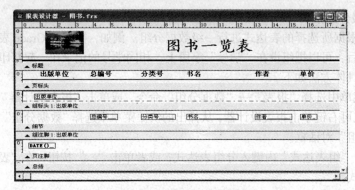

图 10.34 设计一级分组报表

具体操作步骤如下。

① 打开报表文件。单击工具栏上的"打开"按钮,在"文件类型"中选择报表,双击"图书.frx"文件,在报表设计器中打开该报表。

② 添加数据分组。右键单击报表设计器,从弹出的快捷菜单上选择"数据分组"命令,打开"数据分组"对话框。

单击第一个"分组表达式"框右侧的对话按钮,在"表达式生成器"对话框中选择"出版单位"作为分组依据,单击"确定"按钮,在报表设计器中添加了"组标头 1:出版单位"和"组注脚 1:出版单位"带区。

③ 添加控件。把"出版单位"字段域控件从"细节"带区移到"组标头"带区的最左端,把"页标头"带区的"出版单位"字段标签控件移到本带区的最左边。相应地向右移动"页标头"带区的其他标签控件和"细节"带区的其他域控件,使它们分别上下对齐,并具有相同的高度。不在"组注脚 1:出版单位"带区放置任何内容,将它向上移动到靠近"细节"带区,避免占用页面空间。

把"页标头"带区细线复制两条到"组标头"带区,一条靠近"组标头"带区的顶部,另一条靠近"组标头"带区底部。选定第二条线,从"格式"菜单中选择"绘图笔"命令,从子菜单中选择"点划线"命令。

④ 设置当前索引。单击"报表设计器"工具栏上的"数据环境"按钮,打开"数据环境设计器"窗口,单击鼠标右键,从快捷菜单中选择"属性"命令,打开"属性"对话框。确认"对象框"

中为"Cursor1",在数据选项卡中选定 Order 属性,从索引列表中选定"出版单位"。
单击常用工具栏中的"打印预览"按钮,预览效果如图 10.35 所示。

图 10.35 预览图书一级分组报表

例 10.6 新建一个报表,将 grade.dbf 表添加到数据环境设计器,按"学号"分组统计每一个学生的得分情况。

Grade 表已经以"学号"和"课程号"为索引表达式建立了普通索引。

设计分组后的报表设计器如图 10.36 所示。
具体操作步骤如下。
① 打开报表设计器。
② 添加数据源。将 Grade 表添加到数据环境设计器。
③ 为报表添加标题和总结带区。
④ 编辑"标题"带区。在"标题"带区添加标签控件,输入标题"学生得分情况一览表",同时设置相应的字型、字体和字号,本例为三号粗楷体。
在"标题"带区添加一个域控件显示当前日期。单击"报表控件"工具栏中"域控件"按钮,在"标题"带区的右上角单击鼠标,打开"报表表达式"对话框,在"表达式"文本框中输入"date()"函数,单击"确定"按钮。
单击"报表控件"工具栏上的"线条"按钮,横贯"标题"带区下画一条水平线,设置为4磅。
⑤ 编辑"页标头"带区。在"页标头"带区中添加多个标签控件显示各字段名称,字段名分别为"学号"、"课程号"、"成绩"。
⑥ 编辑"细节"带区。打开"数据环境设计器"窗口,将 Grade 表的相应字段拖曳到报表的"细节"带区。
⑦ 为报表添加组标头和组注脚带区。单击"报表"菜单上的"数据分组"命令,打开"数据分组"对话框,单击第一个"分组表达式"框右侧的对话按钮,在"表达式生成器"对话框中选择"学号"作为分组依据,单击"确定"按钮,在报表设计器中添加了"组标头 1:学号"和"组注脚 1:学号"带区。
⑧ 编辑"组标头"和"组注脚"带区。把"学号"字段域控件从"细节"带区拖曳到"组标头"带区的最左边,把"页标头"带区的"学号"字段标签控件移到本带区的最左边。在"组注脚"带区右边添加一个标签控件及一个域控件,标签控件文本为"总分:",域控件的

文本表达式为"成绩",打开"计算"对话框,选中"总和"单选项。用矩形控件将标签控件和域控件圈起来。

⑨ 设置当前索引。打开"数据环境设计器"窗口,单击鼠标右键,从快捷菜单中选择"属性",打开"属性"对话框。确认"对象框"中为"Cursor1",在数据选项卡中选定"Order"属性,从索引列表中选定"学号"。

⑩ 单击常用工具栏上的"打印预览"按钮,预览效果如图 10.37 所示。

图 10.36　设计一级分组的报表

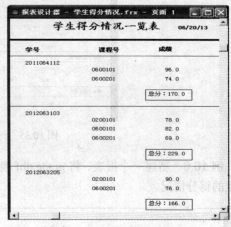

图 10.37　预览一级分组报表

3. 设计多级数据分组报表

VFP 允许在报表内最多可以有 20 级数据分组,嵌套分组有助于组织不同层次的数据和总表达式,但在实际应用中往往只用到 3 级分组。在设计多级数据分组报表时,需要注意分组的级与多重索引的关系。

(1)多个数据分组基于多重索引。多级数据分组报表的数据源必须可以分出级别来。例如,一个表中有"班级"和"性别"字段,要使同一班级的记录集中在一起显示或打印,只需建立以"班级"为关键字的索引,此时只能设计单级分组的报表。如果要使同一班级中同一性别的记录也连续显示或打印,表必须建立基于关键字的复合索引,如可以按关键字表达式"班级+性别"建立索引,如何建立索引,应根据实际需要而定。

(2)分组层次。一个数据分组对应于一组"组标头"和"组注脚"带区。数据分组将按照在"报表设计器"中创建的顺序在报表中编号,编号越大的数据分组离"细节"带区越近。即分组的级别越细,分组的编号就越大。

在报表设计过程中,可以更改组的顺序、重复组标头、更改或删除组带区。

(3)设计多级数据分组报表。设计多级数据分组报表的操作方法前面的几个步骤与设计单级分组报表相同。在打开的"数据分组"对话框中,输入或生成第一个"分组表达式"之后,接着输入或生成下一个"分组表达式"即可。

单击"插入"按钮,可在当前分组表达式之前插入一个分组表达式。对于每一个分组表达式,"数据分组"对话框下方的组属性可分别设置。系统按照分组表达式创建的顺序在"数据分组"列表中编号。在"报表设计器"内,组带区的名称包含该组的序号和一个缩短了的分组表达式。最大编号的组标头和组注脚带区出现在离"细节"带区最近的地方。

(4)更改分组。可以更改分组的表达式和组打印选项、可通过组左侧的移动按钮更改组的次序、使用"删除"按钮删除组带区。

当移动组的位置重新安排时,组带区中定义的所有控件都将自动移到新的位置上。对组重新安排并不更改以前定义的控件。例如，框或线条以前是相对于组带区的上部或底部定位的，它们仍将固定在组带区的原来位置上。

需要特别注意的是，必须重新指定当前索引才能够正确地组织各组的数据。例如，定义了第一组为"班级"，第二组为"性别"，当前索引必须是以"班级+性别"为索引关键字表达式建立的索引。如果重新安排，变成第一组为"性别"，第二组为"班级"，必须指定索引关键字表达式为"性别+班级"的索引。

组被删除之后，该组带区将从布局中删除。若该组带区中包含控件，系统将提示同时删除控件。

例 10.7 修改在例 10.1 中使用报表向导所创建的报表文件 student.frx，设计成按"班级"和"性别"二级分组报表。

为了正确处理分组数据，必须事先对报表文件 student.frx 的数据源"student.dbf"建立以"班级+性别"为索引表达式的普通索引，索引名为"班级性别"。

具体操作步骤如下。

① 打开报表文件。单击工具栏上的"打开"按钮，在"文件类型"中选择"报表"，双击 student.frx 文件，在报表设计器中打开它。

② 添加数据分组。单击"报表设计器"工具栏上的"数据分组"按钮，打开"数据分组"对话框。

单击第一个"分组表达式"框右侧的对话按钮，在"表达式生成器"对话框中选择"班级"，在第二个"分组表达式"框中输入"性别"。

单击"确定"按钮，报表设计器中添加了"组标头 1：班级"、"组注脚 1：班级"、"组标头 2：性别"、"组注脚 2：性别"两对带区，如图 10.38 所示。

图 10.38　设计二级分组报表

③ 修改和添加控件。单击"报表控件"工具栏上的"标签"按钮，修改"标题"带区的"student"标签，输入"学生情况一览表"，单击"格式"菜单中的"字体"命令，选择二号粗楷体字，并设置为水平居中和垂直居中。

把"页标头"带区的"班级"字段标签控件和"细节"带区的"班级"字段域控件移动到"组标头 1：班级"带区的最左边。单击"报表控件"工具栏上的"线条"按钮，在"班级"标签控件和"班级"域控件下面画一条短线。

把"细节"带区的"性别"字段域控件移动到"组标头 2：性别"带区左边。使用"报表控件"工具栏上的"标签"按钮添加一个"学生"标签，单击"圆角矩形"按钮，把"性别"字段域控件和"学生"标签圈起来。相应地向右移动"页标头"带区的其他标签控件和"细节"带区的其他域控件，使它们分别上下对齐，并具有相同的高度。

不在组注脚带区中放置任何内容，将它们向上移动到靠近"细节"带区，避免占用页面空间。

④ 设置当前索引。单击"报表设计器"工具栏上的"数据环境"按钮，打开数据环境设计器，单击鼠标右键，从快捷菜单中选择"属性"命令，打开"属性"窗口。确认对象框中为"Cursor1"，在"数据"选项卡中选定"Order"属性，在索引列表中选定"班级性别"，它是以"班级+性别"为索引表达式建立的索引。

⑤ 单击常用工具栏上的"打印预览"按钮，预览效果如图 10.39 所示。

⑥ 单击常用工具栏上的"保存"按钮，保存对报表文件 student.frx 所做的修改。

图 10.39 预览二级分组报表

10.4.2 设计多栏报表

多栏报表是一种分为多个栏目打印输出的报表。对于细节带区项目比较少的报表，横向只占用部分页面，可以通过页面设置来增加每页的列数，将其设计为多栏报表，使报表的布局更为紧凑。

1. 设置"列标头"和"列注脚"带区

从系统菜单中选择"文件"→"页面设置"命令，弹出如图 10.40 所示的"页面设置"对话框。在"列"区域中，把"列数"微调器的值调整为栏目数。此时，在报表设计器中将添加一个"列标头"带区和一个"列注脚"带区，同时"细节"带区也相应缩短，如图 10.41 所示。

 注意：这里"列"指的是页面横向打印的记录的数目，不是单条记录的字段数目。"报表设计器"中不对此进行设置。它仅显示了页边距内的区域，在默认的页面中，整条记录为一列。因此，若报表中有多列，可调整列的宽度和间隔。当更改左边距时，列宽将自动更改，以显示出新的页边距。

图 10.40 "页面设置"对话框

例如，在"列"区域，把"列数"微调器的值调整为栏目数（例如列数为 3），则将整个页面平均分成 3 部分，调整列之间的间隔值，如间隔为 0.5。

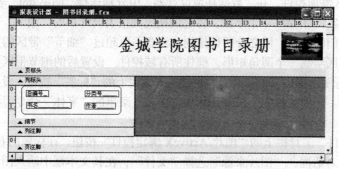

图 10.41　设计多栏报表

2. 添加控件

在向多栏报表添加控件时，注意不要超过报表设计器中带区的宽度，否则可能使打印的内容相互重叠。

3. 设置页面

在打印报表时，对于"细节"带区中，的内容系统默认为"自上而下"地打印。这适合于除多栏报表以外的其他报表。

对于多栏报表而言，这种打印顺序只能靠左边距打印一个栏目，页面上其他栏目则为空白。为了在页面上真正打印出多个栏目来，需要把打印顺序设置为"自左向右"。

例 10.8　以"图书.dbf"为数据源，设计一个 3 栏报表"图书目录册"，显示图书的总编号、分类号、书名和作者，打印效果如图 10.42 所示。

图 10.42　多栏报表示例

① 新建报表文件。在常用工具栏上单击"新建"按钮，在打开的对话框中选择"报表"文件类型并单击"新建文件"按钮，或者直接在命令窗口输入 CREATE REPORT 命令，打开报表设计器。

② 进行"页面设置"。选择"文件"菜单的"页面设置"命令，打开"页面设置"对话框。把"列数"微调器的值设置为 3，在报表设计器中将添加占页面 1/3 的一对"列标头"和"列注脚"带区，同时"细节"带区也相应缩短。

在"左页边距"数据框中输入 0.50000，页面布局将按新的页边距显示。

选择"自左向右"的打印顺序，单击"确定"按钮，关闭"页面设置"对话框。

③ 设置数据源。在"报表设计器"工具栏上单击"数据环境"按钮,打开"数据环境设计器"窗口,单击鼠标右键,从快捷菜单中选择"添加"命令,添加表"图书.dbf"作为数据源。

④ 在细节带区添加控件。在"数据环境设计器"中分别选择"图书.dbf"表中的"总编号"、"分类号"、"书名""作者"4个字段,将它们拖曳到报表设计器的"细节"带区,自动生成字段域控件。调整它们的位置,使之分两行排列,注意不要超过"细节"带区的宽度。

在"细节"带区绘制一个圆角矩形,框住所有域控件。设置后的细节带区如图 10.41 所示。

⑤ 编辑"页标头"带区。单击"报表控件"工具栏上的"标签"按钮,设置其文本为"金城学院图书目录册"。选中"标签"控件,单击"格式"菜单的"字体"命令,在"字体"对话框中选择仿宋、粗体、一号。

单击"报表控件"工具栏上的"图片/ActiveX 绑定控件"按钮,在标题的右边单击鼠标左键,打开"报表图片"对话框,"图片来源"选择"文件",在其文本框中输入图片文件的路径和文件名。

⑥ 预览效果。单击常用工具栏上的"打印预览"按钮,效果如图 10.42 所示。

⑦ 单击常用工具栏上的"保存"按钮,将报表保存为"图书目录册.frx"文件。

10.4.3 输出报表

设计报表的最终目的是要按照一定的格式输出符合要求的数据。报表文件的扩展名为.frx,该文件存储报表设计的详细说明。每个报表文件还带有文件名相同,扩展名为.frt 的相关文件。在报表文件中并不存储每个数据字段的值,仅存储数据源的位置和格式信息。每次运行报表,报表中的数据字段的域控件从数据源中取出数据。所以,当数据源中的数据发生变化时,报表的打印结果也相应改变。

1. 页面设置

打印报表之前,应考虑页面的外观,如页边距、纸张类型和所需的布局。例如,若纸张为信封,则方向必须设置为横向。

① 设置左边距。从系统菜单中选择"文件"→"页面设置"命令,打开"页面设置"对话框,在"左页边距"框中输入"左边距"数值,页面布局将按新的页边距显示。

② 打印设置(选择纸张大小和方向)。在"页面设置"对话框中,单击"打印设置"按钮,打开"打印设置"对话框。可以从"大小"列表中选择纸张大小。默认的打印方向为纵向,若要改变纸张的方向,可从"方向"区选择横向,再单击"确定"按钮。

2. 打印与预览报表

报表按数据源中记录出现的内容和顺序处理记录。若报表文件的数据源内容已经更新了,每次打印输出报表时,报表中的数据反映数据源的当前值。若数据源的表结构被修改过,例如报表所需要的域控件的字段已经被删除,则运行报表时将出现出错信息。

在打印数据分组报表时,要确认数据源中是否对数据进行了正确的索引或排序。否则,如果直接使用数据源表内的数据,数据可能不会在布局内按组排序。

在打印报表之前,可以使用"预览"功能在屏幕上查看报表打印时的效果。

可以从系统菜单中选择"显示"→"预览"命令,或在"报表设计器"中单击鼠标右键,从弹出的快捷菜单中选择"预览"命令,也可以直接单击"常用"工具栏中的"打印预览"按钮。

在打印预览工具栏中,可以选择"上一页"或"前一页"来切换页面。若要更改报表图像的大小,可选择"缩放"列表。若要返回到设计状态,单击"关闭预览"按钮,或者直接关闭预览窗口即可。

对报表设计感到满意后，便可在指定的打印机上打印报表了。单击打印预览工具栏上的"打印报表"按钮，便将报表直接送往 Windows 的打印管理器。

也可以通过命令预览或打印报表。

命令：REPORT FORM <报表文件名>
　　　　[范围][FOR<条件>]
　　　　[PREVIEW][TO PRINTER[PROMPT]]

功能：打印或预览指定的报表。

① 若指定范围，系统将只打印数据源中指定的记录范围。
② 若使用 FOR<条件>短语，系统将只打印数据源中符合条件的记录。
③ 若使用 PREVIEW 短语，系统将打开报表的预览窗口。若使用 TO PRINTER 短语，系统将报表输出到打印机上。该短语还可指定 PROMPT，表示在打印前将打开"打印"对话框来设置打印选项。

本章小结

本章主要介绍以下内容。
（1）操作报表。
（2）报表中控件的设计。
（3）分组报表及多栏报表的设计。
（4）报表的打印预览。

习 题 十

一、选择题

1. 报表文件的扩展名为（　　　）。
　　A．FRX　　　　B．FPT　　　　C．FRT　　　　D．FMT
2. 报表的"细节"带区的内容在打印时（　　　）。
　　A．每记录出现一次　　　　　　B．每记录出现多次
　　C．每列出现一次　　　　　　　D．每列出现多次
3. 在创建快速报表时，基本带区包括（　　　）。
　　A．组标头、细节和组注脚　　　B．报表标题、细节和页注脚
　　C．页标头、细节和页注脚　　　D．标题、细节和总结
4. 为了在报表中加入一个表达式，应该插入一个（　　　）。
　　A．文本控件　　B．标签控件　　C．域控件　　　D．表达式控件
5. 为了在报表中加入一个文字说明，这时应该插入一个（　　　）。
　　A．表达式控件　B．域控件　　　C．标签控件　　D．文本控件
6. 报表的数据源可以是数据库表、自由表和（　　　）。
　　A．其他报表　　B．表单　　　　C．视图　　　　D．标签

7. 在"报表设计器"中使用的控件是（　　）。
   A. 数据源和布局　　　　　　　　　　B. 标签、域控件和列表框
   C. 标签、域控件和线条　　　　　　　D. 标签、文本框和列表框
8. 在利用报表设计器创建报表时，用于在报表中显示表的字段、变量和表达式的是（　　）。
   A. 标题　　　B. 页标头　　　C. 细节　　　D. 域控件
9. 预览报表的命令是（　　）。
   A. PREVIEW REPORT　　　　　　　　　B. PRINT REPORT…PREVIEW
   C. REPORT FORM…PREVIEW　　　　　　D. REPORT…PREVIEW
10. 报表文件.FRX中保存的是（　　）。
    A. 打印报表本身　　　　　　　　　　B. 报表的格式和数据
    C. 打印报表的预览格式　　　　　　　D. 报表设计格式的定义
11. 设计报表时，要打开的设计器是（　　）。
    A. 表设计器　　B. 表单设计器　　C. 报表设计器　　D. 数据库设计器
12. 创建报表的命令是（　　）。
    A. MODIFY REPORT　　　　　　　　　B. SET REPORT
    C. CREATE REPORT　　　　　　　　　D. BUILD REPORT
13. 如要要创建一个3级分组报表，第一级分组是"部门"，第二级分组是"性别"，第三级分组是"基本工资"，当前索引的索引表达式应该是（　　）。
    A. 部门+性别+基本工资　　　　　　　B. 性别+部门+STR（基本工资）
    C. 部门+性别+STR（基本工资）　　　 D. STR（基本工资）+性别+部门
14. 在项目管理器中创建一个新的报表文件，应该选择项目管理器的（　　）选项卡。
    A. 数据　　　B. 文档　　　C. 类　　　D. 代码
15. 为了在报表中打印当前时间，应该插入一个（　　）。
    A. 表达式控件　　B. 域控件　　C. 标签控件　　D. 文本控件

二、填空题
1. 报表的两个基本组成部分是数据源和_____。
2. 如果已经对报表进行了数据分组，报表会自动包含_____和_____带区。
3. 多栏报表的栏目数可以通过_____对话框来设置。
4. 多栏报表的打印顺序应该设置为_____。
5. 在数据环境设计器中指定当前索引的方法是打开_____对话框，对"Cursor1"的_____属性输入索引名，或者在索引列表中选定索引。
6. 报表中的域控件用于打印字段、_____和表达式的计算结果。
7. 在分组报表中，要使域控件的内容每组打印一次，应当将该控件移动到_____带区中。对于"细节"带区中的域控件，要想不打印重复值，应在_____对话框中对该控件设置打印条件。
8. 在报表设计器中添加"标签"的目的是_____。
9. "图片/ActiveX绑定控件"用于显示_____或_____的内容。
10. 在报表中输出某个表文件的记录，可直接把数据环境中表的字段拖放到_____带区。

三、上机题
1. 以teacher表为数据源，通过报表向导创建一个教师情况报表。
2. 以teacher表为数据源，设计一个二级分组报表，第一级按职称分组，第二级按性别分组。

第 11 章
菜单的设计与应用

表单是应用程序中最常见的交互式操作界面，但当设计应用程序时，主程序的界面一般以菜单形式列出应用系统的各种功能。因此，设计菜单也非常重要。常见的菜单有两种：下拉式菜单和快捷菜单。一个应用程序通常以下拉式菜单的形式列出其具有的所有功能，供用户调用。而快捷菜单一般从属于某个界界面对象，列出了与该对象有关的一些操作。本章首先介绍 VFP 系统菜单的基本情况，然后依次介绍下拉式菜单和快捷菜单的设计。

11.1 Visual FoxPro 系统菜单

11.1.1 菜单结构

各个应用程序的菜单系统内容可能不同，但其基本结构是相同的。标准菜单系统通常由四大部分组成：菜单栏（Menu Bar）、菜单标题（Menu Title）、菜单（Menu）、菜单项（Menu Item），如图 11.1 所示为 VFP 的系统菜单。

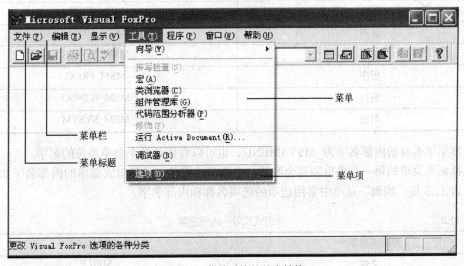

图 11.1 菜单系统的基本结构

① 菜单栏：包含菜单系统各菜单标题的一条水平条形区域。
② 菜单标题：也称菜单名，是位于菜单栏上用以表示菜单功能的一个单词或短语。

215

③ 菜单：由一系列命令项组成。从菜单栏上单击菜单标题时，将出现菜单。
④ 菜单项：菜单中的命令选项，子菜单名等。

Windows 的菜单分为一般菜单和快捷菜单两种。一般菜单又可分为条形菜单和弹出式菜单。条形菜单一般作为窗口的主菜单，弹出式菜单又称为"子菜单"，当选择一个条形菜单选项时，激活相应的弹出式菜单。快捷菜单是用户单击鼠标右键时弹出的菜单。

Visual FoxPro 支持两种类型的菜单：条形菜单和弹出式菜单。每一个条形菜单都有一个内部名字和一组菜单选项，每个菜单项都有一个名称（标题）和内部名字。每一个弹出式菜单也有一个内部名字和一组菜单选项，每个菜单选项则有一个名称（标题）和内部序号。菜单项的名称显示于屏幕供用户识别，菜单及菜单项的内部名字或选项序号则用于在代码中引用。

每一个菜单选项都可以有选择地设置一个热键和一个快捷键。热键通常是一个字符。当菜单激活时，可以按菜单项的热键快速选择该菜单项。快捷键通常是 Ctrl 和另一个字符键组成的组合键，不管菜单是否激活，都可以通过快捷键执行相应的菜单命令。

无论是哪种类型的菜单，当选择其中某个选项时都会有一定的动作。这个动作可以是执行一条命令、执行一个过程或激活另一个菜单。

典型的菜单系统一般是一个下拉式菜单，由一个条形菜单和一组弹出式菜单组成。其中条形菜单是主菜单，弹出式菜单是子菜单。

快捷菜单一般由一个或一组上下级的弹出式菜单组成。

11.1.2 系统菜单

VFP 系统菜单是一个典型的菜单系统，其主菜单是一个条形菜单。条形菜单中常见选项的名称及内部名字如表 11.1 所示。

表 11.1　　　　　　　　　　主菜单（_MSYSMENU）常见选项

选项名称	内部名字
文件	_MSM_FILE
编辑	_MSM_EDIT
显示	_MSM_VIEW
工具	_MSM_TOOLS
程序	_MSM_PROG
窗口	_MSM_WINDO
帮助	_MSM_SYSTM

条形菜单本身的内部名字为 _MSYSMENU，也可以看作是整个菜单系统的名字。

选择条形菜单的每一个菜单项都会激活一个弹出式菜单，各弹出式菜单的内部名字如表 11.2 所示。表 11.3 是"编辑"菜单中常用选项的选项名称和内部名字。

表 11.2　　　　　　　　　　弹出式菜单的内部名字

弹出式菜单项	内部名字
文件	_MFILE
编辑	_MEDIT
显示	_MVIEW
工具	_MTOOLS

续表

弹出式菜单项	内部名字
程序	_MPROG
窗口	_MWINDOW
帮助	_MSYSTEM

表 11.3　　　　　　　　　　"编辑"菜单（_MEDIT）常用选项

选项名称	内部名字
撤销	_MED_UNDO
重做	_MED_REDO
剪切	_MED_CUT
复制	_MED_COPY
粘贴	_MED_PASTE
清除	_MED_CLEAR
全部选定	_MED_SLCTA
查找...	_MED_FIND
替换...	_MED_REPL

通过 SET SYSMENU 命令可以允许或禁止在程序执行时访问系统菜单，也可以重新配置系统菜单。

命令：SET SYSMENU ON | OFF | AUTOMATIC
　　　| TO[<弹出式菜单名表>]
　　　| TO[<条形菜单项名表>]
　　　| TO [DEFAULT] | SAVE | NOSAVE

说明

① ON：在程序执行期间，启用 Visual FoxPro 系统菜单。

② OFF：在程序执行期间，禁止访问 Visual FoxPro 系统菜单。

③ AUTOMATIC：是默认设置。使 Visual FoxPro 系统菜单在执行期间可见，但菜单项是否可用，取决于不同的命令。

④ TO<弹出式菜单名表>：重新配置系统菜单，以内部名字列出可用的弹出式菜单。

⑤ TO<条形菜单项名表>：重新配置系统菜单，以条形菜单项内部名表列出可用的子菜单。

⑥ TO DEFAULT：将系统菜单恢复为默认设置。

⑦ SAVE：将当前的菜单系统设置成默认设置。若在执行 SET SYSMENU SAVE 命令前，修改了系统菜单，则执行 SET SYSMENU TO DEFAULT 命令，不可恢复 SET SYSMENU SAVE 命令执行之前的菜单配置。

⑧ NOSAVE：重置菜单系统为默认的 Visual FoxPro 系统菜单。但是只有当发出 SET SYSMENU TO DEFAULT 命令之后，才显示默认的 Visual FoxPro 系统菜单。

即要将菜单系统恢复成默认的 Visual FoxPro 系统菜单，可先执行 SET SYSMENU NOSAVE 命令，然后执行 SET SYSMENU TO DEFAULT 命令。

⑨ SET SYSMENU TO：将屏蔽系统菜单，使系统菜单不可用。

例 11.1 将系统菜单只保留"文件"和"窗口"两个子菜单。
```
SET SYSMENU TO _MFILE,_MWINDOW
```
或
```
SET SYSMENU TO _MSM_FILE,_MSM_WINDO
```
执行后系统菜单如图 11.2 所示。

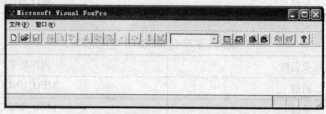

图 11.2 只保留"文件"和"窗口"的系统菜单

11.2 下拉式菜单设计

下拉式菜单是一种最常用的菜单,它由一个条形菜单和一组弹出式菜单组成。其中条形菜单是主菜单,弹出式菜单是子菜单。

用 Visual FoxPro 提供的菜单设计器可以方便地进行下拉式菜单的设计。具体来讲,菜单设计器的功能有两个。一是通过定制 VFP 系统菜单建立应用程序的下拉式菜单,此时其条形菜单的内部名称总是_MSYSMENU;二是为顶层表单设计独立于 VFP 系统菜单的下拉式菜单。

用菜单设计器设计的菜单保存在扩展名为.mnx 的文件中。如果要运行菜单,则必须生成一个扩展名为.mpr 的菜单程序文件。

11.2.1 菜单设计的基本过程

用菜单设计器设计下拉式菜单的基本过程如图 11.3 所示。

1. 调用菜单设计器

在 Visual ForPro 中,若要新建一个菜单,可通过以下 3 种方式进入菜单设计器。

(1)使用项目管理器。即从项目管理器中选择"其他"选项卡,然后选择"菜单",并单击"新建"按钮。

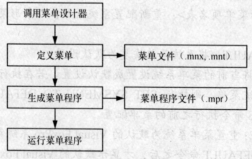

图 11.3 菜单设计的基本过程

(2)使用"文件"菜单中的"新建"命令,文件类型选择"菜单",然后再单击"新建文件"按钮。

（3）使用 CREATE MENU 命令。执行上述操作后，系统弹出"新建菜单"对话框，如图11.4所示。该对话框中有两项选择：菜单和快捷菜单，现选择"菜单"按钮，屏幕即进入"菜单设计器"的界面。

若要用菜单设计器修改一个已经建立的菜单，可以通过"文件"菜单中的"打开"命令，打开一个菜单定义文件（.mnx 文件），进入"菜单设计器"对话框；也可以使用命令 MODIFY MENU<菜单文件名>命令，打开"菜单设计器"对话框，如图11.5所示。

图11.4 "新建菜单"对话框

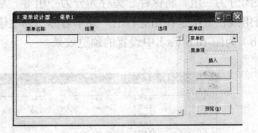

图11.5 "菜单设计器"对话框

2．定义菜单

在"菜单设计器"对话框定义菜单，指定菜单的各项内容，如菜单项的名称、快捷键等。指定完菜单的各项内容后，选择"文件"菜单的"保存"命令或单击常用工具栏上的"保存"按钮，将菜单定义保存在扩展名为.mnx 的菜单文件和扩展名为.mnt 的菜单备注文件中。

3．生成菜单程序

菜单定义文件存放着菜单的各项定义，但其本身是一个表文件，并不能运行。要运行菜单，必须根据菜单定义产生可执行的菜单程序文件（.mpr 文件）。方法是：在菜单设计器环境下，选择"菜单"菜单中的"生成"命令，然后在"生成菜单"对话框中指定菜单程序文件的名称和存放路径，最后单击"生成"按扭。

4．运行菜单程序

命令：DO <文件名.mpr>

运行菜单程序时，系统会自动编译.mpr 文件，产生用于运行的.mpx 文件。（注意：.mpr 不能省略）

运行菜单后，VFP 的系统菜单将被新菜单所覆盖。在命令窗口执行 SET SYSMENU TO DEFAULT 命令，即可恢复VFP 原有的系统菜单。

11.2.2 定义菜单

下面介绍如何在"菜单设计器"对话框中定义下拉式菜单。

1．"菜单设计器"对话框

下拉式菜单由一个条形菜单（菜单栏）和一组弹出式菜单（子菜单）组成。"菜单设计器"对话框每页显示和定义一个菜单（条形菜单和弹出式菜单）

"菜单设计器"对话框打开时，首先显示和定义的是条形菜单，如图11.5 所示。对话框的左边是一个列表框，其中的每一行定义当前菜单的一个菜单项，包括"菜单名称"、"结果"和"选项"三列内容。

"菜单设计器"的界面由以下几部分构成。

（1）"菜单名称"列。用于指定菜单项的名称，即菜单项的显示标题，并非内部名字。如果用户想为菜单项指定访问键，即利用键盘访问菜单的方法，可以在欲设定为访问键的字符前面加上一反斜杠和小于号(\<)。例如，在"文件"菜单中设计访问键为"F"，只要在菜单名称"文件"的后面加上"(\<F)"即可。"\<F"表示该菜单项的访问键为 Alt+F，那么在运行菜单时，按住 Alt+F 组合键即可快速打开该下拉菜单。

可以根据各菜单项功能的相似性或相近性，将弹出式菜单的菜单项分组。例如，将新建、打开、关闭分为一组，将保存、另存为分为一组等。系统提供的分组手段是在两组之间插入一条水平的分组线，方法是在相应行的"菜单名称"列上输入"\-"两个字符。如图 11.6（a）所示。图 10.6（b）为图 10.6（a）中设置的预览效果。

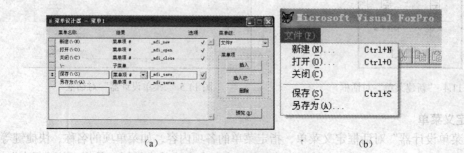

图 11.6 弹出式菜单的设置

（2）"结果"列。该列用于指定当菜单运行时，用户单击该菜单项时执行的动作。单击该栏将出现一个下拉列表框，有命令、子菜单、过程和填充名称或菜单项#等 4 种选择。

① 命令：选择此选项，列表框右侧会出现一个文本框。可以在文本框内输入一条具体的命令。当单击该菜单项时，将执行这条命令。此选项仅对应于执行一条命令或调用其他程序的情况，若要执行多条命令，应在"结果"列中选择"过程"选项。

② 过程：选择此选项，列表框右侧会出现"创建"按钮。单击"创建"按钮将打开一个文本编辑窗口，可在其中输入和编辑过程代码。如果当前菜单项已定义了过程代码，则其右侧出现的是"编辑"按钮。同样，单击"编辑"按钮可打开文本编辑窗口用以修改过程代码。菜单运行时单击该菜单项，将执行指定的过程代码。

③ 子菜单：选择此选项，列表框右侧会出现"创建"或"编辑"命令按钮（第一次定义时为"创建"按钮，以后为"编辑"按钮）。单击"创建"或"编辑"按钮，可切换到定义其下属子菜单的页面。此时，窗口右上方的"菜单级"下拉列表框内显示当前子菜单项的内部名字，如图 11.6（a）所示，当前子菜单项的内部名字为"文件 F"。选择"菜单级"下拉列表框内的选项，可以返回到上级子菜单或最上层条形菜单的定义页面。默认的子菜单的内部名字为上级菜单相应菜单项的标题，但可以重新设定。最上层的条形菜单不能指定内部名字，其在"菜单级"的下拉列表框内显示为"菜单栏"。例如，要从子菜单页面返回到最上层的主菜单页面，可在"菜单级"下拉列表框中选择"菜单栏"。

④ 填充名称或菜单项#：选择此选项，列表框右侧会出现一个文本框。可以在文本框内输入菜单项的内部名字或序号，若当前定义的菜单是条形菜单，该选项为"填充名称"，应指定菜单项的内部名字。若当前定义的菜单是弹出式子菜单，该选项为"菜单项#"，应指定菜单项的序号。

弹出式菜单的菜单项的序号也可以指定以 VFP 系统菜单中某个菜单命令的内部名字，如"文件"菜单中的"新建"命令的内部名字为_MFI_NEW，如图 11.6（a）所示，此时，正在定义的菜单项功能就与相应的系统菜单命令功能相同。

（3）"选项"按钮。每个菜单项的"选项"列都有一个无符号的按钮，单击该按钮将打开一个"提示选项"对话框，如图 11.7 所示，可在其中定义菜单项的其他属性，当在对话框中定义属性后，按钮上就会出现符号"√"，如图 11.6（a）所示。

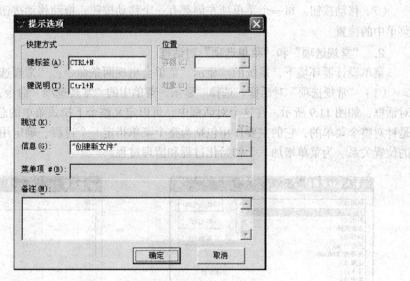

图 11.7 "提示选项"对话框

① 快捷方式：指定菜单项的快捷键。方法是：先用鼠标单击"键标签"文本框，使光标定位于该文本框，然后在键盘上按快捷键，如按 Ctrl+N 组合键，则"键标签"文本框内会出现 Ctrl+N。另外，"键说明"文本框内也会出现相同的内容，但该内容可以修改。当菜单激活时，"键说明"文本框的内容将显示在菜单项标题的右侧，作为对快捷键的说明。

快捷键通常是 Ctrl 或 Alt 键与另一个字符键的组合。要取消已经定义的快捷键，可先用鼠标单击"键标签"文本框，然后按 BackSpace 键。

② 跳过：定义菜单项的跳过条件。指定一个表达式，由表达式的值决定该菜单项是否可选。当菜单激活时，如果表达式的值为.T.，则菜单项以灰色显示，表示不可用，即"跳过"。

③ 信息：定义菜单项的说明信息。当鼠标指向该菜单项时，将在 VFP 的状态栏显示这个信息。如图 11.7 所示，该菜单项的说明信息为"创建新文件"。

④ 菜单项#：指定条形菜单菜单项的内部名字或弹出式菜单菜单项的序号。如果不指定菜单项的内部名字或序号，系统会自动设定。只有当菜单项的"结果"选择为"命令"、"过程"或"子菜单"时，该文本框才有效。

（4）菜单级。菜单系统是分级的，最高一级是菜单栏中的菜单，其次是每个菜单下的子菜单。该列表显示当前所处的菜单级别，从该下拉列表框中选择适当菜单级可以进行相应菜单的设计。

（5）"菜单项"命令按钮。提供设计菜单时的操作功能。在菜单项选项组中有 3 个命令按钮，即"插入"、"删除"、"插入栏"。

①"插入"按钮：单击该按钮，可在当前菜单项行之前插入一个新的菜单项行。

②"插入栏"按钮：在当前菜单项行之前插入一个 Visual FoxPro 系统菜单命令。方法是：单击该按钮，打开"插入系统菜单栏"对话框，如图 11.8 所示。然后在对话框中选择所需的菜单命令（可多选），并单击"插入"按钮。该按钮仅在定义弹出式菜单时有效。

③"删除"按钮：单击该按钮，可删除当前菜单项行。

（6）"预览"按钮。单击该按钮，显示正在创建的菜单，可查看所设计菜单的样式。在所显示的菜单中可以进行选择，检查菜单的层次关系及提示是否正确等。但这种选择不会执行各菜单项的相应功能。

（7）移动按钮。每一个菜单项左侧都有一个移动按钮，拖动移动按钮可以改变菜单项在当前菜单中的位置。

2. "常规选项"和"菜单选项"对话框

菜单设计器环境下，系统的"显示"菜单会出现两条命令："常规选项"与"菜单选项"。

（1）"常规选项"对话框。选择"显示"菜单中的"常规选项"命令，就会打开"常规选项"对话框，如图11.9所示。在这个对话框中，可以定义整个下拉式菜单的总体属性。"常规选项"是针对整个菜单的，它的主要作用包括为整个菜单指定一个过程、确定用户菜单与系统菜单之间的位置关系、为菜单增加一个初始化过程和清理过程。

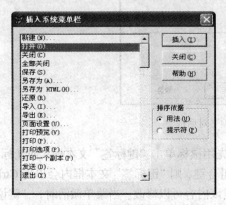
图11.8 "插入系统菜单栏"对话框

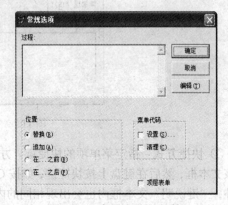
图11.9 "常规选项"对话框

① 过程：为条形菜单中的各菜单项指定一个默认过程代码。如果条形菜单中的某个菜单项没有定义子菜单，也没有规定具体的动作，那么当选择此菜单项时，将执行该默认过程代码。

可在"过程"框内直接输入过程代码，当代码超出编辑区时，将出现滚动条。也可以单击"编辑"按钮打开一个专门的代码编辑窗口，单击"确定"按钮可激活该文本编辑窗口。

② 位置：指明正在定义的下拉式菜单与当前系统菜单的关系。

- "替换"：用定义的菜单内容去替换当前系统菜单原有的内容。
- "追加"：将定义的菜单内容添加到当前系统菜单原有内容的后面。
- "在…之前"：将定义的菜单内容插在当前系统菜单某个弹出式菜单之前。当选择该单选按钮时，其右侧会出现一个下拉列表框，从该下拉列表框中选择当前系统菜单的一个弹出式菜单。
- "在…之后"：将定义的菜单内容插入在当前系统菜单某个弹出式菜单之后。

③ 菜单代码：这里有"设置"和"清理"两个复选框。无论选择哪个复选框，都会打开一个相应的代码编辑窗口，单击"确定"按钮可激活代码编辑窗口。

- "设置"：代码放置在菜单程序文件中菜单定义代码的前面，在菜单产生之前执行。
- "清理"：代码放置在菜单程序文件中菜单定义代码的后面，在菜单显示出来之后执行。

④ 顶层表单：如果选择该复选框，可将正在定义的下拉式菜单添加到一个顶层表单里。若该复选框没有被选中，则正在定义的下拉式菜单将作为一个定制的菜单系统。

（2）"菜单选项"对话框。选择"显示"菜单中的"菜单选项"命令，打开"菜单选项"对话框,如图 11.10 所示。该对话框主要有两个功能: 一是为指定的菜单编写一个过程,即可以为当前弹出式菜单的菜单项或所有弹出式菜单的菜单选项(若当前菜单是条形菜单)定义一个默认过程代码。如果弹出式菜单中的某个菜单项没有规定具体的动作,则当选择该菜单项时,将执行该默认过程代码。二是修改菜单项的名称。若当前菜单是弹出式菜单,则在对话框中还可以定义该弹出式菜单的内部名字。

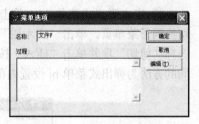

图 11.10 "菜单选项"对话框

例 11.2 利用菜单设计器设计一个下拉式菜单,具体要求如下。

① 条形菜单的菜单项包括系统管理(\<S)、编辑(\<B)、退出(\<R),它们的结果分别是激活弹出式菜单 gl、激活弹出式菜单 bj、将系统菜单恢复为标准配置。

② 弹出式菜单 gl 菜单项包括: 用户管理、修改密码、关于系统,它们的结果分别是运行表单文件 yhgl.scx、xgmm.scx、gyxt.scx。

③ 弹出式菜单 bj 包括剪切、复制和粘贴 3 个选项,它们分别调用相应的系统标准功能。

具体操作步骤如下。

① 在命令窗口输入命令: create menu xtgl,打开"菜单设计器"对话框。

② 设置条形菜单的菜单项,如图 11.11 所示。

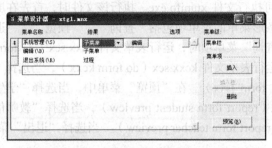

图 11.11 设置条形菜单

③ 为菜单项"退出系统"定义过程代码。单击菜单项"结果"列上的"创建"按钮,打开文本编辑窗口,输入下面的代码。

```
SET SYSMENU NOSAVE
SET SYSMENT TO DEFAULT
```

④ 定义弹出式菜单 gl: 单击"系统管理"菜单项"结果"列上的"创建"按钮,使设计器窗口切换到子菜单页,然后设置各菜单项,如图 11.12 所示。

⑤ 设置弹出式菜单的内部名字: 从"显示"菜单中选择"菜单选项"命令,打开"菜单选项"对话框,然后在"名称"文本框输入 gl,如图 11.13 所示。

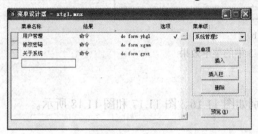

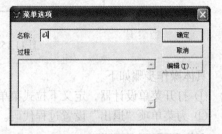

图 11.12 设置"系统管理"子菜单　　　　图 11.13 设置"系统管理"子菜单的内部名字

⑥ 从"菜单级"列表框中选择"菜单栏",返回到主菜单页。

⑦ 定义弹出式菜单 bj：单击"编辑"菜单项"结果"列上的"创建"按钮，使设计器窗口切换到子菜单页，单击"插入栏"按钮，打开"插入系统菜单栏"对话框，从对话框的列表框中选择"剪切"项并单击"插入"按钮，用同样的方法插入"复制"和"粘贴"项。用和第⑤步相同的方法为弹出式菜单 bj 设置内部名字。最后结果如图 11.14 所示。

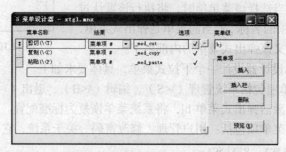

图 11.14 设置"编辑"子菜单

⑧ 保存菜单定义：单击"文件"菜单中的"保存"按钮，将结果保存在菜单定义文件 xtgl.mnx 和菜单备注 xtgl.mnt 中。

⑨ 生产菜单程序文件：单击"菜单"菜单中的"生成"命令，产生的菜单程序文件尾 xtgl.mpr。

例 11.3 创建一个可执行文件 xtunifo.exe。执行该文件时，首先在屏幕上显示一个下拉式菜单，如图 11.15 所示。条形菜单的菜单项包括"查询"、"预览"、"退出"。在"查询"菜单中，当选择"学生信息查询"菜单项时，运行表单文件 xsxx.scx（do form xsss），当选择"课程信息查询"菜单项时，运行表单文件 kcxx.scx（do form kcxx），当选择"教师信息查询"时，运行表单文件 jsxx.scx（do form jsxx）。在"预览"菜单中，当选择"学生信息预览"菜单项时，预览报表文件 student.frx（report form student preview），当选择"教师信息预览"菜单项时，预览报表文件 teacher.frx（report form teacher preview）。当选择"退出"菜单项时返回。

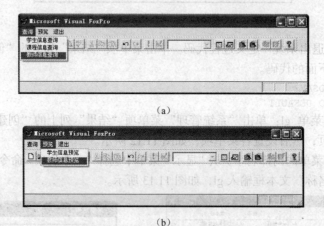

图 11.15 例 11.3 中的菜单效果

具体操作步骤如下。

① 打开菜单设计器，定义下拉式菜单，分别如图 11.16、图 11.17 和图 11.18 所示。
② 为菜单项"退出"设置过程代码。

```
set sysmenu nosave
set sysmenu to default
clear events            &&停止事件处理
```

图 11.16 设置条形菜单

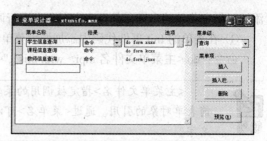
图 11.17 设置"查询"子菜单

图 11.18 设置"预览"子菜单

③ 从"文件"菜单中选择"保存"命令,将菜单定义保存在文件 xtunifo.mnx 和 xtunifo.mnt 中,从"菜单"菜单中选择"生成"命令,生成菜单程序文件 xtunifo.mpr。

④ 在命令窗口输入命令:create project unifo,打开"项目管理器"对话框。

⑤ 为项目新建主文件 mp.prg,即在"代码"选项卡中选中"程序",单击"新建"按钮,打开文本编辑器,输入下列代码:

```
do xtunifo.mpr
read events          &&启动事件处理
```

然后保存。

⑥ 在"项目管理器"窗口中,单击"连编"按钮,打开"连编选项"对话框。在对话框中选择"连编可执行文件"单选按钮,并单击"确定"按钮。

连编项目时,系统会自动根据文件之间的调用关系,自动将有关表单文件(xsxx.scx、kcxx.scx、jsxx.scx)、报表文件(student.frx、teacher.frx)、菜单文件(xtunifo.mnx)加入项目中。

最后在打开的"另存为"对话框中将可执行文件名指定为 xtunifo.exe。如图 10.19 所示为生成的 xtunifo.exe 可执行文件图标,双击该图标即可运行该文件。

图 11.19 生成的可执行文件

11.2.3 为顶层表单添加菜单

为顶层表单添加下拉式菜单的方法如下。

(1)设计下拉式菜单。用上述同样的方法,在"菜单设计器"窗口设计下拉式菜单。

(2)将主菜单设置为顶层菜单。设计菜单时,在"常规选项"对话框中选择"顶层表单"复选框,即允许用户定义的菜单在顶层表单中使用。

(3)将表单设置为顶层表单。打开表单设计器,将表单的 ShowWindow 属性值设置为"2—作为顶层表单",使其成为顶层表单。

(4)编写表单的一些事件代码。在主界面表单运行时需要调用菜单,所以在其 Init 事件中要添加运行主菜单的命令,并且在本对象上进行调用。

① 在表单的 Init 事件代码中添加调用菜单程序的命令如下。

命令:do <主菜单文件名.mpr> with this [,"<菜单名>"]

 <主菜单文件名>指定被调用的菜单程序文件,其扩展名.mpr 不能省略。this 表示当前表单对象的引用。通过<菜单名>可以为被添加的下拉式菜单的条形菜单指定一个内部名字。

② 在表单的 destroy 事件代码中添加清除菜单的命令,使得在关闭表单时能同时清除菜单,释放其所占用的内存空间。

命令:release menu <菜单名> [extended]

 <菜单名>就是在表单的 Init 事件代码中为条形菜单指定的内部名字,extended 表示在清除条形菜单时一起清除其下属的所有子菜单。

例 11.4 创建一个顶层表单,为 cxtj.scx 表单建立一个下拉式菜单,如图 11.20 所示,其中"查询"菜单中只有一个菜单项"查询统计",该菜单项的功能与表单 cxtj 上命令按钮 command1 的功能一样,"退出"菜单项与表单 cxtj 上命令按钮 command2 的功能一样。

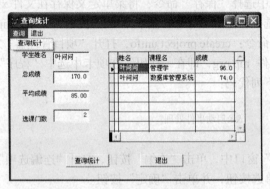

图 11.20 例 11.4 的运行效果

具体操作步骤如下。

① 打开"菜单设计器"窗口,定义下拉式菜单,如图 11.21 和图 11.22 所示。假定表单执行时,将产生同名的表单对象引用变量。Command1 是表单中"查询统计"按钮的 Name 属性值,command2 是表单中"退出"按钮的 Name 属性值。

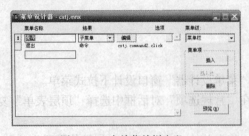

图 11.21 表单菜单栏定义

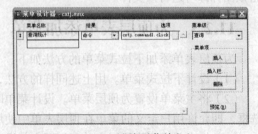

图 11.22 查询子菜单定义

② 在"显示"子菜单中选择"常规选项"命令,打开"常规选项"对话框,选择"顶层表单"复选框。

③ 从"文件"菜单中选择"保存"命令，将菜单定义保存在文件 cxtj.mnx 及 cxtj.mnt 中，从"菜单"菜单中选择"生成"命令，生成菜单程序文件 cxtj.mpr。

④ 打开表单文件 cxtj.scx，将表单的 ShowWindow 属性值设置为 2，即作为顶层表单。

⑤ 在表单的 Init 事件代码中添加调用菜单程序的命令： do cxtj.mpr with this, "mymenu"。

⑥ 在表单的 Destroy 事件代码中添加清除菜单的命令：release menu mymenu extended。

11.3 快捷菜单设计

一般来说，下列式菜单作为一个应用程序的菜单系统，列出了整个应用程序的所有功能。而快捷菜单从属于某个界面对象，当用鼠标单击该对象时，就会在单击处弹出快捷菜单。快捷菜单通常列出与处理相应对象有关的一些功能命令。

与下拉式菜单相比，快捷菜单没有条形菜单，只有弹出式菜单。快捷菜单一般是一个弹出式菜单，或者由几个具有上下级关系的弹出式菜单组成。利用系统提供的快捷菜单设计器可以方便地定义与设计快捷菜单。

创建快捷菜单与创建下拉菜单的方法类似，主要步骤如下。

（1）打开"快捷菜单设计器"窗口。在"新建菜单"对话框中单击"快捷菜单"按钮，打开"快捷菜单设计器"窗口，如图 11.23 所示，其界面及使用方法与"菜单设计器"窗口完全相同。

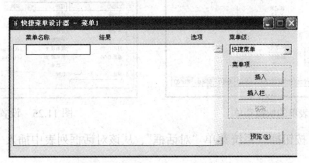

图 11.23 "快捷菜单设计器"窗口

（2）添加菜单项。

（3）为每个菜单项指定任务。

（4）选择"显示"菜单的"常规选项"命令，打开"常规选项"对话框。

（5）在"常规选项"对话框中选择"设置"复选框，在打开的"设置"窗口中添加一条接受当前表单对象引用的参数语句：PARAMETERS <表单文件名>（假定表单执行时，将产生同名的表单对象引用变量）。

（6）在快捷菜单的"清理"代码中添加清除菜单的命令，使得在选择、执行菜单命令后能及时清除菜单，释放其所占用的内存空间。

命令：RELEASE POPUPS <快捷菜单名> [EXTENDED]

（7）保存菜单，并生成.MPR 菜单程序文件。

（8）在表单设计器环境下，选定需要添加快捷菜单的对象，在选定对象的"RightClick"事件编写如下代码。

DO <快捷菜单程序文件名.mpr>

其中文件的扩展名.MPR 不能省略。

例 11.5 为表单 xxll.scx 创建如图 11.24 所示的快捷菜单，快捷菜单文件名为 kjcd。

具体操作步骤如下。

（1）打开"快捷菜单设计器"窗口，定义快捷菜单各选项的内容，如图 11.25 所示。其中"首记录""上一条""下一条""末记录"的"结果"均为过程，其各个过程代码如下。

① 菜单名称为"首记录"的过程代码如下。

```
Go Top
Thisform.refresh
```

② 菜单名称为"上一条"的过程代码如下。

```
Skip -1
Thisform.refresh
```

③ 菜单名称为"下一条"的过程代码如下。

```
Skip
Thisform.refresh
```

④ 菜单名称为"尾记录"的过程代码如下。

```
Go Bottom
Thisform.refresh
```

⑤ 菜单名称为"退出"的过程代码如下。

```
Thisform.release
```

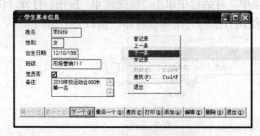

图 11.24 表单的快捷菜单

图 11.25 设置快捷菜单

单击"插入栏"按钮插入系统菜单"对话框"，从该对话框列表中插入"打印"与"查找"菜单项。

（2）选择"菜单名称"为"首记录"的菜单项，单击"选项"下的按钮，弹出如图 11.26 所示的"提示选项"对话框，在对话框的"跳过"文本框输入"EMPTY(ALIAS()) OR BOF()"，这样当数据库环境中没有表或记录指针已到文件头时，首记录命令按钮不能使用。

图 11.26 "提示选项"对话框

依据同样的方法，分别设置"上一条"、"下一条"、"尾记录"的跳过条件分别为：EMPTY(ALIAS()) OR BOF()、EMPTY(ALIAS()) OR EOF()、EMPTY(ALIAS()) OR EOF()。

（3）单击"显示"→"常规选项"菜单命令，打开"常规选项"对话框。

选择"设置"复选框，打开"设置"代码编辑窗口，在窗口中输入接受当前表单对象引用的参数语句：PARAMETERS xxll。

（4）选择"清理"复选框，打开"清理"代码编辑窗口，在窗口中输入清除快捷菜单的命令：RELEASE POPUPS kjcd。

（5）保存菜单，并生成 kjcd.mpr 菜单文件。

（6）打开需要设置快捷菜单的表单，并将其"RightClick"事件代码设置成调用快捷菜单程序的命令：do kjcd.mpr。

本章小结

本章主要包括以下内容。
（1）系统菜单的组成。
（2）菜单设计器各部分的组成和功能以及给菜单指定任务。
（3）利用菜单设计器设计下拉式菜单和快捷菜单的步骤和方法。

习题十一

一、选择题

1. 在 Visual FoxPro 中，扩展名为.mnx 的文件是（　　）。
   A. 备注文件　　　B. 项目文件　　　C. 表单文件　　　D. 菜单文件
2. 在命令窗口中，可用 DO 命令运行扩展名为（　　）的菜单程序文件。
   A. MPR　　　　　B. MNT　　　　　C. PRG　　　　　D. MNX
3. 假设已经生成了名为 mymenu 的菜单程序文件，执行该菜单程序文件的命令是（　　）。
   A. DO mymenu　　　　　　　　　B. DO mymenu.mpr
   C. DO mymenu.pjx　　　　　　　　D. DO mymenu.mnx
4. 菜单设计器的"结果"一列的列表框中可供选择的项目包括（　　）。
   A. 填充名称、过程、子菜单、快捷键　　B. 命令、过程、子菜单、函数
   C. 命令、过程、填充名称、函数　　　　D. 命令、过程、子菜单、菜单项#
5. 某菜单项的名称是"编辑"，热键是 E，则在菜单名称一栏中应输入（　　）。
   A. 编辑（\<E）　B. 编辑（Ctrl+E）　C. 编辑（Alt+E）　D. 编辑（E）
6. 使用 VFP 菜单设计器时，选中某个菜单项之后，如果要设计它的子菜单，应在"结果"列中选择（　　）。
   A. 填充名称　　　B. 子菜单　　　　C. 命令　　　　　D. 过程
7. 用户可以在"菜单设计器"窗口右侧的（　　）列表框中查看菜单所属的级别。
   A. 菜单项　　　　B. 菜单级　　　　C. 预览　　　　　D. 插入
8. 在定义菜单时，若要编写相应功能的一段程序，则在结果一项中选择（　　）。

A. 填充名称 B. 子菜单 C. 过程 D. 命令
9. Visual FoxPro 支持两种类型的菜单，即（　　）。
   A. 条形菜单和下拉式菜单 B. 下拉式菜单和弹出式菜单
   C. 条形菜单和弹出式菜单 D. 下拉式菜单和系统菜单
10. 为表单建立了快捷菜单 mymenu，调用快捷菜单的命令代码"DO mymenu.mpr"应该放在表单的（　　）事件中。
    A. Destory B. Init C. Load D. RightClick
11. 在制作"菜单"时，若某一菜单项的"结果"栏中选择要发生的动作类型为"过程"，则表示要（　　）。
    A. 要执行一条命令 B. 要执行一段程序代码
    C. 执行一个子菜单 D. 预设的空菜单项
12. （　　）不可以用"向导"创建。
    A. 表单 B. 菜单 C. 查询 D. 报表
13. 在设计菜单时，在"菜单名称"栏中输入（　　），可将菜单项分组。
    A. \- B. \< C. \<- D. _<
14. 为菜单指定任务时，可以用（　　）代码来运行表单。
    A. DO FORM 表单名称 B. DO 表单名称
    C. RUN 表单名称 D. RUN FORM 表单名称
15. 在"退出"菜单项的结果框中输入（　　）命令可以恢复系统的默认菜单。
    A. SET SKIP OFF B. SET SYSTEM TO DEFAULT
    C. SET SYSMENU TO DEFAULT D. SET SYSMENU TO QUIT
16. 在控件的 RIGHTCLICK 事件代码中加入（　　）命令可将生成的快捷菜单附加到控件中。
    A. DO 快捷菜单文件名.mpr B. DO FORM 快捷菜单文件名.mpr
    C. RUN 快捷菜单文件名.mpr D. REPORT FROM 快捷菜单文件名.mpr
17. 要为表单设计下拉式菜单，则必需将表单的（　　）属性设置为2，使其成为顶层表单。
    A. Caption 属性 B. ShowWindow 属性
    C. Order 属性 D. Value 属性
18. 设计菜单要完成的最终操作是（　　）。
    A. 创建主菜单及子菜单 B. 指定各菜单任务
    C. 浏览菜单 D. 生成菜单程序
19. 定义（　　）菜单时，可以使用菜单设计器窗口中的"插入栏"按钮，以插入标准的系统菜单命令。
    A. 条形菜单 B. 弹出式菜单 C. 快捷菜单 D. B 和 C 都可以
20. 在利用菜单设计器设计菜单时，不能指定内部名字或内部序号的元素是（　　）。
    A. 条形菜单 B. 弹出式菜单
    C. 条形菜单菜单项 D. 弹出式菜单菜单项

二、填空题

1. 弹出式菜单可以分组，插入分组线（分隔线）的方法是在"菜单名称"项中输入_____两个字符。
2. 快捷菜单实质上是一个弹出式菜单，要将某个快捷菜单附在对象上，通常是在对象的_____事件代码中添加调用该快捷菜单程序的命令。

3. Visual FoxPro 支持两种类型的菜单：条形菜单和_____式菜单。

4. 要将 Visual FoxPro 系统菜单恢复成标准配置，可先执行_____命令，然后在执行_____命令。

5. 典型的菜单系统一般是一个下拉式菜单，下拉式菜单通常是一个_____和一组_____组成。

6. 要为表单设计下拉式菜单，首先需要设计菜单时，在_____对话框中选择"顶层表单"复选框；其次要将表单的_____属性值设置为 2，使其成为顶层表单；最后需要在表单的_____事件代码中设置调用菜单程序的命令。

7. Visual FoxPro 系统菜单，其主菜单是一个_____菜单。

三、上机题

1. 设计一个下拉式菜单，如图 11.27 所示。

图 11.27　第 1 题菜单效果

各菜单项的功能如下。

（1）"录入记录"、"修改记录"、"浏览记录"菜单项分别用于运行表单文件 ll.scx、xg.scx 与 ll.scx。

（2）"退出"菜单项的功能是恢复标准的系统菜单。

2. 为表单中的编辑框设计一个快捷菜单，如图 11.28 所示。

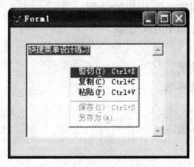

图 11.28　第 2 题菜单效果

第 12 章
应用系统的开发、编译与发布

数据库应用系统的设计开发是一个非常复杂的系统工程。从软件工程的角度看，应用系统的开发过程主要包括可行性分析、需求分析、系统设计、系统编码、测试运行、系统维护等几个阶段。本章对数据库应用系统开发过程和编译发布进行逐一介绍和分析。

12.1 应用系统开发过程

12.1.1 可行性分析

软件可行性分析是由系统分析员和系统用户合作，共同研究软件任务的可行性，探讨解决问题的可能方案，并分析成本收益，对耗费的资源、人力物力时间、预期效益等进行合理评估，给出可行性方案和建议。可行性和风险性密切相关，如果问题没有可行的解，分析员应该建议停止这项开发工程，以避免时间、资源、人力和金钱的浪费。如果问题值得解，分析员应该推荐一个较好的解决方案，并且为工程制定一个初步的计划。

一般说来，可行性分析包含如下几个步骤。

（1）复查系统规模和目标。
（2）研究目前正在使用的系统。
（3）导出新系统的高层逻辑模型。
（4）重新定义问题。
（5）导出和评价供选择的解法。
（6）推荐行动方针。
（7）草拟开发计划。
（8）书写文档提交审查。

12.1.2 需求分析

通过可行性分析确定项目可以实施后，软件开发人员就要对应用项目进行需求分析。软件需求分析对于整个软件开发过程以及软件产品质量是至关重要的。只有通过软件需求分析，才能把软件功能和性能的总体概念描述转变成具体的软件需求规格说明，为软件开发奠定基础。随着软件系统复杂性的提高及规模的扩大，需求分析在软件开发中所处的地位愈加突出，从而也愈加困难。

一般说来，需求分析需要从以下几个方面着手。

（1）确定对系统的综合要求，包括功能需求、性能需求、可靠性需求、可用性需求、出错处理需求、接口需求、各类约束、逆向需求、预测性需求等。

（2）分析系统的数据要求，通常采用建立数据模型的方法。

（3）导出系统的逻辑模型，通过需求分析导出系统详细的逻辑模型，通常用数据流图、实体—联系图、状态转换图、数据字典和主要的处理算法描述这个逻辑模型。

（4）编写需求文档，修正系统开发计划。

12.1.3　系统设计

在软件需求分析阶段，已经搞清楚了软件"做什么"的问题，并把这些需求通过规格说明书描述了出来，这也是目标系统的逻辑模型。进入了设计阶段，要把软件"做什么"的逻辑模型变换为"怎么做"的物理模型，即着手实现软件的需求，并将设计的结果反映在"设计规格说明"文档中，软件设计是一个把软件需求转换为软件表示的过程。从工程管理的角度看，软件系统设计分为两步：首先是概要设计（或结构设计），主要描述软件总的体系结构。然后是详细设计（或过程设计），在这一步对结构进一步细分，并确定每个模块具体执行过程。

概要设计的基本任务如下。

（1）设计软件系统结构（简称软件结构）。采用某种设计方法，将一个复杂的系统按功能划分成模块；确定每个模块的功能；确定模块之间的接口，即模块之间传递的信息；评价模块结构的质量。软件结构设计是以模块为基础的，在需求分析阶段，已经把系统分解为层次结构。设计阶段，以需求分析的结果为依据，从实现的角度进一步划分为模块，并组成模块的层次结构。

（2）数据结构及数据库设计。数据库的设计指数据存储文件的设计（概念设计、逻辑设计、物理设计）。数据库的概念设计、逻辑设计分别对应于系统开发中的需求分析与概要设计，而数据库的物理设计与模块的详细设计相对应。

（3）编写概要设计文档（概要设计说明书、数据库设计说明书、用户手册、修订测试计划，对测试策略、方法、步骤提出明确要求。）

（4）评审。对设计部分是否完整地实现了需求中规定的功能、性能等要求，设计方案的可行性，关键的处理及内外部接口定义的正确性和有效性，各部分之间的一致性等都——进行评审。

详细设计的基本任务如下所述。

（1）为每个模块进行详细的算法设计。

（2）为模块内的数据结构进行设计。

（3）对数据库进行物理设计，即确定数据库的物理结构。

（4）其他设计（代码设计、输入输出格式设计、人机对话设计）。

（5）编写详细设计说明书。

（6）评审。

12.1.4　系统编码

系统编码即程序编写，就是将详细阶段的各个功能模块和处理过程的详细描述转换成计算机可以执行的程序代码，从而实现系统，把软件系统变成一个可以看得见、能够测试使用的实物。

为开发一个特定项目选择程序设计语言时，必须从技术特性、工程特性和心理特性几方面考虑。通常，考虑选用语言的因素有以下一些。

（1）项目的应用领域。例如，科学工程计算需要大量的标准库函数，以便处理复杂的数值计算，可供选用的语言有 FORTRAN、C；数据处理与数据库应用选用 CoBol、SQL、4GL；实时处理选用汇编语言 Ada；系统软件（VC、VB、VFP、PB）；人工智能选用 Lisp、Prolog 等。

（2）软件开发的方法。有时编程语言的选择依赖于开发的方法，如果要用快速原形模型来开发，要求能快速实现原形，宜采用 4GL。如果是面向对象方法，宜采用面向对象的语言编程（C++

或 JAVA)。

（3）软件执行的环境。良好的编程环境不但有效提高软件生产率，同时能减少错误，有效提高软件质量。

（4）算法和数据结构的复杂性。科学计算、实时处理和人工智能领域中的问题算法较复杂，而数据处理、数据库应用、系统软件领域内的问题，数据结构比较复杂，因此选择语言时可考虑是否有完成复杂算法的能力或者有构造复杂数据结构的能力。

（5）软件开发人员的知识。编写语言的选择与软件开发人员的知识水平及心理因素有关，开发人员应仔细地分析软件项目的类型，敢于学习新知识，掌握新技术。

12.1.5　软件测试

测试阶段的基本任务应该是根据软件开发各阶段的文档资料和程序的内部结构，精心设计一组"高产"的测试用例，利用这些实例执行程序，找出软件中潜在的各种错误和缺陷。系统测试的目标是以最少的时间和人力找出软件中潜在的各种错误。

软件测试中应注意以下指导原则：测试用例应由输入数据和预期的输出数据两部分组成；测试用例不仅选用合理的输入数据，还要选择不合理的输入数据。这样能更多地发现错误，提高程序的可靠性。对不合理的输入数据，程序应拒绝接受，并给出相应提示。

1. 软件测试方法

软件测试方法一般分为两大类：动态测试方法与静态测试方法。静态测试指被测试程序不在机器上运行，而是采用人工检测和计算机辅助静态分析的手段对程序进行检测。动态测试指通过运行程序发现错误，一般意义上的测试多是指动态测试，分为黑盒测试和白盒测试。

黑盒测试：又称为功能测试，是把被测试对象看成一个黑盒子，测试人员完全不考虑程序的内部结构和处理过程，只在软件的接口处进行测试，依据需求规格说明书，检查程序是否满足功能要求。

白盒测试：又称结构测试，是把测试对象看作一个打开的盒子，测试人员需了解程序的内部结构和处理过程，以检查处理过程的细节为基础，对程序中尽可能多的逻辑路径进行测试，检验内部控制结构和数据结构是否有错，实际的运行状态与预期的状态是否一致。

2. 软件测试过程概述

软件产品在交付使用之前一般要经过 4 步测试：单元测试、集成测试、确认测试和系统测试。单元测试指对源程序中每一个程序单元进行测试，检查各个模块是否正确实现规定的功能，从而发现模块在编码中或算法中的错误。该阶段涉及编码和详细设计的文档。各模块经过单元测试后，将各模块组装起来进行集成测试，以检查与设计相关的软件体系结构的有关问题。确认测试主要检查已实现的软件是否满足需求规格说明书中确定了的各种需求。系统测试指把已确认的软件与其他系统元素结合在一起，在实际运行环境下，对计算机系统进行一系列的组装测试和确认测试。

单元测试主要针对模块的以下 5 个基本特征进行测试：模块接口、局部数据结构、重要的执行路径、错误处理和边界条件。集成测试是指在单元测试的基础上，将所有模块按照设计要求组装成一个完整的系统进行的测试，故也称组装测试或联合测试。确认测试又称有效性测试，主要任务是检查软件的功能与性能是否与需求规格说明书中确定的指标相符合，确认测试阶段有两项工作：进行确认测试与软件配置审查。系统测试的目的是通过与系统的需求定义进行比较，找出软件与系统定义不相符的地方。

12.1.6　运行维护

软件投入运行使用后就进入软件维护阶段，它是为了改正错误或满足新的需要而修改完善软件的过程，维护阶段是软件生存周期中时间最长的一个阶段，所花费的精力和费用也是最多的一个阶段。

软件维护的内容主要有以下 4 种。

（1）校正性维护：为了识别和纠正错误，修改软件性能上的缺陷，应进行确定和修改错误的过程，这个过程就称为校正性维护。

（2）适应性维护：为了使应用软件适应硬件和软件环境的变化而修改软件的过程称为适应性维护。

（3）完善性维护：增加软件功能、增强软件性能、提高软件运行效率而进行的维护活动称为完善性维护。

（4）预防性维护：为了提高软件的可维护性和可靠性而对软件进行的修改称为预防性维护。

12.2 应用系统的编译与发布

12.2.1 应用程序的编译

应用程序的编译是将项目中包含的所有程序、数据库、菜单、表单、查询、报表等文件编译并连在一起，生成可执行程序。在 VFP 中可执行文件有两类：APP 应用程序和 EXE 执行程序。APP 文件的运行需要 VFP 环境的支持，EXE 文件的运行可以脱离 VFP 环境，并且速度要快于 APP。在编译前，要确定需要连编的程序、数据库、菜单、表单、查询、报表等子项目都在项目管理器中，通过编译可以将它们连在一起。

1. 编译前的准备工作

编译前的准备工作主要是管理项目文件并设置主程序文件。

管理项目文件是指在项目管理器中设置各程序文件的"包含"与"排除"。设置"包含"的文件只能读不能改，设置"排除"的文件可以被用户修改。一般将用户不能更改和不需要用户更新的文件设为"包含"，将需要更改和不断更新的文件设为"排除"。例如，可执行程序（表单、查询、菜单、报表、程序文件）通常被设置为"包含"，而数据库文件通常被设置为"排除"。

主程序文件是应用系统的入口文件，在 VFP 中主程序文件可以是代码文件、菜单、表单、查询等。当用户运行应用程序时，系统首先启动主程序文件，然后主程序文件再一次调用其他程序或组件。一般来说，最好的方法是为应用程序创建一个主程序文件，主程序文件作为应用程序的入口，具有一定的通用编写模式，主要包括设置系统的运行环境、显示版权表单、指定退出系统时要执行的命令、打开系统菜单、在主窗口中显示背景图片等。那么怎么设置主程序文件呢？很简单，首先在"项目管理器"中选中要设置成主程序的文件，然后右键单击选中"设置主文件"命令即可。设置好后，"项目管理器"会以粗体显示主程序文件。另外，由于一个应用系统只有一个入口，所以系统的主文件是惟一的，当重新将别的文件设置为主程序文件时，原来的主程序文件设置便自动取消。

2. 编译

做好了编译前的准备工作，就可以开始编译您的软件了，具体方法如下。

（1）单击项目管理器中的"连编"按钮，出现如图 12.1 所示

图 12.1 "连编选项"对话框

的"连编选项"对话框。

（2）选择"连编可执行程序"，单击"确定"按钮。

（3）输入编译后的 EXE 文件名，注意选择正确的目录，然后保存。

（4）接着系统便进入编译过程，这一过程是系自动完成的。在这一过程中，系统首先会检查程序是否有错误，如有错误有时会给出提示，在提示中一般可以选择"忽略"、"全部忽略"、"取消"。这里的"忽略"就是不管出现的错误继续编译，当然一般不应该这样，一旦出现错误提示应选择"取消"，然后找出相应的错误，改正后再编译。为了容易查找错误，系统还将错误记录下来，在菜单的"项目"→"错误"中可以看到，其中会指出是什么错误，发生在哪个程序的哪一条语句中。对于有些错误会不给出提示而直接忽略，但它仍然会把错误记录下来。如果系统编译时没有记录错误，那是因为在菜单的"工具"→"选项"→"常规"→"编程"中的"记录编译错误"没有打开。

12.2.2 应用软件的发布

应用软件发布就是把应用程序打包成安装文件，在用户的电脑上安装运行。VFP 编译生成的 EXE 文件是不能直接在另一台电脑上运行的，除非该电脑中已经装有 VFP 系统，因为 EXE 文件的运行要依赖于安装在 WINDOWS 系统中的运行时刻库。为此要为该软件制作一套安装盘，具体方法如下。

（1）在开发的软件的目录下建一个子目录，例如 exe，当然也可以在别的位置创建子目录，或取其他的目录名。

（2）将该软件所要用到的数据库（dbc）、数据库备注（dct）、数据库索引（dcx）、表（dbf）、表索引（cdx、idx）、表备注（fpt）、内存变量文件（mem）等，以及编译后的 exe 文件全部复制到上面所建的目录中，然后将数据表中试运行时使用的记录清除，但要注意有些数据可能是软件预先应提供的，那么就不应该删除，比如在一个数据表中预先存入全国各省份名称与软件一起提供给用户，以免用户再输入。

注意
　　prg 文件、菜单文件、表单文件、报表文件、标签文件等不要复制，因为它们已经被编译在 exe 文件中了，还有就是不属于软件运行的文件，如系统分析文件，也不要复制。

（3）启动 VFP 系统，如果 VFP 系统已经启动，最好关闭所有打开的文件。

（4）选择"工具"→"向导"→"安装"命令，出现如图 12.2 所示的"文件定位"对话框。

（5）单击"发布树目录"后面的按钮，找到在第（1）步中创建的目录，选定后单击"下一步"按钮，出现如图 12.3 所示的"指定组件"对话框。

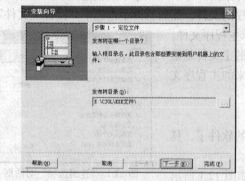
图 12.2 "定位文件"对话框

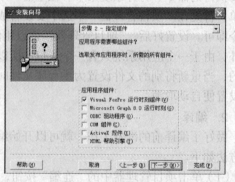
图 12.3 "指定组件"对话框

(6)选择 Visual Foxpro 运行库,其他 3 个一般不选,单击"下一步"按钮,进入如图 12.4 所示的"磁盘映像"对话框。

(7)选择生成的安装文件存放的目录,一般可在软件目录中,即与 exe 目录在一起。选择"磁盘映象"之后单击"下一步"按钮,出现如图 12.5 所示的"安装选项"对话框。

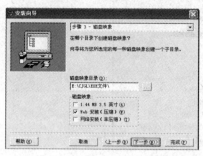 

图 12.4 "磁盘映像"对话框　　　　　　　　图 12.5 "安装选项"对话框

(8)在"安装对话框标题"和"版权信息"栏中输入适当内容,安装对话框主要是用在安装软件时显示的信息,版权信息中一定要输入内容,否则无法单击"下一步"按钮,执行程序中不要输入内容,它不是指软件所要执行的程序。接着单击"下一步"按钮。

(9)打开如图 12.6 所示的"默认目标目录"对话框,在其中输入"默认目标目录"和"程序组","程序组"中输入的名称即为"开始菜单"中程序管理器组的名称,最后确定用户安装时是仅可以更改目录,还是目录与程序管理器组都可更改,一般就设为都可更改。设置完成后单击"下一步"按钮,打开图 12.7 所示的"改变文件设置"对话框。

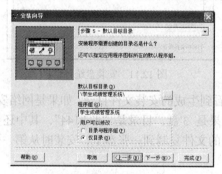 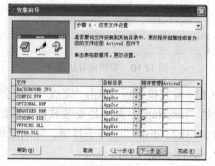

图 12.6 选择安装目录　　　　　　　　图 12.7 文件设置

(10)在文件列表中找到编译的 exe 文件,单击下它后面的程序管理器项小方框,出现图 12.8 所示的"程序组菜单项"对话框。在"说明"栏中输入开始菜单中启动该软件的图标说明,"命令行"中输入 exe 文件名,记得前面加上 "%s\",这是为了软件安装在不同目录中也能正常运行,如果喜欢,还可为它选择一个图标(单击"图标..."按钮选择),否则就是默认图标,接着单击"确定"按钮,在图 12.7 的 exe 文件后的程序管理器项小方框中应有一个钩。

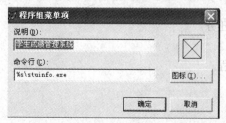

图 12.8 "程序组菜单选项"对话框

（11）单击"下一步"按钮，出现图 12.9 所示的"完成"对话框。安装盘的制作就要到终点了，如果没有问题就单击"完成"按钮，要是有问题，就单击"上一步"按钮返回重新设置。

图 12.9　安装盘制作完成选项

（12）一旦单击"完成"按钮就不能再返回设置了，系统便开始按照设置制作安装盘，可能需要几分钟时间，期间会有如图 12.10 的显示，制作完成后有一个报告，如图 12.11 所示。

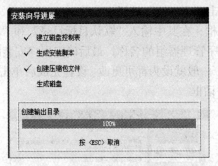 

图 12.10　安装向导进度图　　　　　　　图 12.11　安装盘统计信息

（13）看完报告后，单击"完成"按钮会在磁盘上看到生成的安装文件目录，如果是网络安装，目录是"netsetup"，其中是安装软件所需的文件。如果是 3'盘，目录是"disk144"，其中还会有 disk1、disk2、disk3……等子目录，分别把每个目录中的文件复制到一张盘上，安装时从第一张盘开始，运行 setup 即可。

本章小结

本章主要包括以下内容。
（1）可行性分析的概念和步骤。
（2）需求分析任务。
（3）系统设计的概念和任务。
（4）系统编码介绍。
（5）软件测试方法及过程。
（6）软件维护内容。
（7）应用程序编译过程。
（8）安装盘的制作。

习题十二

思考题

1. 应用软件开发过程主要包括哪几个阶段？
2. 分析一个软件要实现什么功能，要做什么，是在哪个阶段进行的？
3. 系统设计一般包括哪两步？各自的任务是什么？
4. 软件动态测试一般包括哪两种方法？这两种方法有什么区别？
5. 软件产品在交付之前一般要经过四步测试，分别是哪四步？
6. 软件产品交付后，整个软件开发过程就结束了吗？为什么？

第 13 章 学生成绩管理系统实例

本系统是在 VFP 数据库管理系统平台上开发的一个数据库教学模拟演示系统，用作教学实验及学生系统开发的一个指导范例。本系统虽然涵盖了一个数据库管理系统的主体功能和开发流程，但作为一个信息管理系统，其功能并不完善，层次也不够深入，读者可以利用自己学过的系统开发方法、技巧，以及自己的编程经验等对该系统的内容和结构进行增删和修改。

13.1 需求分析与功能模块划分

13.1.1 系统总体目标

本系统是一个小型的学生成绩管理系统，在无其他附加软硬件（如计算机网络环境、条码信息处理、扫描仪等）支撑，且不使用任何第三方语言的前提下，以 VFP 数据库提供的应用编程接口（API）为平台实现系统的全部开发。系统主要有两类用户：系统管理员和普通用户。系统围绕这两类用户角色实现学生成绩的录入查询统计工作。

13.1.2 数据需求

数据需求表达了系统对数据库内容及结构上的要求，经分析，本系统的数据需求主要以下。
（1）系统用户信息，包括管理员和普通用户。
（2）学生基本信息。
（3）课程相关信息。
（4）学生的各门课程成绩。
（5）学生分类统计信息。
（6）成绩分类统计信息。

13.1.3 功能需求

功能需求表达了系统基于数据库的数据处理要求，经分析，本系统的功能需求以下。
1. 系统用户管理，系统用户登录、密码修改等。
2. 班级的增加、修改、删除、查询等。
3. 课程的增加、修改、删除、查询等。
4. 学生信息的增加、修改、删除、查询、统计等。
5. 学生成绩的录入、修改、查询、统计等。
6. 系统管理员可以管理系统用户，包括新增、删除用户等。

7. 系统管理员可以使用系统的所有功能。
8. 普通用户只能查询信息，修改登录密码。

13.2　数据库设计

数据库设计的任务是确定系统所需的数据库。数据库是表的集合，通常一个系统只设计一个数据库。

13.2.1　数据库

作为一个示例，本系统的数据库设计尽量从简，且数据库设计并不严格遵守第三范式原则，读者可以根据自己的知识和经验在此基础上进行规范化设计。本系统的数据库命名为 stuinfo，根据系统用户、学生基本信息、班级课程、学生成绩单等数据需求，做简要分析设计，抽象出四张表。

（1）用户表：姓名，密码，标识。
（2）班级表：班级，年级。
（3）学生信息表：学号，姓名，性别，出生日期，班级，入学时间，家庭住址，照片，备注。
（4）成绩表：班级，学号，课程，学期，成绩，备注。

13.2.2　数据库表

本系统的数据库表如下所示。
（1）系统用户表 yonghu.dbf 如表 13.1 所示。

表 13.1　　　　　　　　　　　　　　系统用户表

字段名	数据类型	宽　　度	备注信息
姓名	字符型	20	主键
密码	字符型	20	
标识	逻辑型	1	T—管理员，F—普通用户

（2）班级表 deandma.dbf 如表 13.2 所示。

表 13.2　　　　　　　　　　　　　　班级表

字段名	数据类型	宽　　度	备注信息
班级	字符型	8	
年级	字符型	4	

（3）学生信息表 students.dbf 如表 13.3 所示。

表 13.3　　　　　　　　　　　　　　学生信息表

字段名	数据类型	宽　　度	备注信息
学号	字符型	10	主键
姓名	字符型	20	
性别	字符型	6	

续表

字段名	数据类型	宽 度	备注信息
出生日期	日期型	8	
班级	字符型	8	
入学时间	日期型	8	
家庭住址	字符型	200	
照片	通用型	4	
备注	备注型	4	

（4）学生成绩表 grade.dbf（注：包含课程信息）如表 13.4 所示。

表 13.4　　　　　　　　　　　　　学生成绩表

字段名	数据类型	宽 度	备注信息
学号	字符型	10	
班级	字符型	8	
课程	字符型	60	
成绩	数值型	（5.1）	
学期	字符型	2	
备注	日期型	10	

13.2.3　编制数据库及表

上面分析和设计了该系统使用的数据库及表，下面就介绍在 VFP 中如何建立本系统的数据库及表。

首先，在硬盘上建立如下目录结构。其中，CJGL 文件夹里面存放本系统所有程序和文件，DATA 文件夹里面存放数据库文件，FORM 文件夹里面存放本系统所有的表单。

E：\CJCL

E：\CJCL\DATA

E：\CJCL\FORM

然后，启动 VFP 程序，新建一个项目，命名为 STUINFO.PJX，存放在 E:\CJGL 文件夹中，建好的项目如图 13.1 所示，之后开始建立数据库。

（1）选择项目管理器中的"数据"。

（2）选择数据中的"数据库"。

（3）单击"新建"按钮，弹出如图 13.2 所示的"新建数据库"对话框。

图 13.1　项目管理器窗口

图 13.2　"新建数据库"对话框

（4）单击"新建数据库"按钮，弹出如图 13.3 所示的"创建"对话框，输入数据库名称"stuinfo.dbc"，并保存在 DATA 文件夹下。

（5）出现数据库设计器窗口，如图 13.4 所示。

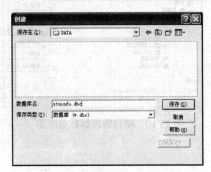

图 13.3　选择保存路径对话框　　　　　图 13.4　数据库设计窗口

（6）单击数据库设计器工具栏上的"新建表"按钮，弹出如图 13.5 所示的"新建表"对话框。

（7）单击"新建表"按钮，输入新建表名（yonghu.dbf，扩展名可以不输入），单击"保存"按钮，出现图 13.6 所示的表设计器窗口。

图 13.5　"新建表"对话框　　　　　　图 13.6　表设计器窗口

（8）按照前文的数据表 yonghu.dbf 结构输入用户表的结构，并将"姓名"字段设置为升序索引，如图 13.7 所示。

（9）单击"确定"按钮以后出现对话框，询问"现在输入数据记录吗？"，选择"是"，输入几条数据，如图 13.8 所示。

图 13.7　用户表设计　　　　　　　　　图 13.8　用户表数据

（10）如图 13.9 所示打开数据库设计窗口，重复（6）～（8）步建立班级表（deandma.dbf），学生信息表（students.dbf），学生成绩表（grade.dbf），并简单添加几条数据。

全部设计并添加数据后，关闭数据库设计器，可在项目管理器中看到图 13.10 所示内容。

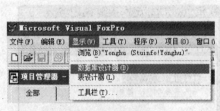

图 13.9　选择菜单项

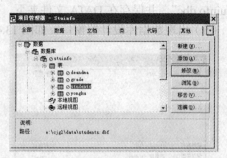

图 13.10　项目管理器数据库图

至此，数据库及表编制完成。

13.3　应用程序设计

13.3.1　总体设计

按照功能分类是总体设计中常用的方法，系统的总体结构可用层次图（Hierarchy Chart，HC 图）来表示，自上而下进行分层：第一层是系统层，对应主程序；第二层为子系统层，起分类控制作用，但是当该层没有下一层时也可直接用来表达功能；第三层为功能层；第四层为操作层。

根据前面的需求分析和功能分析，本系统包含五个功能模块，即系统管理、基本数据管理、学生信息管理、学生成绩管理、查询统计等。各个功能模块里又包含若干子功能模块，如图 13.11

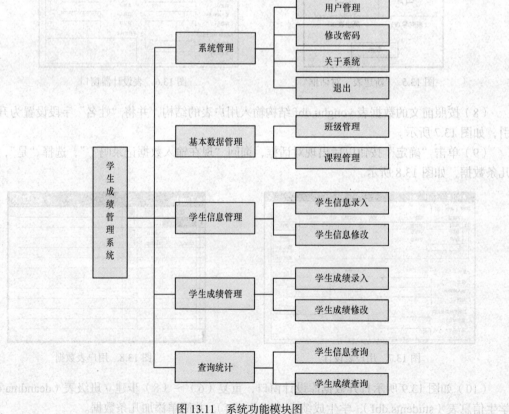

图 13.11　系统功能模块图

所示。其中，系统管理包括用户管理、修改密码、关于系统、退出；基本数据管理包括班级管理、课程管理；学生信息管理包括学生信息录入、学生信息修改；学生成绩管理包括学生成绩录入、学生成绩修改；查询统计包括学生信息查询、学生成绩查询等。

从总体结构图很容易列出应用程序的菜单。由总体结构图转换到菜单时，其对应的情况如下：系统层对应菜单文件，子系统层对应菜单标题，功能层则对应子菜单项。图 13.12 是"学生成绩管理系统"下拉式菜单的示意图。本系统使用菜单作为输入密码后进入系统的初始界面，并设置一个主文件来调用菜单程序。若改用表单为初始界面，可以在表单上设置若干按钮来表示各功能模块。

系统管理	基本数据管理	学生信息管理	学生成绩管理	查询 统计
用户管理	班级管理	学生信息录入	学生成绩录入	学生信息查询
修改密码	课程管理	学生信息修改	学生成绩修改	学生成绩查询
关于系统				
退出				

图 13.12　系统菜单图

13.3.2　模块设计与编码

下面将对"学生成绩管理系统"的主要模块进行分析和编码。

1. 编制系统主菜单

按照图 13.12 所示菜单图建立菜单的内容，编制菜单及子菜单。具体步骤如下。

① 选择项目管理器中的"其他"。

② 选择其他中的"菜单"，单击"新建"按钮，出现图 13.13 所示的"新建菜单"对话框。

③ 单击"菜单"，进入菜单设计器，如图 13.14 所示。

④ 先完成主菜单，在菜单名称中分别输入"系统管理"、"基本数据管理"、"学生信息管理"、"学生成绩管理"、"查询统计"，如图 13.15 所示，注意在结果栏内应保持显示"子菜单"，而在"菜单级"中显示的是"菜单栏"，表示是主菜单。

⑤ 进入"系统管理"子菜单，单击"系统管理"行"子菜单"后面的"创建"按钮，进入图 13.16 所示的子菜单设计界面，注意此时菜单级中显示的是"系统管理"，打开"菜单级"下拉列表框，可看到在"系统管理"上面有一个"菜单栏"，表示此时编辑的是顶层菜单下的"系统管理"子菜单。

图 13.13　"新建菜单"对话框

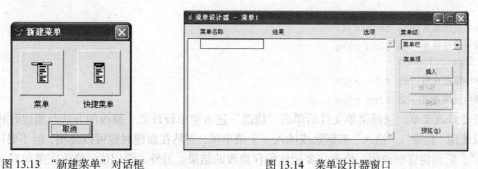

图 13.14　菜单设计器窗口

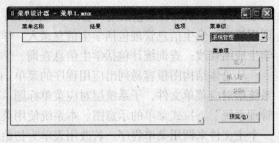

　　　　图 13.15　系统主菜单设计　　　　　　　　　图 13.16　子菜单设计

　⑥ 按照系统分析的内容，编制第一个菜单项，在菜单名称中输入"用户管理"，在结果中选择"命令"，在选项中输入"do form yhgl"。之后，按同样方法将其他菜单项编制好，如图 13.17 所示。

　　注意，子菜单"退出"使用"过程"方式，单击"编辑"按钮，打开代码窗口，输入图 13.18 所示代码，然后关闭代码窗口。

　　图 13.17　菜单命令编辑窗口　　　　　　　　　图 13.18　菜单代码编辑

　⑦ 在"菜单级"中选择"菜单栏"，返回主菜单。
　　重复⑤～⑦步，编制好其他子菜单。最后保存菜单，命名为 menu，保存在 E:\CJGL 目录下。相应的功能菜单对应的命令如下。

用户管理--do form yhgl
修改密码--do form mmxg
关于系统--do form bqxx

班级管理--do form bjgl
课程管理--do form kcgl

学生信息录入--do form xxlr
学生信息修改--do form xxxg

学生成绩录入--do form cjlr
学生成绩修改--do form cjxg

学生信息查询--do form xxcx
学生成绩查询--do form cjcx

　　若要修改菜单，选择菜单文件后单击"修改"进入菜单设计器，修改的方法与新建时相同，还可以使用"删除"、"插入"来删除或插入一个菜单项，当然在新建时也可以使用，但不要用"插入栏..."，后面将详细说明。修改完要记住保存修改的结果。另外，要记住：修改完菜单后一定要再次"生成"，否则虽然修改了菜单结构，但没有修改菜单程序，那么一旦运行起来菜单还是原样。

2. 主程序文件与登录界面

① 主程序文件（main.prg）。主文件是应用系统的入口，本系统菜单文件名为"menu"，需要设置一个主程序文件来调用它，并且要在主程序文件中做一些系统的相关设置与初始化操作。

操作很简单，首先选择项目管理器中的"代码"；然后选择代码中的"程序"，单击"新建"按钮，出现代码窗口，写入主文件的代码即可。

主程序文件代码如下：

```
set talk off       &&关闭对话模式
set safe off
set stat off
set dele on        &&不处理已删除的记录
set cent on
set date to ansi
set sysmenu off
close all
release window 常用,表单控件       &&关闭 Standard 工具栏
modify window screen title "学生信息管理系统"
zoom window screen max    &&主窗口最大化
_Screen.AddObject('background', 'Image')
_Screen.background.Picture = "background.jpg"
_Screen.background.Visible = .T.
_Screen.background.Stretch = 2         && 不想变形就设为 1
_Screen.background.Move(0,0,_Screen.Width,_Screen.Height)
_SCREEN.controlbox=.f.    &&去掉主窗口中的控制按钮
_SCREEN.ICON="main.ICO"
_SCREEN.MaxButton=.f.
_SCREEN.LEFT=0
_SCREEN.TOP=0
_SCREEN.VISIBLE=.T.
public checked,nxx,cyonghu,cmima,bkbj,bkxq,lsxh,lsxm
checked=0
nxx=0
lsxh=""
lsxm=""
bkbj=""
bkxq=""
cyonghu=""
cmima=""
deactivate window "项目管理器"    &&关闭项目管理器
mypath=left(sys(16),rat("\",sys(16)))    && 确定程序所在位置
set defa to (mypath)      &&设置当前路径
set path to data;form     &&指明路径
open database stuinfo     &&打开数据库
do form logo       &&运行登录界面
read events
quit
```

将文件命名为 main.prg，保存至 E:\CJGL 目录中。

然后将 main.prg 设置为主文件，如图 13.19 所示。设置成主文件后，文件的名称会用粗体显示。

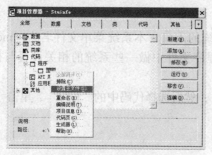
图 13.19 主文件设置窗口

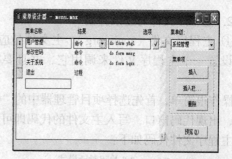
图 13.20 菜单权限设置窗口

这里要说明一下，主文件代码中 checked=0 用来判断子菜单是否可用，相应子菜单要做一些设置。例如，系统管理→用户管理菜单，只允许管理员使用，普通用户无权使用，可以做相应设置，具体如下。

打开用户管理子菜单，如图 13.20 所示，单击"选项"栏，出现如图 13.21 所示的"提示选项"对话框，在"跳过"文本框中输入代码：checked=0。用来判断用户是否管理员，若是管理员，则菜单正常使用，若是普通用户，则菜单变为不可用状态。用同样方法设置其他子菜单的使用权限。

② 登录界面（logo.form）设计。打开项目管理器，选择"文档"，打开后选择"表单"，单击新建表单，命名为 logo.form，保存至 E:\CJLG\FORM 目录。Logo.form 界面如图 13.22 所示。

图 13.21 菜单权限代码编辑窗口

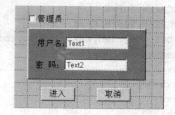
图 13.22 登陆窗口

其中 管理员 是 CHECK 控件，复选框 check1 的 Click 事件代码如下。
```
if this.value==1
    thisform.label1.caption="管理员"
else
    thisform.label1.caption="普通用户"
endif
```
"进入"按钮的 Click 事件代码如下。
```
sele yonghu
if allt(thisform.text1.value)==""
messagebox("用户名为空，请输入！",64,"提示")
    thisform.text1.setfocus
else
    if allt(thisform.text2.value)==""
```

```
                messagebox("密码为空,请输入!",64,"提示")
                thisform.text2.setfocus
        else
            locate for allt(姓名)==allt(thisform.text1.value);
                    .and. allt(密码)==allt(thisform.text2.value)
                if found()
                    if thisform.check1.value==1 .and. 标识
                        checked=1
                        cyonghu=allt(姓名)
                        cmima=allt(密码)
                        thisform.release
                        do menu.mpr
                    else
                        if thisform.check1.value==1.and.!标识
                            messagebox("你不是管理员!",48,"警告")
                            thisform.check1.value=0
                        else
                            checked=0
                            cyonghu=allt(姓名)
                            cmima=allt(密码)
                            thisform.release
                            do menu.mpr
                        endif
                    endif
                else
                    messagebox(left(allt(thisform.label1.caption),6)+"或密码错误,请重新输入!",64,"提示")
                    thisform.text1.setfocus
                    thisform.text2.value=""
                endif
            endif
        endif
```
"取消"按钮 Click 事件代码如下。
```
thisform.release
clear event
quit
```
运行主程序文件,可以看到如图 13.23 所示的登录主界面。

图 13.23 系统登录主界面

3. 系统管理模块

系统管理功能模块包括用户管理(yhgl.form)，修改密码(mmxg.form)，关于我们(bqxx.form)，退出系统四项功能，其中"退出"前面已经设计完成。

用户管理界面如图 13.24 所示，设计完成后将其保存至 E:\CJGL\FORM 目录中。

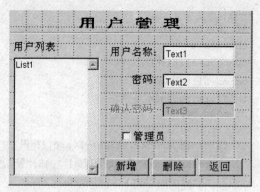

图 13.24　用户管理窗口

List1 的 Init 事件代码如下。
```
sele yonghu
this.additem("管理员")
locate for 标识=.T.
do while found()
    this.additem("----"+姓名)
    continue
enddo
go top
locate for 标识=.F.
this.additem("普通用户")
do while found()
    this.additem("----"+姓名)
    continue
enddo
```

List1 的 Click 事件代码如下。
```
sele yonghu
public xingming
if allt(this.value)=="管理员".or.allt(this.value)=="普通用户"
    thisform.text1.value=""
    thisform.text2.value=""
    thisform.check1.value=0
else
    go top
    locate for allt(姓名)=subst(allt(this.value),5)
    if found()
        thisform.text1.value=姓名
        thisform.text2.value=密码
        if 标识==.t.
            thisform.check1.value=1
        else
```

```
            thisform.check1.value=0
        endif
        xingming=allt(this.value)
    endif
endif
```

"新增"按钮的 Click 事件代码如下。

```
Set safety off
sele yonghu
if alltrim(thisform.text1.value)==""
    messagebox("用户名不能为空！",0+48,"警告")
    thisform.text1.setfocus
else
    locate for 姓名=alltrim(thisform.text1.value)
    if(.not. eof())
        messagebox("此用户已存在，请重新输入！",64,"警告")
        thisform.text1.value=""
        thisform.text1.setfocus
    else
        if alltrim(thisform.text2.value)==""
            messagebox("密码不能为空！      ",0+48,"警告")
            thisform.text2.setfocus
        else
            if (thisform.text2.value)==(thisform.text3.value)
                append blank
                repl 姓名 with alltrim(thisform.text1.value),;
                密码 with alltrim(thisform.text2.value)
                if thisform.check1.value==1
                    repl 标识 with .T.
                else
                    repl 标识 with .F.
                endif
                thisform.text1.value=""
                thisform.text2.value=""
                thisform.text3.value=""
                thisform.text1.setfocus
                thisform.text3.enabled=.f.
                thisform.label4.enabled=.f.
                thisform.list1.clear
                thisform.list1.init
            else
                tt=messagebox("确认密码错误，请重新输入！",0+48,"警告")
                if tt==1
                    thisform.text3.enabled=.t.
                    thisform.label4.enabled=.t.
                    thisform.text3.value=""
                    thisform.text3.setfocus
                endif
            endif
        endif
    endif
endif
```

"删除"按钮的 Click 事件代码如下。

```
    if allt(thisform.text1.value)==""
         messagebox("请选择或输入用户名",64,"提示")
         thisform.text1.setfocus
    else
         use yonghu
         locate for 姓名=allt(thisform.text1.value) .and. 密码=allt(thisform.text2.value)
         if eof()
             messagebox("请选择或输入正确的用户名",64,"提示")
             thisform.text1.value=""
             thisform.text2.value=""
             thisform.text1.setfocus
         else
             tt=messagebox("一定要删除吗？ ",4+48,"删除确认")
             if tt==6
                 delete
                 pack
             endif
             thisform.list1.clear
             thisform.list1.init
             thisform.list1.click
         endif
    endif
```

"返回"按钮的 Click 事件代码如下。

```
thisform.release
```

其他两个界面如图 13.25 和图 13.26 所示。

图 13.25 密码修改界面　　图 13.26 版权信息界面

4．基本数据管理模块

基本数据管理模块包括班级管理（bjgl.form）和课程管理（kcgl.form）。班级管理界面如图 13.27 所示。

图 13.27 班级管理界面

各控件名称如图 13.27 所示。
其中窗体 bjgl.form 的 Init 事件的代码如下。
thisform.combo1.lostfocus
combo1 的 init 事件的代码如下。
```
this.clear
count all to cn
go top
for n=1 to cn
    temp=0
    xi=deandma.年级
    nhere=recno()
    go top
    ntop=recno()
    do while nhere!=ntop
        if xi==deandma.年级
            temp=1
        endif
        skip
        ntop=recno()
    enddo
    if temp==0
        this.additem(deandma.年级)
    endif
    goto nhere
    skip
endfor
```
combo1 的 click 事件的代码如下。
```
this.init
thisform.list1.clear
locate for alltrim(deandma.年级)=alltrim(this.value)
if alltrim(deandma.班级)==""
    messagebox("还没有录入相关班级。",64,"提示")
else
    do while found()
        temp=0
        banji=deandma.班级
        nhere=recno()
        go top
        nnext=recno()
        do while nhere!=nnext
            if banji==deandma.班级
                temp=1
            endif
            skip
            nnext=recno()
        enddo
        if temp==0
            thisform.list1.additem(alltrim(deandma.班级))
        endif
        goto nhere
        continue
    enddo
```

endif

List1 的 Click 事件代码如下。

```
thisform.text1.value=alltrim(this.value)
```

"增加"按钮的 Click 事件代码。

```
set order to tag
set safety off
if alltrim(thisform.text1.value)==""
    messagebox("班级名为空，请输入!",64,"提示")
    thisform.text1.setfocus
else
    locate for deandma.班级=alltrim(thisform.text1.value)
    if .not.eof()
        messagebox("班级名已经存在，请重新输入!",48,"提示")
        thisform.text1.value=""
        thisform.text1.setfocus
    else
        locate for deandma.年级=alltrim(thisform.combo1.value)
        if alltrim(deandma.班级)==""
            replace deandma.班级 with alltrim(thisform.text1.value)
        else
            append blank
            replace deandma.年级 with alltrim(thisform.combo1.value)
            replace deandma.班级 with alltrim(thisform.text1.value)
        endif
        thisform.text1.value=""
        thisform.text1.setfocus
    endif
    thisform.text1.value=""
    thisform.text1.setfocus
endif
thisform.combo1.click   &&重新显示list列表
thisform.list1.value=""
```

"修改"按钮的 Click 事件代码如下。

```
if alltrim(thisform.text1.value)==""
    messagebox("请选择要修改的项。",64,"提示")
else
    if this.caption=="修改"
        thisform.label5.enabled=.t.
        thisform.text2.enabled=.t.
        thisform.text2.setfocus
        this.caption="确定"
        thisform.commandgroup1.command1.enabled=.f.
        thisform.commandgroup1.command3.caption="取消"
    else
        if alltrim(thisform.text2.value)==""
            messagebox("班级名不能为空，请输入!",5,"提示")
            thisform.text2.setfocus
        else
            locate for deandma.班级=alltrim(thisform.text2.value)
            if !eof()
```

```
                    messagebox("班级已存在,请重新输入!",64,"警告")
                    thisform.text2.value=""
                    thisform.text2.setfocus
                else
                    locate for deandma.班级=alltrim(thisform.text1.value)
                    do while found()
                        replace deandma.班级 with alltrim(thisform.text2.value)
                        continue
                    enddo
                    thisform.text1.value=alltrim(thisform.text2.value)
                    thisform.text2.value=""
                    thisform.label5.enabled=.f.
                    thisform.text2.enabled=.f.
                    this.caption="修改"
                    thisform.combo1.click    &&重新显示 List 列表
                endif
                thisform.commandgroup1.command3.caption="删除"
            endif
            thisform.commandgroup1.command1.enabled=.t.
    endif
endif
```

"删除"按钮的 Click 事件代码如下。

```
Set safety off
if this.caption=="取消"
    thisform.text2.value=""
    thisform.text2.enabled=.f.
    thisform.label5.enabled=.f.
    this.caption="删除"
    thisform.commandgroup1.command1.enabled=.t.
    thisform.commandgroup1.command2.caption="修改"
else
    if alltrim(thisform.text1.value)==""
        messagebox("缺少完整信息,无法删除!",0+48,"警告")
        thisform.text1.setfocus
    else
        use deandma exclusive
        thisform.list1.value=alltrim(thisform.text1.value)
        nn=messagebox("是否确定删除此班级,与其相关的数据都将删除!",1+48,"警告")
        if nn==1
            t=0
            locate for alltrim(deandma.班级)=alltrim(thisform.text1.value)
            delete
            pack
            t=1
            if t==0
                messagebox("将删除的内容不存在,请重新输入。",64,"提示")
                thisform.text1.setfocus
            endif
        endif
    endif
    thisform.text1.value=""
    thisform.list1.requery
```

```
        thisform.combo1.click    &&重新显示 List 列表
        thisform.text1.value=alltrim(thisform.list1.value)
    endif
endif
thisform.refresh
```
"返回"按钮的 Click 事件代码如下。
```
thisform.release
```
同理,kcgl.form 的界面如图 13.28,程序代码这里不再赘述。

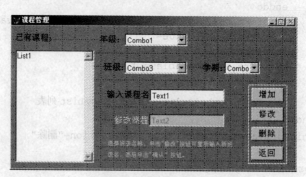

图 13.28 课程管理窗口

5. 学生信息管理模块

学生信息管理模块包括学生信息录入(xxlr.form)和学生信息修改(xxxg.form)。学生信息录入界面如图 13.29 所示。

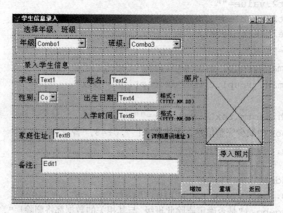

图 13.29 学生信息录入界面

下拉列表框 combo1 的 Init 事件代码如下。
```
this.clear
count all to cn
go top
for n=1 to cn
    temp=0
    xi=deandma.年级
    nhere=recno()
    go top
    ntop=recno()
    do while nhere!=ntop
        if xi==deandma.年级
```

```
            temp=1
        endif
        skip
        ntop=recno()
    enddo
    if temp==0
        this.additem(deandma.年级)
    endif
    goto nhere
    skip
endfor
```

combo1 的 Click 事件代码如下。

```
this.init
thisform.combo3.displayvalue="（选择）"
thisform.combo3.clear
sele deandma
locate for alltrim(deandma.年级)=alltrim(this.value)
if alltrim(班级)==""
    messagebox("还没有录入相关班级。",64,"提示")
else
    do while found()
        temp=0
        banji=班级
        nhere=recno()
        go top
        nnext=recno()
        do while nhere!=nnext
            if banji==班级
                temp=1
            endif
            skip
            nnext=recno()
        enddo
        if temp==0
            thisform.combo3.additem(alltrim(班级))
        endif
        goto nhere
        continue
    enddo
endif
```

combo4 的 Click 事件代码如下。

```
this.displayvalue="男"
this.additem("男")
this.additem("女")
```

"增加"按钮的 Click 事件代码如下。

```
if this.caption=="增加"
    if (thisform.combo3.displayvalue=="（选择）").or.(alltrim(thisform.text1.value)=="");
        .or.(alltrim(thisform.text2.value)=="")
            messagebox("班级、学号和姓名必须填充！！",64,"提示")
    else
```

```
                locate for alltrim(thisform.text1.value)=alltrim(students.学号)
                if !eof()
                        messagebox("此学号已经存在，请重新输入！",64,"提示")
                        thisform.text1.value=""
                        thisform.text1.setfocus
                else
                        sele students
                        append blank
                        replace 班级 with alltrim(thisform.combo3.value),;
                            学号 with alltrim(thisform.text1.value);
                            姓名 with alltrim(thisform.text2.value),;
                            出生日期 with ctod(alltrim(thisform.text4.value));
                            入学时间 with ctod(alltrim(thisform.text6.value)),;
                            家庭住址 with alltrim(thisform.text8.value);
                            备注 with alltrim(thisform.edit1.value)
                        if alltrim(thisform.combo4.value)==""
                            replace 性别 with alltrim(thisform.combo4.displayvalue)
                        else
                            replace 性别 with alltrim(thisform.combo4.value)
                        endif
                        if !pictemp==""
                            wait windows "正在导入相片，请等待！........" at 100,40 timeout 2 nowait
                            append general students.照片 from "&pictemp"
                        endif
                        pictemp=""
                        this.caption="继续"
                endif
        endif
    else
        thisform.command2.click
        this.caption="增加"
    endif
```
"重填"按钮的 Click 事件代码如下。
```
with thisform
    .combo3.displayvalue="（无）"
    .combo4.displayvalue="男"
    .text1.value=""
    .text2.value=""
    .text4.value=""
    .text6.value=""
    .text8.value=""
    .edit1.value=""
    .image1.picture=""
    .label17.caption=""
Endwith
```
"返回"按钮的 Click 事件代码如下。
```
thisform.release
```
同理，xxxg.form 的界面如图 13.30 所示，程序代码这里不再赘述。

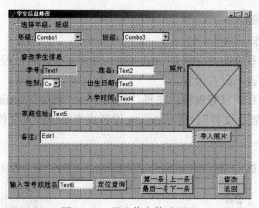

图 13.30　学生信息修改界面

6. 学生成绩管理模块

学生成绩管理模块包括学生成绩录入（cjlr.form）和学生成绩修改（cjxg.form）。学生成绩录入界面如图 13.31 所示，学生成绩修改界面如图 13.32 所示。其中各控件代码与前文基本相同。

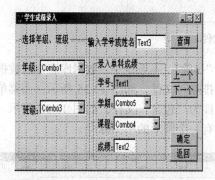

图 13.31　学生成绩录入界面

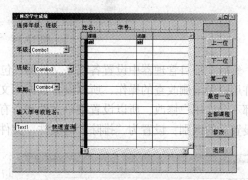

图 13.32　学生成绩修改界面

7. 查询统计模块

查询统计模块包括学生信息查询（xxcx.form）和学生成绩查询（cjcx.form）。学生信息查询界面可参考随书所附光盘，学生成绩查询界面如图 13.33 所示，程序代码这里不再赘述。

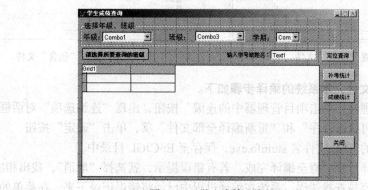

图 13.33　学生成绩查询界面

13.3.3　编译打包

系统开发完成并测试后，下一步就可以进行编译打包，具体过程参见第 12 章。这里介绍一下本系统编译打包的主要步骤。

1. 编译前的准备工作

首先设置主文件。本系统的主文件是 main.prg，看该文件是否已经设置为主文件，若是粗体显示表明已经设置，否则表示没有设置。

具体设置过程为：打开项目管理器，选择"代码"→"程序"→main 命令，在文件 main 上单击鼠标右键，选择"设置主文件"，将 main.prg 设置成本系统的主文件，如图 13.34 所示。设置完成后，文件名字体加粗。

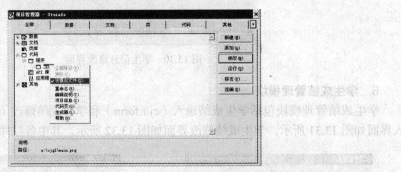

图 13.34 设置主文件

然后在项目管理器中设置各程序文件的"包含"与"排除"。本系统中，数据库表中的数据则允许用户做增删改查的操作，所以设置数据库文件为"排除"文件，如图 13.35 所示，而菜单表单都不允许用户修改，所以设置菜单文件和所有表单文件为"包含"文件，如图 13.36 所示。注意设置后的区别，设置为"排除"的文件，文件前面会有一个圆形的小图标 ⊘。

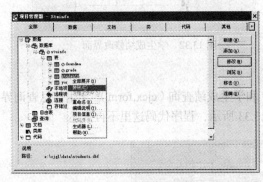

图 13.35 设置"排除"文件

图 13.36 设置"包含"文件

2. 编译成 EXE 文件，本系统的编译步骤如下。

（1）打开项目管理器，单击项目管理器中的连编"按钮，出现"连编选项"对话框。

（2）选择"连编可执行程序"和"重新编译全部文件"项，单击"确定"按钮。

（3）输入编译后的 EXE 文件名 stuinfo.exe，保存至 E:\CJGL 目录中。

（4）系统进入编译过程，直至编译完成。若有错误提示，就选择"取消"，找出相应的错误，改正后再编译。为了容易查找错误，系统在编译过程中已经将错误记录下来，在菜单的"项目"→"错误"中可以看到，其中会指出是什么错误，发生在哪个程序的哪一条语句中。对于有些错误系统会不给出提示而直接忽略，但它仍然会把错误记录下来。如果系统编译时没有记录错误，那是因为在菜单上的"工具"→"选项"→"常规"→"编程"中的"记录编译错误"没有打开。

（5）编译完成后，关闭 VFP 程序。然后找到 E:\CJGL\stuinfo.exe，双击打开，看是否可以正常运行。若能够正常运行，表示编译成功。若不能正常运行，要仔细查找原因。

3. 制作安装文件

VFP 编译生成 EXE 文件后，就可以制作安装包了。具体过程参见 12.2.2 节。

本章小结

本章主要包含以下内容。
（1）学生成绩管理系统需求分析。
（2）学生成绩管理系统数据库设计及 VF 中的数据库表编制。
（3）学生成绩管理系统总体设计。
（4）学生成绩管理系统主程序文件编写。
（5）学生成绩管理系统登陆界面设计和编码。
（6）学生成绩管理系统主菜单设计和编制。
（7）学生成绩管理系统系统管理模块设计和编码。
（8）学生成绩管理系统基本数据管理模块设计和编码。
（9）学生成绩管理系统学生信息管理模块设计和编码。
（10）学生成绩管理系统学生成绩管理模块设计和编码。
（11）学生成绩管理系统查询统计模块设计和编码。
（12）学生成绩管理系统的编译和打包。

附 录

部分课后习题参考答案

习题一

一、选择题

1.A	2.C	3.A	4.C	5.B
6.A	7.B	8.C	9.C	10.B
11.D	12.B	13.D	14.D	15.D
16.D	17.B	18.D	19.C	

二、填空题

1.数据库系统　　2.关系　　3.元组（记录）　　4.自然连接　　5.选择、投影
6.事物之间的联系　7.QUIT　　8.空值　　9.参照完整性　　10.CLEAR
11.删除　　12."一方"、"多方"　　13.工具、选项　　14.区域
15.PJX　　16.代码　　17.折叠

习题二

一、选择题

1.A	2.C	3.A	4.D	5.C
6.D	7.B	8.C	9.D	10.A
11.B	12.C	13.A	14.D	15.B
16.C	17.D	18.A	19.D	20. B

二、填空题

1.逻辑　　2.A 不大于 B　　3.{^2009-03-03}　　4.日期时间（T）
5. 2　　6. 6789

习题三

一、选择题

1.A	2.D	3.D	4.A	5.A
6.A	7.D	8.A	9.D	10.B
11.B	12.C	13.B	14. D	

二、填空题

1.dbc　　2.emp.fpt　　3.数据库　　4..T.　　5.不能
6.pack　　7.modify structure

习题四

一、选择题

1.A	2.C	3.D	4.C	5.A
6.A	7.B	8.A	9.C	10.A

11.A   12.A   13.A   14.C   15.c
16.C   17.C   18.A   19.B   20.B
21.D   22.B   23.D   24.B   25.D
26.D

二、填空题

1.物理   2.插入   3. 实体   4.域   5.忽略   6.逻辑   7.主   8.distinct

习题五

一、选择题

1.D   2.A   3.B   4.A   5.C
6.B   7.C   8.A   9.B   10.D
11.A   12. C   13.A   14.B   15.C
16.D   17.D   18.D   19.A   20.B
21.A   22.A   23.C   24.C   25.C
26.B   27.D

二、填空题

1.UNION   2.ORDER BY   3.查询   4.SUM(工资)   5.VALUES
6.DROP TABLE、ALTER TABLE   7.IS NULL   8.逻辑   9.INTO CURSOR
10.INTO TABLE｜DBF   11.降序、升序   12.SUM、AVG、COUNT
13.GROUP BY 课程号   14.SET AGE=AGE+1   15.ADD   16.COLUMN
17.PRIMARY KEY   18.DROP COLUMN   19.TOP 10   20.JOIN ON   21.CHECK

习题六

一、选择题

1.C   2.B   3.B   4.D   5.D
6.D   7.C   8.A   9.C   10.B
11.D   12.A   13.B   14.A   15.D

二、填空题

1.do queryone.qpr   2.group by   3.drop view myview   4.视图
5.远程   6.更新   7.order by

习题七

一、选择题

1.B   2.D   3.B   4. D   5.B
6.B   7.B   8.A   9.B   10.B
11.C   12.D   13.B   14.C   15.B
16.A   17.D

二、填空题

1.数据库系统   2.local   3.krow   4.prg

习题八

一、选择题

1. C   2.D   3.C   4.D   5.A   6.A

7.D   8.A   9.C   10.B   11.D

二、填空题

1. 对象   2.绝对   3.事件   4.方法   5.命令按钮组 CG

习题九

一、选择题

1.C	2.C	3.B	4.C	5.C
6.C	7.D	8.D	9.A.	10.A
11.B	12.C	13.B	14.D	15.C
16.C	17.B	18.C	19.A	20.A
21.D	22.B	23.B	24.B	25.D
26.D	27.C	28.D	29.D	30.B

二、填空题

1.CREATE FORM   2.VISIBLE   3.DO FORM 学生   4.复选框控件
5.CAPTION   6.COLUMNCOUNT, -1, PAGECOUNT, 2   7.VALUE
8.INTERACTIVECHANGE   9.PASSWORDCHAR   10.命令按钮

习题十

一、选择题

1.A	2.A	3.C	4.C	5.C
6.C	7.C	8.D	9.C	10.D
11.C	12.C	13. C	14.B	15.B

二、填空题

1.布局   2.组标头、组注脚   3.页面设置   4.自左向右   5.属性、Order
6.变量   7.组标头、打印条件   8.输入数据记录之外的信息   9.图片、通用型字段
10.细节

习题十一

一、选择题

1.D	2.A	3.B	4.D	5.A
6.B	7.B	8.C	9.C	10.D
11.B	12.B	13.A	14.A	15.C
16.A	17.B	18.D	19.D	20.A

二、填空题

1.\-   2.RIGHTCLICK   3.弹出式菜单
4.SET SYSMENU NOSAVE、SET SYSMENU TO DEFAULT   5.条形、弹出式
6.常规选项、SHOWWINDOW、INIT   7.条形

264

参考文献

[1] 教育部考试中心. 全国计算机等级考试二级教程. 北京：高等教育出版社，2007.
[2] 梁成华，赵晓云. Visaul FoxPro 6.0 程序设计. 北京：电子工业出版社，2004.
[3] 邓洪涛. 数据库系统及应用（Visaul FoxPro）（第 2 版）. 北京：清华大学出版社，2007.
[4] 张跃平. Visaul FoxPro 课程设计（第二版）. 北京：清华大学出版社，2008.

参考文献

[1] 教育部考试中心. 全国计算机等级考试二级教程. 北京：高等教育出版社，2007.
[2] 郑阿奇，曹弋等. Visual FoxPro 6.0 程序设计. 北京：电子工业出版社，2004.
[3] 邓洪涛. 数据库系统及应用（Visual FoxPro）（第2版）. 北京：清华大学出版社，2007.
[4] 匡松平. Visual FoxPro 课程设计（第二版）. 北京：清华大学出版社，2008.